# 土壤水地下水联合管理技术

崔峻岭　徐绍辉　黄修东　林　青　宋　君　著

中国海洋大学出版社

·青岛·

**图书在版编目(CIP)数据**

土壤水地下水联合管理技术/崔峻岭等著. —青岛：中国海洋大学出版社，2016.3

ISBN 978-7-5670-1122-9

Ⅰ. ①土… Ⅱ. ①崔 Ⅲ. ①土壤水—地下水—管理—研究 Ⅳ. ①S152.7②P641.8

中国版本图书馆 CIP 数据核字(2016)第 072283 号

**出版发行** 中国海洋大学出版社
**社　　址** 青岛市香港东路 23 号　　**邮政编码** 266071
**出 版 人** 杨立敏
**网　　址** http://www.ouc-press.com
**电子信箱** 2586345806@qq.com
**订购电话** 0532-82032573(传真)
**责任编辑** 矫恒鹏　　**电　　话** 0532-85902349
**印　　制** 青岛正商印刷有限公司
**版　　次** 2016 年 5 月第 1 版
**印　　次** 2016 年 5 月第 1 次印刷
**成品尺寸** 185 mm×260 mm
**印　　张** 10.25
**字　　数** 249 千
**定　　价** 49.00 元

# FOREWORD | 前　言

水资源是经济社会可持续发展的重要物质基础。我国水资源严重紧缺且农业灌溉水利用率远低于世界先进水平。因此，大力加强水资源的开发利用技术研究、提高资源利用率成为《国家中长期科学和技术发展规划纲要(2006～2020年)》中所列的重点领域。而重点研究开发大气降水、地表水、土壤水和地下水的转化机制和优化配置技术是其优先主题之一。

青岛是我国北方及沿海严重缺水城市之一，多年平均降水量为685.4 mm，可利用水量为11.57亿$m^3$，人均占有水资源357 $m^3$，亩均占有量306 $m^3$，仅为全国平均水平的12%和15%，水资源供需矛盾十分突出。另一方面，随着国民经济的飞速发展和居民生活水平的提高，全市的总用水量也在逐年增加，农业用水量占45%左右，且利用率不高，农业灌溉渠系水利用系数只有0.5，水资源存在严重浪费现象，节水潜力很大。青岛市所辖的五个县级市均为全国商品粮生产基地，2005年末，全市实有耕地面积42万公顷。

由于土壤水与地表水、地下水不同，分布不集中，不便于人工直接提取、输运和利用，因此，作为一种资源长期没有得到重视甚至被忽略。但土壤水资源极其丰富，它是农业水资源的最重要组成部分。全世界的土壤水分常年储量占河流常年储量的7.8倍，是世界大气水的1.27倍。土壤水资源是可更新的，其补给源有：降水、凝结水、潜水蒸发。消耗项有：土壤蒸发与植物蒸腾，其中最主要的补给来源是大气降水。已有的试验研究表明，大气降水的大部分(我国北方地区一般大于60%)转化为土壤水资源，所以是长期可供使用的。世界上耕地面积约有$1.4\times10^7$ $m^2$，其中不能灌溉的旱地约占85%，我国旱地面积约占全国耕地面积的74%以上。旱地农业又称雨养农业，作物的用水依靠生育期降雨和土壤水供应。土壤水库不仅具有庞大的库容，而且具有不占地、不垮坝、不怕淤、不耗能、不需要特殊地形等优点。深入研究土壤水资源对于揭示土壤水库特性及采取相应技术措施，提高土壤水库调蓄降水径流和涵养水源的能力，对于节约灌溉用水，推动农业，尤其是雨养农业的可持续发展具有重要意义。

其次，土壤水是大气降水、土壤水和地下水“三水转化”中一个非常重要的环节，与地下水之间存在着密切联系，在一定条件下可以相互转化。在地下水浅埋区，降水通过包气带入渗补给地下水，反过来，地下水又通过毛细作用并受到蒸发的驱动力上升补给包气带。

因此，把土壤水纳入水资源范畴，对土壤水/地下水统一考虑，进行土壤水资源评价，探求以土壤水和典型种植作物（冬小麦、夏玉米）关系为中心的农田土壤水分调控机理，进而提出一套土壤水资源综合利用的技术方案，这对缓解青岛市水资源紧张状况有着非常积极的意义。

基于上述情况，本书以大沽河流域（青岛市所辖范围）为重点，通过大量的野外采样分析和田间试验，从农业角度出发，提出流域土壤水资源评价的指标和方法，全面系统地分析流域土壤水分运动和作物需水规律，探讨了土壤水与地下水联合管理下的农业节水和水资源利用新模式，为流域水资源可持续利用的科学管理提供技术指导。

本书的出版得到了水利部公益性科研经费专项“青岛市土壤水/地下水联合管理与配置技术研究（201201024）”的资助。在此表示诚挚的感谢！

我们谨向给予本课题研究和本书关心支持与帮助的各位领导及科技人员致以衷心的感谢！并衷心期望得到读者对本书的批评指正。

# CONTENTS | 目　录

# 第 1 章

# 研究背景与研究内容

## 1.1 研究目的及意义

水是生物赖以生存的物质基础，水资源是维系地球生态环境可持续发展的首要条件，也是发展国民经济不可缺少的重要自然资源，因此保护和节约水资源尤为重要。

我国淡水资源总量较高，约为 $2.8\times10^{12}$ $m^3$，居世界第四位，但由于人口基数大的原因，人均只有 2 300 $m^3$，远低于世界人均水平，每亩*耕地水量也只有世界平均水平的2/3，且水资源时空分布极不均衡，呈现北方资源性缺水，中西部工程性缺水，南方水质性缺水的局面。尤其在黄、淮、海流域，其耕地面积占全国的40%，而水资源却只占全国的8%，缺水严重。截止到20世纪末期，全国已有400多个城市存在不同程度的供水不足问题，其中较为严重的缺水城市高达110个。

作为一个农业大国，我国农业用水量一直保持较高水平，其中约占90%的农业用水用作农田灌溉。2011年《中国水资源公报》显示：2011年全国总用水量 6 107.2 亿 $m^3$，农业用水高达 3 743.5 亿 $m^3$，占总用水量的 61.3%，与 2010 年比较，全国总用水量增加 85.2 亿 $m^3$，农业用水增加 54.5 亿 $m^3$，且农田灌溉耗水量 2 078.9 亿 $m^3$，占用水消耗总量的 64.8%，耗水率 62%。从灌溉方式上来说，我国大部分农田依旧采用传统的地面漫灌方式，导致用水效率较低，平均利用系数仅为0.4，而国外有些国家已经达到0.8，差距明显。另外我国在节水灌溉技术的改进和推广方面还存在一系列的不足，这也加剧了水资源的浪费，因此，我国的农业用水现状不容乐观。

土壤水作为水资源的重要组成部分，是一切陆生植物赖以生产的基础，而且土壤水分运动也是陆地水循环中的重要环节之一，水分在土壤中的储存、运动和变化对土壤环境有着很大的影响。然而土壤水由于分布不集中、不利于人工提取利用等原因，一直得不到人们重视。随着李沃维奇首次使用"土壤水资源"的术语和"绿水"概念的提出，人们开始逐渐对土壤水资源重视起来。土壤水资源极为丰富，有关研究表明，我国土壤水资源占大气

---

* 亩为非法定单位，考虑到生产实际，本书继续保留，1 亩 = 666.7 $m^2$。

降水的67.2%。土壤水在大气降水、地表水、土壤水和地下水“四水转化”中占据重要地位，是联系地表水和地下水的纽带。土壤水与地下水之间可以相互转化，地下水位的变化也会引起土壤水分的变化，在研究时不能将二者割裂开来。过去的土壤水研究中总是将波动的地下水过分简化，忽视地下水的某些作用，降低了模型的精确性甚至产生严重错误；而地下水研究总是将包气带作为“黑箱”处理，用输入输出确定地下水和地表水之间的响应，忽略了土壤水与地下水的紧密联系，这与实际情况是不符合的。因此，将土壤水和地下水联系起来考虑，可以更加全面地评价农业水资源，减少农业水的浪费，提高水资源的利用效率。

大沽河流域位于胶东半岛西部，干流全长179.9 km，流域总面积6 131.3 $km^2$（含南胶莱河1 500 $km^2$），流域内包含产芝水库、尹府水库、高格庄水库等大中型水库8座，其中青岛市境内面积4 781.01 $km^2$，是胶东半岛的最大河流，是青岛市最大、最稳定的本土水源。大沽河流域是青岛市经济发展的重心，但是随着经济的发展和人民生活水平的提高，水资源需求迅猛增加，水污染加重，水资源短缺已成为制约该流域发展的瓶颈因素。流域地表水资源的开发利用困难，平原区工农业用水以开采地下水为主。随着工农业发展对水资源需求的不断增加，地下水和河道水污染状况较为严重，进一步加剧了该地区的水资源短缺状况。因此在滨海流域如何确定土壤水资源量，合理地利用土壤水资源，制定合理的节水灌溉措施，提高水资源利用率等就变得尤为重要。

## 1.2 国内外研究现状

### 1.2.1 土壤水力学参数估计研究现状

在土壤水分运动的动力学模拟研究中，土壤水力学参数是必不可少的，这些参数主要包括描述土壤水分含量和能量关系的土壤水分特征曲线，以及描述土壤透水性质的饱和与非饱和导水率，根据它们还可以计算非饱和土壤水分扩散率和比水容量。目前虽已发展了多种直接测定土壤水力学参数的方法，但绝大多数方法费时费力，且成本较高，尤其对于研究大尺度土壤水力性质的实际问题时，由于区域内存在强烈的空间变异性，通过实测方法获得足够多的参数几乎是不可能的。因此，利用间接方法估计土壤水力学参数越来越受到人们的重视。

Childs早在1940年就注意到土壤物理性质影响土壤水分特性，近20年来，许多学者在研究土壤水力学参数和土壤理化性质相互关系方面做了大量的工作，1989年和1997年在美国加州还分别召开了两次国际会议专门讨论了间接方法在估计土壤水力性质方面的应用，按照其基本原理和构建方法，这些间接方法大致可以分为3类：土壤转换函数方法（Pedotransfer functions，$PTF_s$）、物理—经验方法（Physico-empirical method）、分形几何方法（Fractal method）。

#### 1.2.1.1 土壤转换函数方法

土壤转换函数方法利用容易获得的土壤物理性质，如土壤颗粒大小分布、容重和有机质含量等，通过某种算法（回归分析、人工神经网络、数据处理的分组方法、分类与回归树方法）来间接估计土壤水力学参数，它是应用最为广泛的一种间接方法。按照输出数据的形式，土壤转换函数一般可分为点估计模型和参数估计模型。点估计模型是表征一定基质势下土壤水分含量和土壤基本性质之间相互关系的模型，而参数估计模型是将土壤水分特征曲线经验公式（Brooks-Corey 模型、Gardner 模型、van Genuchten 模型、Gardner-Russo 模型）中的参数与土壤物理性质建立起某种联系来进行预测的模型。

Gupta 和 Larson（1979）、Rawls（1982）分别提出了若干个回归方程以估计有限数目的特定压力水头值时的水分含量；Cosby（1984）和 Saxton（1986）只用颗粒大小分布数据作为输入，构造了 Gardner 模型中的参数与它们之间的回归方程；Wosten（1988）和 Vereecken（1989）则建立了 van Genuchten 模型中的参数与土壤颗粒大小分布、容重和有机质含量等的多元线性回归关系；Rawls（1989）在传统线性回归方法的基础上，引入土壤凋萎系数作为自变量，提高了回归模型的预测精度；Kern（1995）研究认为，当压力水头为－10、－33 和－1 500 kPa 时，用 Rawls 模型、Saxton 模型和 Vereecken 模型计算得出的水分含量的平均误差较小，而用 Gupta 和 Larson 模型、Cosby 模型等预测的水分含量平均误差较大；Pachepsky（1996）、Schaap 和 Bouten（1996）认为对于点估计模型来说，人工神经网络要明显优于多元线性回归方法，而对于参数估计模型二者预测精度相当；Scheinost（1997）首次提出一种非线性回归方法，通过对慕尼黑北部区域 132 个土壤样本数据进行分析，发现该方法较之传统的线性回归方法预测精度可提高 60％；Minasny（1999）利用大量的样本对不同土壤转换函数的构造方法进行比较后认为，扩展的非线性回归方法最适合于土壤转换函数的参数估计模型，人工神经网络方法的估计效果和它差不多；Wosten（2001）比较了人工神经网络、数据处理的分组方法、分类与回归树方法，发现 3 种算法的精度十分接近，－33 kPa 水分含量预测的均方根误差均为 3.4％左右；Rajkai（2004）通过对匈牙利 305 个土壤样本分析后认为，如果在多元线性回归方程中引入土壤水分特征曲线拐点处的持水数据（约为 $\theta_{-20\ \mathrm{kPa}}$）作为自变量，则会产生最好的预测效果。

国内方面，朱安宁（2000，2003）建立了封丘地区的土壤转换函数，认为点估计模型对于预测特定压力水头值时的水分含量效果较好，土壤饱和导水率模型的拟合效果较差，而基于 van Genuchten 模型的参数估计模型对黏性土壤的拟合效果较好，拟合砂性土壤时误差较大；黄元仿（2002）利用华北地区土壤的实测资料建立了土壤转换函数，分析后认为无论是点估计模型还是参数估计模型，预测效果都比较理想；贾宏伟（2004）建立了石羊河流域土壤水分特征曲线单一参数模型的土壤转换函数，使得大尺度土壤水力学参数空间变异的研究成为可能；陈晓燕（2005）利用点估计模型预测田间持水量，发现计算结果对于砂土和壤土吻合较好，而对于黏土则误差较大；高如泰（2005）建立了基于 BP 神经网络的土壤水力学参数预测模型，认为预测效果总体上要优于传统的多元线性回归方法；胡振琪（2008）采用基于 bagging 算法的神经网络建立了用于预测土壤水分特征曲线的土壤转换函数，发现 bagging 算法均方根预测误差比普通 BP 算法减少了 7.5％～27.0％。

#### 1.2.1.2 物理—经验方法

物理—经验方法是由 Arya 和 Paris（1981）最早提出的，基于不同土壤的累积粒径分布曲线和水分特征曲线的形状相似性，根据土壤粒径分布、容重来估计土壤水分特征曲线，然而 Arya-Paris 模型中的关键参数 $\alpha$ 并非一个常量。Arya（1999）对这一模型进行了改进，提出了用相似性方法和逻辑生长方法来反求随粒径变化的变量形式的经验参数 $\alpha_i$；Zhuang（2001）利用非相似介质概念推导了一种根据土壤粒径分布、容重、颗粒密度等预测水分特征曲线的解析模型，并利用130个土壤样本的分析资料检验了非相似介质模型的有效性；刘建立和徐绍辉(2003)研究后认为在压力水头小于100 kPa时，非相似介质模型的预测效果比较理想，而当压力水头大于100 kPa时，均方根误差显著增大。

#### 1.2.1.3 分形几何方法

分形理论是由Mandelbrot在1975年正式提出的一种用于研究复杂的、不规则的物理系统的不同于经典几何学的科学方法。分形维数反映了研究对象的复杂程度，是描述分形特征的重要参数。Tyler和Wheatcraft(1989)首先将分形理论应用于水分特征曲线的估计，他们通过研究发现Arya-Paris模型中的经验参数实际上就是弯曲孔隙壁的分形维数，是孔隙弯曲程度的度量；Toledo(1990)利用分形几何和薄膜物理理论建立了土壤非饱和导水率的预测模型；Rieu和Sposito(1991)以Menger海绵为概念模型，建立了结构性土壤的孔隙和团聚体大小分布的分形模型，构造了描述碎裂多孔介质水力性质的表达式，并且根据容重、颗粒及团聚体大小的分析数据，从理论上预测了土壤水分特征曲线和渗透系数曲线；刘建立和徐绍辉(2003)对Tyler-Wheatcraft、Brooks-Corey和Rieu-Sposito三种分形模型在预测土壤水分特征曲线中的适用性进行了研究，结果表明Brooks-Corey形式的分形模型预测精度高于其他两种模型。

由此可见，国内外学者对土壤水力学参数估计方法的研究始终在不断地发展与完善，但由于这些方法所估计的土壤水力性质与真实的土壤非均质系统之间的关系一般难以评价，徐绍辉(2003)建议应该把各种理论方法和实验信息有机地结合起来进行综合研究，取长补短、互相补充以扩大适用范围和提高预测精度，以期在此基础上发展成新的土壤水力性质估计理论和方法。

### 1.2.2 水资源研究现状

在水资源评价中，影响浅层地下水动态的主要因素是降水通过包气带对地下水的补给，以及浅层地下水通过包气带向上的蒸发作用，而这两个作用主要发生在包气带中，土壤水作为大气降水和地下水水体之间转化的纽带起了重要的作用，因此研究降水入渗过程以及蒸发是研究三水转化关系的关键。通过降水入渗补给地下水过程的机理研究，为降水、土壤水和地下水之间相互作用关系提供依据。

水循环各类水体转化关系的研究基础是水量平衡的原理，水文实验是获得水量平衡各种平衡分量及其计算参数的传统方法；20世纪60年代之后，计算机技术的发展使得数值模拟也成为模拟计算各种水体运移规律和动态变化趋势的主要方法，现代技术条件下环境同位素技术在水文学中的应用更是拓展了水循环研究的范围。

#### 1.2.2.1 水量平衡法

水量平衡是水循环研究的基础，其通式为

$$\text{输入量(Input)} - \text{输出量(Output)} = \text{蓄变量(Change in storage)} \tag{1.1}$$

利用水量平衡求降水对地下水的入渗补给假定条件较少，不受时空尺度的限制，但是计算补给量主要的限制条件是依赖于其他各项的测量精度，尤其是在干旱地区，补给量相对蒸发量来说要小得多的情况下误差较大。Hillel(1980)、Rosenberg et al. (1983)以及Tindall et al.(1999)对各均衡项的计算方法有所说明。如植物蒸腾和土壤水蒸发量($E_v+E_s$)可以通过蒸渗仪(Lysimeter)测定法获得，也可以根据各种气象数据利用彭曼公式求得。水量平衡法被广泛应用于确定水循环过程中各水体的研究中，可结合其他方法解决不同的问题。如结合作物生长模型 SIMWASER 来研究浅层地下水由于毛细作用对作物的供水能力；评价不同的植被生态系统对水文过程尤其是土壤水时空分布特征的影响；在我国黄土高原，利用水量平衡法计算 alfalfa 覆盖区的土壤水含水量，表明 alfalfa 作为一种自然植被可以在干旱区发挥其水文生态效应和经济效应。另外，从计算地下水补给量的角度出发，Liu et al.（2005）利用 SAWAH 模型考虑了不同的土壤结构和灌溉条件下在台湾卵砾石区域确定了地下水补给量；Shiraki et al.（2006）研究了流域尺度下的土壤水运动和基岩入渗模拟；Lee et al.（2007）结合基流模型计算了地下水的补给量。总之，水量平衡法是研究水循环的基础，在研究中可因地制宜、按照需要来研究不同的问题。

#### 1.2.2.2 数学物理方法

利用中子仪和蒸渗仪确定降水入渗系数，由于没有考虑降雨、灌溉水进入到非饱和带土壤后运移机理及物理过程，计算地下水补给量的精度不高。近年来，由于各种新的测量仪器的出现如负压计和 TDR 等，可以获得更多的土壤水分的数据，加强了土壤水分运移机理的数值定量研究精度。1856 年，Darcy 通过试验提出了描述饱和土壤水分运动的基本规律，由此开始了产流机制研究的土壤物理学途径。Richards（1931）对 Darcy 定律加以修正，并认为可适用于非饱和条件，从而导出了土壤水分运动的基本偏微分方程，即

$$\frac{\partial\theta}{\partial t}=\frac{\partial}{\partial z}\left[D(\theta)\frac{\partial\theta}{\partial z}-K(\theta)\right] \tag{1.2}$$

$$C(h)\frac{\partial h}{\partial t}=\frac{\partial}{\partial z}\left[K(h)\frac{\partial h}{\partial z}-K(h)\right] \tag{1.3}$$

式中，$C(h)$为比水容量（$cm^{-1}$），$C(h)=d\theta/dh$，$\theta$ 为土壤体积含水量（$cm^3\cdot cm^{-3}$）；$h$ 为压力水头（cm）；$K(h)$为非饱和土壤导水率（$cm\cdot d^{-1}$）；$t$ 为时间（d）；$z$ 为土壤深度（cm），坐标向下为正。

土壤水势能理论和土壤水运动基本方程的建立，土水势和土壤水分运动参数测定技术的发展，为应用数学物理方法定量分析土壤水分运动奠定了基础。20 世纪五六十年代以来出现了一些主要求解土壤水分运动的计算公式，如早期的 Kostiakov 入渗公式、Green-Ampt 模型及其不同的修正模型都得到了入渗的解析解，而 Philip 入渗公式实际是特定条件下 Richards 方程的半解析解。这些公式在一定条件下有较精确的计算结果，计算公式的物理概念明确，且有利于分析各有关要素对土壤水分的影响。但是，解析方法只适合于简单定解条件下的土壤水分运动问题，由于土壤水分运动基本方程的非线性，土壤的非均质性、空间性和初始、边界条件的复杂性，虽然后来出现一些修正模型也可以解决非均质、表层积水条件变化等情况下的入渗问题，但是对于土壤中湿润峰的确定仍然是一个难题。

数值模拟方法是在土壤水分运移理论基础上于 20 世纪 80 年代初发展起来的，在求解土壤水入渗、地下水补给和蒸发方面取得了较好成果。在 Richard 方程（1931）的基础上 Philip（1957，1969）完善了入渗理论，建立了土壤水热运动方程。Chanzy（1993）利用土壤水热运移方程用有限单元法研究了表层土壤含水量和土面蒸发量的关系，提出一个输入参数较少的计算公式。Wu 等（1996）按潜水位埋深将地下水分为三类，利用有限单元模拟对三类地下水建立了降水和地下水补给之间的关系。Hiromi（2001）介绍了土壤中的水、

热、含氚水的运移模型，表明水的下渗和土壤水分条件对氚的运移有很大影响。国内很多专家学者建立了不同条件下包气带水分运移的数学模型，包括：根系吸水条件下水分运移数学模型、地下水浅埋条件下越冬期土壤水热迁移的数值模拟、水盐共同运移数学模型、水热耦合运移数学模型、冻结期和冻融期土壤水分运移模型、降雨灌溉入渗条件下土壤水分运动的模拟，这些模型适合不同边界条件下的水分运移模拟。随着计算机技术的日益发展，近年来，以 Richards 方程、对流-弥散方程及其改进方程为基础，不同领域的学者研究开发出了多种模拟非饱和多孔介质中水和溶质运移的数值模型及相应的软件，特别是 VADOSE/W、Hydrus-1D 等软件，由于其全面的功能，已被大量专家学者引入到包气带的研究中。

应用数学物理方法定量研究土壤水运动，需要确定土壤水分运动参数，即水分特征曲线、导水率和扩散率。吕殿青和邵明安(2004)、侯宪东等(2006)对国内外土壤水动力学参数的确定方法做了较为全面的综述，为计算机模拟土壤水分运动提供了基础性参考。但是由于非饱和带的水力传导系数在野外的广泛变异，加之测定技术的复杂性，达西方程不能直接用来计算土壤剖面中的水分通量，因此零通量面法(ZFP)被很多人用来研究非饱和带土壤水含量的实验以及水量平衡。ZFP 主要利用负压计测得土壤水剖面的土水势，根据非饱和水流的达西公式，土壤水流动遵循自水势高处向水势低处运移的原理，ZFP 处必须具有土水势变化梯度为零及水势值向上、向下两个方向递减的特性。ZFP 以上的土壤水向上蒸散，ZFP 以下的土壤水向下入渗补给地下水。根据质量守恒原理，利用零通量面的水分通量等于零的边界条件，可写出零通量面数学模型：

$t_1$ 到 $t_2$ 时刻内，通过任意断面 $Z$ 处，单位面积上所流过的水量为

$$Q(Z)=\sum_{\Delta Z_i=\Delta Z_1}^{\Delta Z_m}\left[\theta(Z,t_1)-\theta(Z,t_2)\right]\Delta Z_i \tag{1.4}$$

若 1 年内有 $k$ 个入渗蒸发时段，则

$$Q(Z)=\sum_{j=1}^{k}\sum_{\Delta Z_i=\Delta Z_1}^{\Delta Z_m}\left[\theta(Z,t_1)-\theta(Z,t_2)\right]\Delta Z_i \tag{1.5}$$

式中，$\theta(Z)$为自 $t_1$ 至 $t_2$ 时间内，单位横截面积垂直土柱，ZFP 以下的包气带补给潜水的水量；$Z$ 为从 ZFP 算起的任一测点深度；$\Delta Z_i$ 为测点 $i$ 所代表的土柱高度，$i=1,2,\cdots,m$(自零通量面深度 $Z_0$ 算起)；$\Delta Z_m$ 为位于潜水面处的测点 $m$ 所代表的土柱高度。

ZFP 的优点在于避免了不饱和土壤水力传导度 $k(\theta)$的测量，适合土壤水含量在整年内存在大的波动，且地下水水位总是在 ZFP 之下(Scanlon et al,2002)。当 ZFP 深度在土壤根系带以内时，不宜采用计算下渗量；但是 ZFP 的存在具有一定的季节性，在不存在 ZFP 时，则计算土壤水分运动受限制。

#### 1.2.2.3 环境同位素技术

环境同位素是指天然存在，或核爆炸实验生成的同位素，以自然形成存在于环境中，随着水循环运动而移动的同位素，包括稳定同位素($^2$H、$^{18}$O)和非稳定同位素(T、$^{14}$C)，其中$^2$H、T、$^{18}$O 是研究水循环的理想示踪剂。

自然界水在蒸发和冷凝过程中，由于构成水分子的稳定氢氧同位素的物理化学性质不同，引起不同水体中同位素组成的变化，这种现象被称为同位素分馏作用。处于水循环系统中不同的水体，因成因不同而具有自己特征性的同位素组成，即富集不同的重同位素

氢(D)和氧($^{18}O$)(图 1.1)。通过分析不同环境中水体同位素的浓度变化及其特征,可以示踪其形成和运移方式,并获取水循环内部过程的更多信息,认识环境变化下的"大气降水—地表水—土壤水—地下水"之间相互作用关系(宋献方等,2002)。

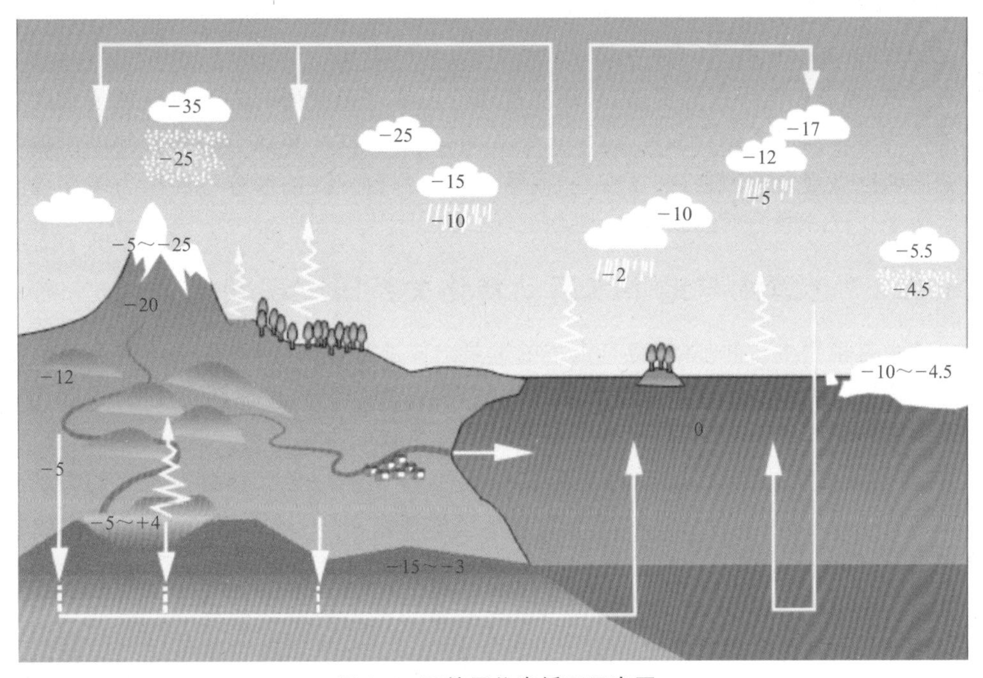


**图 1.1　环境同位素循环示意图**

降水入渗补给地下水过程的复杂性,用传统水文方法研究具有一定的局限性,而环境同位素对于研究入渗机制无疑是一种很好的指示剂,可以提供研究水源输入和输出的辅助示踪剂(Hsieh et al,1998),用来揭示土壤水中的很多水文过程的信息,包括:土壤水对地下水的入渗补给,地下水向上的蒸发作用以及植被的蒸腾作用等,土壤入渗过程中的"优先"流问题(Schume et al,2003),而这些是其他传统的方法很难解释的(Gazis et al,2004;Robertson et al,2006)。降水中的同位素组分存在季节性变化,通过对比降水、土壤水不同深度和地下水中的同位素组成,可以提供水在土壤剖面中的混合作用、滞留时间以及土壤水运动机制等信息。

### 1.2.3　地下水动态的研究进展

地下水动态是一个复杂的自然过程在某一特定环境中、在多种因素作用下的外观表现。浅层地下水位是大气降水、地表水、土壤水、地下水之间转化消长过程的集中反映,且与外界交换非常积极,其水位动态变化是对降水经过包气带后的响应,降水入渗过程的结果也会反映在地下水动态上。

计算机和数值模拟技术的发展使得国内外为对地下水动态的研究很多集中在数值模拟方面。国内外该领域的研究主要针对数值模拟法的薄弱环节,提出新的思维方法,采用新的数学工具,分析不同尺度下的变化情况,合理地描述地下水系统中大量的不确定性和模糊因素。模拟技术发展到成熟的阶段,为了用户使用的方便,基于不同方法的数值模拟软件被相继开发并得到广泛的使用。国际上常用的软件有基于有限单元法的 FEFLOW

(Finite Element subsurface FLOW system),基于有限差分的 GMS(Groundwater Modeling System)、Visual MODFLOW、PMWIN(Proceeding MODFLOW for Window)等软件。其中由于 MODFLOW 程序软件结构清晰,功能完善,成为应用最广的地下水模拟软件,主要用于与 GIS 的耦合以及与其他模拟软件的耦合方面(Sophocleous et al,1999;谢新民,2002;Facchi et al,2003;Carrera,2006;Wang,2007)。

近年来,随着监测手段的提高,利用随机理论中的时间序列的方法研究地下水的微观变化规律的也逐渐成为研究的热点(Shih et al,1999;2002)。频谱分析可以揭示出地下水受到的周期性微观影响因素,气压变动、固体潮汐影响、地震、抽水等外界压力等综合因素造成水位变化(Godin,1972;Shih et al,2003)。

### 1.2.4 土壤水与地下水运动转化关系研究现状

土壤水是植物生长的基础,也是土壤的重要组成部分,水只有进入土壤转化为土壤水才能被植物吸收利用。土壤水主要来源于大气降水,我国华北平原约 70%的降雨量留存于包气带并转化为土壤水,因此土壤水是人类不容忽视的重要资源。地下水水量稳定,水质良好,是农业灌溉、工矿和城市的重要水源之一,与人类社会有着极为密切的关系。随着经济的发展,过量开采和不合理利用地下水现象逐渐增多,地下水位下降、水质恶化等问题频出,因而地下水领域的研究逐步成为热点。

在地下水浅埋区,降水通过土壤包气带入渗补给地下水饱和带,反过来,饱和带的水又通过毛细作用并受到蒸发的驱动力上升补给包气带。包气带和饱水带之间的联系非常密切,非饱和带土壤水分运动和饱和带的地下水运动是互相联系的,将两者统一进行研究,此即所谓饱和-非饱和流动问题。尤其是当地下水位埋深较浅时,包气带和饱水带之间的水分交换更加密切,地下水的作用对土壤水含水量的时空分布及其运移规律产生很大影响,地下水的向上补给增大了土壤中水分含量。质量守恒依然是研究饱和与非饱和带水流运动的基础,Sophocleous 等(1991)基于野外实验数据,利用"混合水波动法"计算了地下水受补给后所增加的储存量,该方法主要结合土壤水平衡原理和受上层补给后地下水水位的上升值,将其应用于地下水埋深较浅的半干旱平原区,得到了较好的结果。Jan 等(2003)根据储存量守恒的原则,将总储存量分为包气带和饱水带两部分,通过地下水位的上下变动作为区分包气带和饱水带的界面,同时将其应用于模拟地表径流以及地下水的变化过程,结果虽然没有体现出更好的拟合度,但是从水文过程的连续性以及物理机制上更加合理。Chen 等(2004)在研究地下水浅埋区水文模型的基础上结合了地下水位对土壤水含水量的作用,研究表明存在地下水位影响的土壤含水量可以提高 21%,蒸发量也相应提高 7%～21%。我国的学者也做了很多包气带和饱水带耦合的研究。卢德生等(1993)建立了降水、地表水、土壤水和地下水相互作用的耦合数值模拟,主要利用该耦合模型对实际暴雨进行了模拟。谢新民等(2002,2003)在系统分析平原区"四水"转化机理和地下水补、径、排规律的基础上,提出一种基于"四水"转化水文模型和地下水数学模拟模型的二元耦合模型。

土壤水和地下水的作用是通过地下水位的变化而发生作用的,依据地下水埋深情况,土壤水和地下水相互作用大致可划分为 3 种,在考虑饱和-非饱和水流的联系时,两系统在不同情况下通过边界作用发生联系。例如对于地下水位处于极限埋深以内,两系统有密切水力联系的情况下，土壤水垂向运动的下边界可以取地下水的饱和含水率作为一类边界，或取潜水面的水分通量作为二类边界。对于地下水系统的上边界可以取土壤下边界的水分通量的负值作为地下水的源汇项，或者取分界潜水面上的水分通量作为二类边界。对于包气带和饱水带的耦合另外一个问题是时间尺度问题。Lehmann 等(1998)的砂柱试验表明对于对称波动的地下水位，土壤含水量显示出高度不对称的响应，所以这种情况下土壤水运动模型需考虑土壤水力性质的滞后效应。但是目前很多相关地表水和地下水关系的研究都没有考虑降水补给地下水的滞后效应，这也是水分转化关系研究的难点。

# 1.3　主要研究内容

## 1.3.1　研究目标

根据青岛市水资源严重短缺和当前大面积推广节水灌溉的实际，以大沽河流域(青岛市所辖范围)为重点，建立区域土壤信息数据库，并分析了大沽河流域土壤理化性质的空间变异性；构建预测土壤水力性质参数的土壤转换函数(Pedotransfer Functions，PTFs)；基于 GIS 和 Hydrus-1D 定量评价土壤水资源的可利用量；建立田块尺度土壤水/地下水的耦合模型，分析农田水分转化及作物需水规律；结合 GIS 将田块尺度土壤水/地下水的耦合模型扩展到流域尺度，建立流域尺度土壤水/地下水转化的耦合模型；明确大沽河流域大气降水、土壤水和地下水的相互转化关系，结合不同年度大气降水条件，建立土壤水与地下水联合管理下的农业节水和水资源利用新模式，实现大沽河流域尺度上水资源的可持续利用。

## 1.3.2　研究内容

(1) 以青岛市大沽河流域为研究对象，通过大量的采样分析、野外调查和试验，分析土壤基本理化性质，建立详细的土壤信息数据库。

(2) 借助传统统计学及地统计方法分析大沽河流域土壤理化性质(饱和导水率、质地、氧化还原电位、有机质、Fe、Mn 等)的空间变异特征，利用 Ordinary Kriging 插值法绘制它们的空间分布图。

(3) 对大沽河流域内 10 个代表性取样点进行农田不同深度剖面土壤含水量的长期观测，研究流域土壤水分时空分布特征及其成因；对大沽河流域观测井地下水位动态变化进行分析，为土壤水与地下水转化关系以及农田土壤水分运动变化规律的研究提供数据支撑。

(4) 根据土壤理化性质和土壤持水数据，利用四种方法(点估计、线性回归、非线性回归、人工神经网络)构建预测大沽河流域土壤水力学参数的土壤转换函数模型(PTFs)，并分析各种方法对不同质地土壤的适用性。

(5) 结合田间土壤水分长期定位观测资料和 GIS 技术，计算了大沽河流域 0～150 cm 土壤水实际储量、最大储量和无效库容，并采用数值模拟的方法对该流域土壤水资源量进行了评价。

(6) 在大沽河中游移风镇建立一处示范区，通过野外试验(采样分析、土壤剖面水分的连续测定、土壤水力传导率的现场测定、钻孔勘探、抽水试验、地下水位长期观测等)，在示范区建立田间尺度土壤水/地下水耦合模型。

(7) 结合野外试验及长期观测得到的大沽河流域基础数据，基于 ArcGIS，利用土壤转换函数(PTFs)将田间尺度的模型扩展到流域尺度，建立流域尺度的土壤水/地下水流的耦合模型。

(8) 基于 Hydrus-1D 软件利用数值模拟方法研究了农田土壤水分转化以及作物需水规律，并利用简化后的土壤水量平衡方程和建立的土壤水/地下水耦合模型对农田土壤水与地下水交换量进行计算，定量评价流域上大气降水、土壤水和地下水之间的转换关系。

(9) 在土壤水/地下水转化关系研究的基础上，提出研究区冬小麦、夏玉米在不同生长阶段，不同水文年(丰水年、平水年和枯水年)充分利用土壤水的优化灌溉方案。

# 第2章

# 研究区概况

## 2.1 地理位置

大沽河是山东半岛主要河流之一，地理坐标为东经 120°03′～120°25′，北纬 36°10′～37°12′之间，发源于烟台市招远阜山，由北向南，于莱西市道子泊村北约 500 m 处入境。流经青岛莱西、平度、胶州、即墨和城阳，于胶州市河西屯以南码头村入胶州湾。具体分布位置如图 2.1 所示。

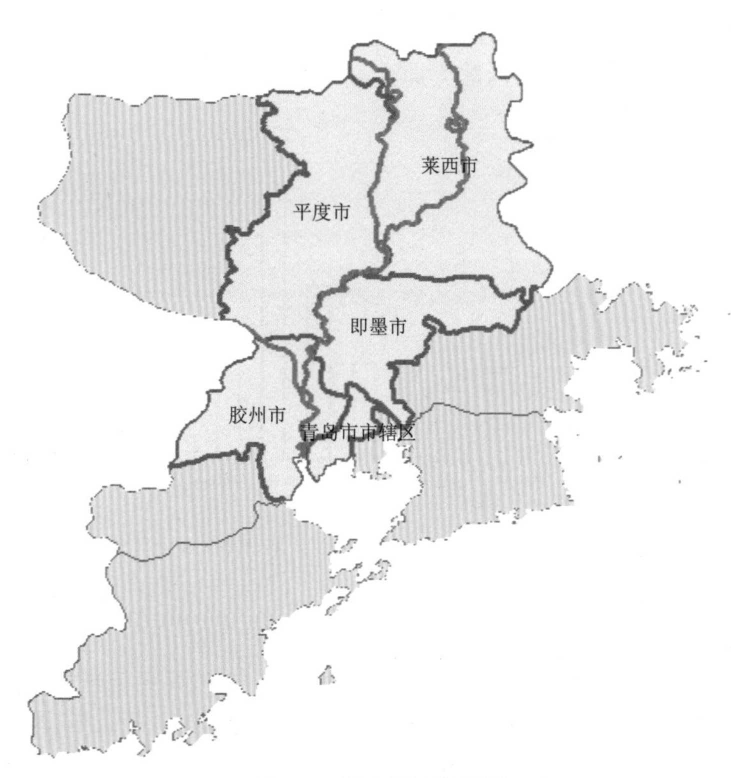


图 2.1 研究区域位置图

## 2.2 气象条件

### 2.2.1 气温

青岛市大沽河流域属华北暖温带沿海湿润季风气候，四季变化和季风进退都比较明显。一年四季分明，夏季炎热多雨，冬季寒冷干燥，春季干旱少雨，秋季冷暖适中。据青岛市气象台长年系列观测资料统计，多年平均气温 12.3 ℃，极端最低气温 －21.1 ℃(1981 年 12 月 27 日)，极端最高气温 38.2 ℃(2002 年 7 月 15 日)，年温差一般不到 50 ℃。其中春季平均气温为 11.5 ℃，气温回升缓慢，风干物燥，降雨少蒸发大，多出现春旱；夏季平均气温为 24.0 ℃，湿热多雨，适合作物生长，但由于降雨时空分布不均，易造成旱涝并存；秋季平均气温 14.3 ℃，气温较高，且下降缓慢，降水量仅次于夏季，有利于农作物成熟和收获；冬季平均气温－0.4 ℃，雨量稀少。

### 2.2.2 降水

全年无霜期约 200 d，多年平均降水量 685.4 mm，且在时空分布上极不均匀。降水量年内分布极不均匀，降水主要集中在 6～9 月份，据南村站 2000～2013 年 14 年月平均降水量资料显示(图 2.2)，6～9 月份的降水量占全年降水量的 69.2%。降水量年际变化比较大，最大年降水量为 2003 年 1 529.7 mm，比同期降水量均值偏大 37.7%；最小年降水量为 2006 年 527.3 mm，比同期降水量均值偏小 44.6%，且丰枯水年连续出现。降水量年际变化大、年内分配不均，经常出现的季节性干旱是流域气象的一个主要特点。降水地域分布基本趋势为由东南沿海向西北内陆方向递减。在行政分区上的降水量分布也很不均匀，平度市、即墨市降水量相对较少。

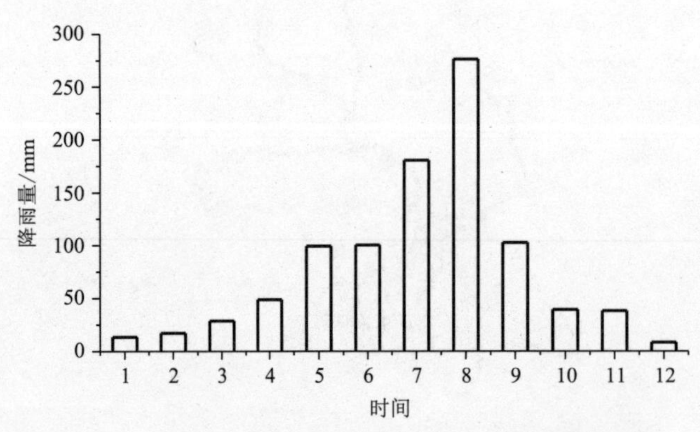


**图 2.2　南村站(2000～2013)历年月平均降水量分布图**

### 2.2.3 蒸发

多年平均蒸发量为 983.8 mm，是平均降雨量的 1.45 倍。最小年蒸发量为 787 mm(1990 年)，最大年蒸发量为 1 238.7 mm(1978 年)。蒸发量年内分布不均，11 月至次年 2 月蒸发量较小，在 60 mm 以下，蒸发主要集中在 4～9 月，尤其是 5～9 月蒸发量最大，占总蒸发量的 48%，南村站 2000～2013 年月蒸发量平均值如图 2.3 所示。流域内蒸发量的空间分布特点与降水规律恰好相反，由东向西，自南向北，蒸发量逐渐递增。

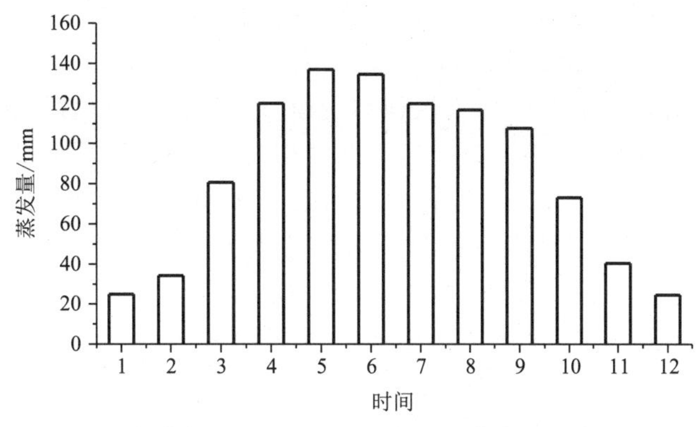


**图 2.3　南村站(2000～2013)月平均蒸发强度分布图**

## 2.3　水文条件

大沽河干流是胶东半岛地区较大水系之一，青岛境内流长 74.4 km，其主要支流有小沽河、潴河、五沽河、猪洞河、落药河和流浩河等。南村水文站位于平度南村镇，控制流域面积 3 724 $km^2$，占总流域面积的 89.5%。据南村站 1951～2010 年资料，1981 年以前基本常年有水，断流时间很短。20 世纪 80 年代后除汛期少数年份外，中下游已断流，其中 1981、1983、1984、1989 年 4 年全年断流。多年平均断面径流量 5.257 亿 $m^3$，6～9 月份集中了全年径流量的 83%，其余月份径流量很小。大沽河水源地是青岛市主要饮用水源地之一，每年向青岛市区供水量约 8 000 万 $m^3$，占市区用水总量的 45%左右，在河流的中上游建有产芝水库和尹府水库大型水库 2 座，高格庄水库等中型水库 6 座，拦蓄能力为 3.7 亿 $m^3$。

## 2.4　地质构造

研究区位于中朝准地台、鲁东迭地台的中南部，跨胶莱中台隆和胶南、胶北台拱三个三级构造单元，以褶皱构造、韧性剪切带及脆性断裂构造为主。北西及北东为主要节理方向，直角或斜交，节理的发育与岩性有关，并受断裂构造的影响，新构造运动在本区表现为不均衡的缓慢上升。

大沽河流域沉积地貌占流域的 4/5。山区，丘陵及平原地貌单元相对高程分别为 200～300 m 以上，20～200 m，50 m 以下。山区大部分为震旦纪变质岩，平原分布在中下游一带由第四系地层组成。

本区所处大地构造位置属鲁东迭台隆胶莱凹陷带。区内出露地层较为简单，主要为白垩系和第四系，在区域北部有混合花岗岩出露，白垩系青山组岩性为安山岩、安山玄武岩，王氏组主要由暗红色厚层状粉砂质黏土岩、粉砂岩等组成。

白垩系青山组($K_{1q}$)半坚硬-坚硬,抗风化能力强弱不均,裂隙较发育。在即墨市七级镇的岔河,后吕格庄一带出露,分布面积狭小。白垩系王氏组($K_{2w}$)岩性较软,抗风化能力弱,裂隙不发育。分布在大沽河古河谷底部及两侧,厚度大,范围广。青山组和王氏组褶皱构造不强烈,呈现平缓开阔的褶曲,倾角10°~25°,西北走向。

第四系为晚更新和全新统冲积-冲洪积物,仅在东南边缘有少量海相或海陆交互相淤泥沉积。大沽河古河谷为冲积-冲洪积层,双层结构占大多数,上部以黏质砂土为主,局部为砂质黏土和黏土,厚度一般在2~5 m,最厚可达7~8 m。沿现代河床,局部地段上部土层被侵蚀,形成若干"天窗"。下部为沙及沙砾石层,厚度一般在5~8 m,最厚可达15 m。砂砾石的粒度变化规律是:从北向南渐细,由浅到深变粗,分选性较差。河谷边缘,上覆土层及中间泥质夹层增厚增多,砂层厚度变薄,分叉及至尖灭,出现多层或无砂结构。在山前还分布有坡洪积物,海积层分布在大沽河入海口附近,岩性为淤泥或是淤泥质砂,覆盖在冲积砂层之上或夹在冲积层之中。

## 2.5 水文地质条件

大沽河流域地下水大多为第四系中的浅层地下水,局部为少量脉状构造基岩裂隙水,均属于浅埋藏的潜水类型,大气降水为其主要补给来源,地下水的运动方向与地形坡降、地表水系基本一致,由山区流向平原,由陆地流向海洋,大气降水、地表水、地下水三者联系密切,转化关系明显。

从大的区域水文地质分区来看,本工作区内水文地质分区属鲁东低山丘陵水文地质大区(Ⅲ),由于受地形地貌、地层岩性等因素的影响,不同地区不同含水层的地下水补、径、排条件有较大差异。

(1) 在丘陵山区,即基岩裂隙水主要分布区,大气降水几乎是其唯一的补给来源,但因山高坡陡和裂隙不甚发育,降水的大部分转变为地表径流汇集到海洋和胶莱盆地水文地质区,少量降水渗入到地下转化为地下水,沿构造和风化裂隙以下降泉或地下径流的形式很快向附近沟谷排泄,山间河谷沟溪成为汇集和排泄地下水的主要通道。

(2) 在胶莱盆地区,地质构造单元属胶莱坳断,地貌形态为河谷平原、山前平原和剥蚀平原,地层主要为第四系冲积、冲洪积层和白垩系碎屑岩类及火山岩类,地势低平,除接受大气降水的直接入渗补给外,还接受来自相邻其他区的地表水和丘陵山区基岩裂隙水的侧向补给,特别是其中河谷平原、山前平原第四系孔隙水和玄武岩类孔洞裂隙水,地形平坦,植被好,含水层较厚,储水空间较大,表层渗透性能较强,补给条件十分有利,成为本区地下水最富集的地段。该区地下水的排泄方式为汇集于大沽河向南排向胶州湾,但因地势平缓,水力坡度小,径流速度缓慢,排泄量有限;近年来随着地下水开采量的增大,人工开采成为该区地下水主要排泄方式。

# 第3章

# 青岛市大沽河流域土壤信息数据库

大沽河流域土壤主要有棕壤、砂姜黑土、潮土、褐土、盐土等5个土类。棕壤是分布最广、面积最大的土壤类型，主要分布在山地丘陵及山前平原，土壤发育程度受地形部位影响，由高到低依次分为棕壤性土、棕壤、潮棕壤等3个土属，棕壤性土因地形部位高、坡度大、土层薄、侵蚀重、肥力低，多为林、牧业用。棕壤和潮棕壤是主要粮食经济作物种植土壤。砂姜黑土主要分布在莱西南部、即墨西北部、胶州北部浅平洼地上。该类土壤土层深厚，土质偏黏，表土轻壤至重壤，物理性状较差，水气热状况不够协调，速效养分低。潮土主要分布在大沽河、五沽河、胶莱河下游的沿河平地。因距河道远近不同，土壤质地、土体构型差异较大。近海地带常受海盐影响形成盐化潮土，土壤肥力和利用方向差异较大。褐土零星分布在平度、莱西的石灰岩残丘中上部。盐土分布在滨海低地和滨海滩地。

为了充分掌握大沽河流域土壤理化性质，为青岛市大沽河流域土壤水/地下水耦合模型和土壤水/地下水联合管理提供数据支撑，在大沽河流域范围内对不同剖面的土壤基本理化性质进行了测定，获取了较为详细的大沽河流域土壤理化性质数据。在此基础上，分别基于ArcGIS软件和MS SqlServer数据库技术构建了大沽河流域土壤信息数据库，从而为大沽河流域土壤理化性质的调查、统计、存储和地下水/土壤水联合管理提供高效便捷的数据库支撑。

## 3.1 大沽河流域土壤理化性质数据获取

在大沽河流域范围内根据不同土壤类型，选择100个取样点，每个取样点开挖一个土壤剖面，对土壤剖面不同层面的土壤进行渗水试验，确定其饱和水力传导率，并分别取土壤原状样，测定土壤的水分特征曲线和容重，另外，对应取土样测定土壤3个不同深度的粒径分布、有机质含量、氧化还原电位、电导率、pH、全氮、氧化铁、氧化锰等理化性质。为准确确定每个取样点的地理位置、剖面特征等空间属性，采用GPS进行三维定位，记录取样点的详细地理位置和经纬度坐标、地面高程。

土壤饱和水力传导率采用渗水试验测定，渗水试验是测定非饱和带（包气带）松散岩层饱和渗透系数的一种方法。目前，野外现场进行渗水试验的方法是试坑渗水试验，包括试坑法、单环法、双环法及开口试验和密封试验几种。以上三种简易水文地质试验，均是在理论设定的理想条件下才适用。当含水层不满足均质、各向同性，或试验点邻近河流、邻近隔水边界，或抽水井为非完整井，或渗水试验之渗水量不能稳定等，计算方法均有变化。渗水试验采用德国 UGT 仪器有限公司生产的 HOOD IL-2700 入渗仪开展渗水试验，如图 3.1 所示。仪器由 Hood 水罩（直径 17.6 cm）、"U"形管压力计、导水管路、储水管等组成。试验时尽量选择平整样地、去除地表作物，安置钢圈并部分压入土壤，将水罩放置在钢圈内，并在水罩和钢圈之间用过 0.5 mm 筛子的饱和湿沙密封，给"U"形管注水，使液面平于 0 刻度线处，连接管路，关闭所有阀门，然后给内外管注水，外管水面低于内管；配合阀门和调压管调节水罩中间水柱高度与"U"形管液面差，此二者之差即为水罩中施加于土壤表层的压力值，本实验调出 0 和 4 cm 两个压差。开始计时，液面每下降5 mm 记录一次时间，直至观测值达到稳定，读数时一并读取水温。以上实验各进行 3 次，将 3 次实验数据平均，进行土壤稳渗速率、土壤饱和导水率的计算，以确定包气带入渗系数。

**图 3.1 HOOD IL-2700 入渗仪**

导水率 $k_u$ 在土壤和其他有孔隙介质水势 $h$ 的作用下接近饱和时能根据以下 GARDNER 公式表达：

$$k_u = k_f \cdot \exp(a \cdot h) \tag{3.1}$$

式中，$k_f$ 表示饱和导水率；$h$ 表示水势。以上方法也适合土壤溶解质在平面和立体水流运移过程。它是到目前为止最普遍的描述渗透的方法基本原理。根据 1968 年 WOODING 的方法，适合稳定态流（流量为 $Q$），通过一个圆形渗透面积（半径为 $\alpha$）扩展到整个无穷大面积。

$$Q = \pi \cdot a^2 \cdot k_u \cdot \left(1 + \frac{4}{\pi \cdot \alpha \cdot a}\right) \tag{3.2}$$

要用实验方法得到 $k_f$ 和 $a$，土壤入渗实验可以通过不同水压、同一水压以及不同半径的情况进行。然而通过不同水源面积渗透仅在均匀土壤中有意义。

土壤粒径分布、有机质含量、氧化还原电位、电导率、pH、全氮、氧化铁、氧化锰等主要理化性质的测定方法和仪器如表 3.1 所示。

**表 3.1　土壤理化性质测定仪器或方法**

| 参　数 | 测定方法 |
| --- | --- |
| 土壤水分特征曲线 | 压力膜法 |
| 容　重 | 环刀法 |
| 氧化还原电位 | 电位法 |
| 电导率 | 电导仪法 |
| 饱和水力传导率 | 渗水试验法，HOOD IL-2700 入渗仪 |
| 有机质 | 重铬酸钾氧化-外加热法 |
| 阳离子交换量 | $BaCl_2$-$MgSO_4$ 强迫交换法 |
| pH | 电极法 |
| 全　氮 | 重铬酸钾-硫酸消化法 |
| 氧化铁 | 原子吸收分光光度法 |
| 氧化锰 | 原子吸收分光光度法 |

## 3.2　基于 ArcGIS 数据库系统构建

数据库是信息管理的基础，信息系统是实现信息高效运用的手段。地理信息系统(GIS)作为一种图形、图像化的信息系统。在计算机的辅助下，运用地理空间模型的构建和分析方法，对空间数据收集、整理、操作、分析，适时地提供空间和动态的地理信息，它可以清晰、准确地将地理实体的质量、数量、空间分布特征、空间拓扑关系和周期规律等以图形、图像化的方式表达，而借此视图形式的结果更利于管理者、决策者及时、准确地了解具体情况，快速制订出最佳方案。因此，将 GIS 引入土壤空间数据库系统的建设工作必然使数据更加直观化、正确化。ArcGIS 是 ESRI 公司集 40 余年地理信息系统(GIS)咨询和研发经验开发的一套完整的 GIS 平台产品，具有强大的地图制作、空间数据管理、空间分析、空间信息整合、发布与共享的能力。ArcGIS for Desktop 是为 GIS 专业人士提供的用于信息制作和使用的工具，利用它可以实现任何从简单到复杂的 GIS 任务。ArcGIS for Desktop 的功能特色主要包括：高级的地理分析和处理能力、提供强大的编辑工具、拥有完整的地图生产过程，以及无限的数据和地图分享体验。因此，本次基于 ArcGIS for Desktop 软件平台，结合青岛市 1∶50 000 地形图和青岛市 1∶200 000 土壤类型分布图，搜集整理了大沽河流域内行政区划、地形、河流等重要基础数据和地下水、降雨量等重要水文数据，基于 ArcGIS 软件平台构建了大沽河流域土壤信息数据库，为大沽河流域土壤理化性质的调查、统计、存储和地下水/土壤水联合管理提供高效便捷的数据库支撑。

## 3.2.1 数据库构建过程

大沽河流域土壤信息数据库主要分为基础空间数据库、土壤属性信息库两大类(图3.2):① 基础空间数据库,包括流域地形、水系、行政区划等,主要来源于青岛市1∶50 000地形图的基础数据,空间数据库的创建主要是通过GIS软件进行图形数据的采集与编辑,建成不同的点要素、线要素和面要素等组成的地理数据库(GeoDatabase)。空间数据库表按对象类型分为点数据、线数据和面数据,以点信息存储的数据表有土壤取样点、雨量站、地下水位站,以线数据存储的有主要河流、铁路线、高速公路、行政边界,以面数据存储的有水库、县市区域、青岛市域、相关县域。空间数据库与属性数据库之间是相互对应的,通过关键字相关连接。② 土壤信息数据库,包括土壤粒径分布、有机质含量、氧化还原电位、电导率、pH、全氮、氧化铁、氧化锰等。

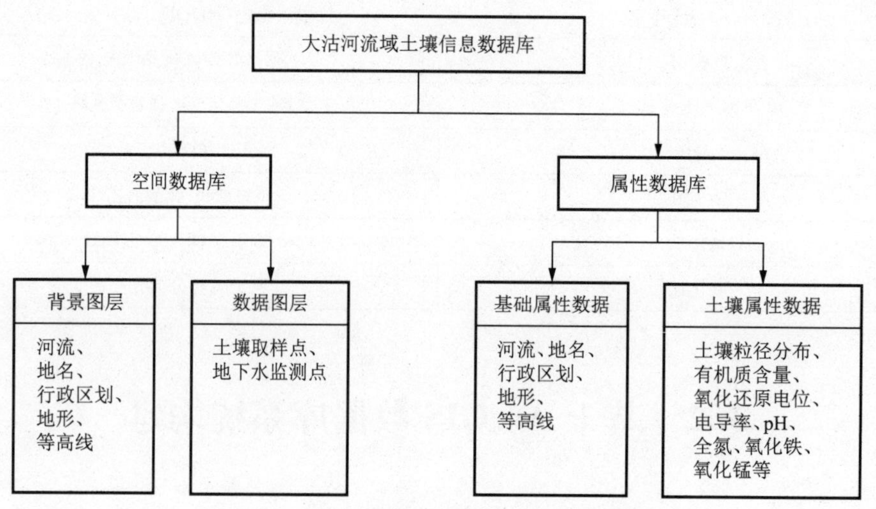


**图3.2 大沽河流域土壤信息数据库组成图**

基于ArcGIS的土壤数据库采用ArcCatalo创建,主要步骤如下。

(1) 创建地理数据库。启动ArcCatalog,在既定目录下点击鼠标右键,创数据库"大沽河流域土壤信息数据库.mdb"。

(2) 创建要素集。在已创建的地理数据库下点击鼠标右键,创建地理底图要素集,然后在随后出现的对话框里定义要素集的坐标系及其投影,这里选择用经纬度存储地理坐标数据,具体选择"Geographic Coordinate Systems"下的CGCS_2000坐标系。在要素集中定义空间参照系是为了让同一要素集中的要素类享有同一空间参照系,这样要素集内的要素类之间才可以建立拓扑关系。

(3) 创建要素类。在已创建的要素集下点击鼠标右键,按照已经定义的要素类及其属性,分别定义点、线、面各要素类,并在各要素类的属性页面输入要素类的属性,同时按设计要求选择属性的约束条件。

(4) 基础空间数据输入。大沽河流域土壤信息数据库数据录入主要分为基础属性数据录入和土壤属性数据录入。数据输入为整个系统提供最为基础的空间数据和属性数据,主要来源于大沽河流域1∶50 000地形图及一些水文监测、野外调查的相关地理空间数据。按照统一数据的格式及坐标系统并根据数据的类型、属性进行分类,使数据符合入库标准；通过 ArcGIS 平台根据数据的内容、类别、属性及需要采用的坐标系建立数据库。图 3.3 为大沽河流域 1：50 000 空间数据分布图。为大沽河流域土壤/地下水耦合模型提供数据支撑，数据库系统还完整收集、输入了大沽河流域现状地下水位监测站数据（包括空间分布、属性信息和观测值），图 3.4 为大沽河流域地下水位监测站分布图，表 3.2 为地下水位监测站基本属性信息表。

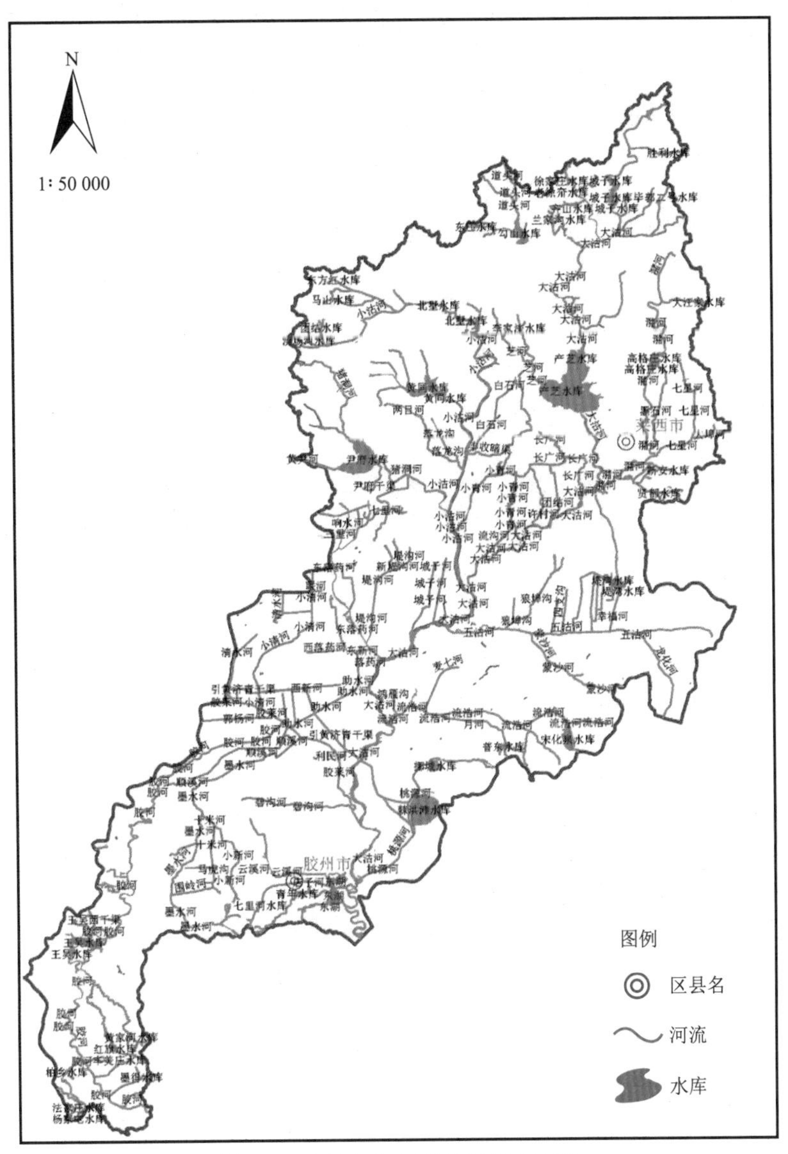


**图 3.3　大沽河流域空间数据分布图**

（5）土壤属性数据处理及录入。数据库设计遵从关系数据库建设基本原则，根据不同剖面将包含重复数据的表拆分成若干个没有重复的表，建立表与表之间的关系，通过一对多的关系，实现记录查询检索功能。流域土壤信息数据库，包括土壤分类信息、采样点信息、剖面层次分类、土层物理性质和化学性质等类别，每一个取样点土壤剖面分为 2～3 层，每层包含地理位置、采样时间、经纬度、地面高程、有机质含量、氧化还原电位、电导率、

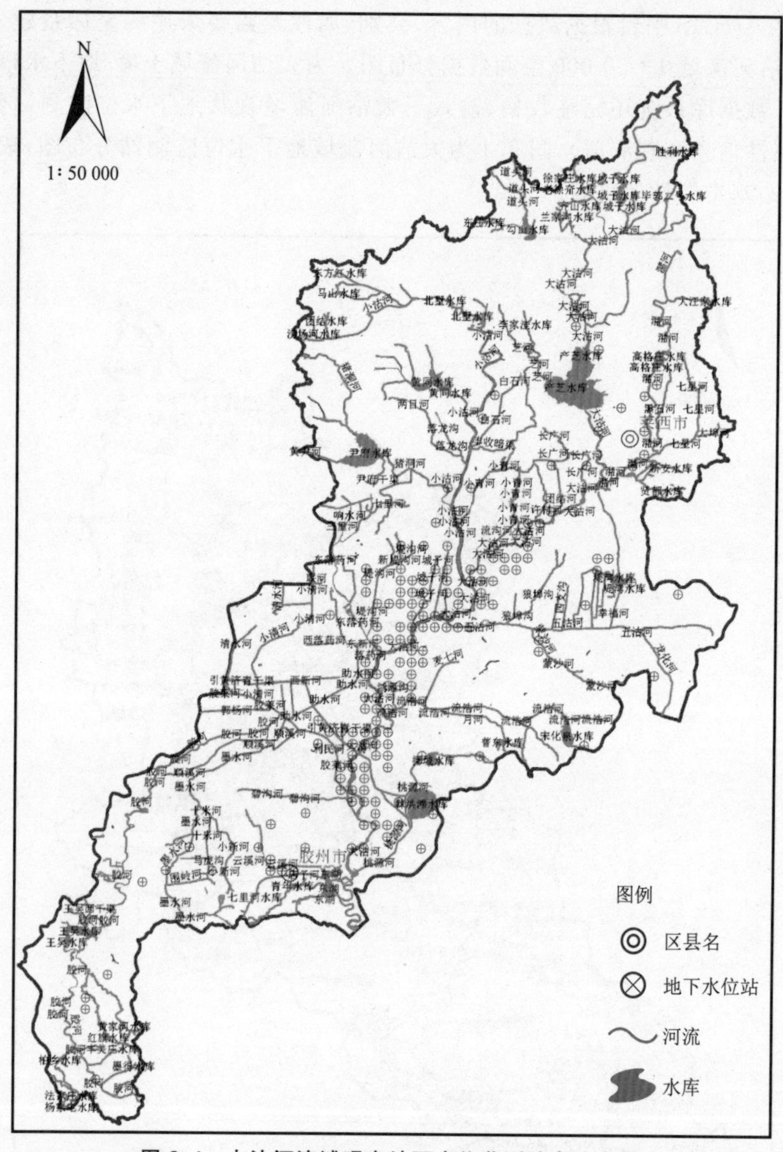


**图 3.4　大沽河流域现有地下水位监测站点分布图**

pH、全氮、氧化铁、氧化锰等 13 项属性数据，为了保证这些属性的正确空间位置，将获取的土壤理化性质数据按照不同的取样层次分为表层、中间层和底层三个数据表格，建好的数据库通过统一的编码和数据格式，包括具体的文本和数值格式要求，将空间数据库和属性数据库连接起来，以便进行数据的入库和操作管理，表 3.3 为大沽河流域土壤属性数据库字段结构表。按照统一的数据结构将土壤信息数据输入完成后，土壤信息数据便以数据库格式存储在“大沽河流域土壤信息数据库. mdb”中，在 ArcGIS 桌面地图软件 ArcMAP 窗口下，可以按照数据库指定的空间属性数据加载到大沽河流域地图中，如图 3.5 所示，也可以输出成“.shp”格式的图层文件，方便加载使用。表 3.4 为流域表层土壤采样点属性表。ArcGIS 同时支持 Excel 数据格式的属性数据导入，因此也可以将采集的土壤信息数据按照设定的数据格式存储在 Excel 表中，直接导入 ArcGIS 工作空间，然后导出到土壤信息数据库工作表中。系统生成的数据库以 Microsoft Access 支持的“.mdb”文件存储。

**表 3.2　大沽河流域现有地下水位监测站点基本属性表**

表

地下水位站

| OBJECTID * | 形状 * | 序号 | 监测站名 | 监测站编号 | 位置 | 经度 | 纬度 | 地下水类 | 监测站类 | 井深_m_ | 井口固定点高程_m | 地面高程_m_ |
|---|---|---|---|---|---|---|---|---|---|---|---|---|
| 4 | 点 Z | 114 | 大屯 | K0920670 | 铺集镇大屯北450米 | 119.766667 | 36.116667 | 浅层水 | 人工监测站 | 9.5 | 67.25 | 67.43 |
| 5 | 点 Z | 113 | 安家屯东 | K092053A | 胶西镇安家屯东50米 | 119.816667 | 36.25 | 浅层水 | 人工监测站 | 6.5 | 31.24 | 31.14 |
| 6 | 点 Z | 112 | 小刘家疃 | K092050A | 胶西镇小刘家疃村南100 | 119.85 | 36.266667 | 浅层水 | 人工监测站 | 14.5 | 29.84 | 307 |
| 7 | 点 Z | 119 | 胶西水利站 | K092091A | 胶西镇水利站院内 | 119.916667 | 36.266667 | 浅层水 | 人工监测站 | 10.2 | 43.6 | 43.5 |
| 8 | 点 Z | 129 | 南梁家屯 | K0920x80 | 胶北镇南梁家屯村内 | 120 | 36.266667 | 浅层水 | 人工监测站 | 7.5 | 12.5 | 12.8 |
| 9 | 点 Z | 123 | 楼子底 | K0920980 | 南关办事处楼子底南100 | 120.016667 | 36.266667 | 浅层水 | 人工监测站 | 12 | 8.23 | 8.88 |
| 10 | 点 Z | 124 | 辅读小学 | K0920990 | 南关办事处辅读小学院 | 120.033333 | 36.266667 | 浅层水 | 人工监测站 | 11.5 | 16.59 | 16.79 |
| 11 | 点 Z | 121 | 北关锻压厂 | K092093A | 北关办事处锻压厂内 | 120 | 36.283333 | 浅层水 | 人工监测站 | 44.6 | 24.5 | 24.38 |
| 12 | 点 Z | 133 | 傅家 | K092x120 | 胶西镇傅家村西北墨水 | 119.883333 | 36.3 | 浅层水 | 人工监测站 | 42 | 22.74 | 22.74 |
| 13 | 点 Z | 120 | 北关水利站 | K092092A | 北关办事处水利站内 | 119.983333 | 36.3 | 浅层水 | 人工监测站 | 300 | 25.88 | 26.08 |
| 14 | 点 Z | 108 | 东石河 | K0920380 | 胶东镇东石河村东北50 | 120.05 | 36.3 | 浅层水 | 人工监测站 | 9 | 16.02 | 16.13 |
| 15 | 点 Z | 125 | 赵家滩 | K0920x30 | 南关办事处赵家滩 | 120.05 | 36.3 | 浅层水 | 人工监测站 | 200 | 4.73 | 5.13 |
| 16 | 点 Z | 162 | 王新 | D147 | 李哥庄镇王新村 | 120.116667 | 36.3 | 浅层水 | 自动监测站 | 5.5 | 3.89 | 3.91 |
| 17 | 点 Z | 161 | 后石龙屯 | D146 | 李哥庄镇后石龙屯 | 120.133333 | 36.3 | 浅层水 | 自动监测站 | 4.6 | 3.47 | 3.47 |
| 18 | 点 Z | 19 | 郭家庄 | K0850310 | 上马街办郭家庄供水站 | 120.216667 | 36.3 | 浅层水 | 人工监测站 | 24.2 | 13.15 | 14.14 |
| 19 | 点 Z | 160 | 大屯 | D145 | 李哥庄大屯村 | 120.166667 | 36.316667 | 浅层水 | 自动监测站 | 5.5 | 3.46 | 3.48 |
| 20 | 点 Z | 106 | 律家庄 | K092024A | 北关办事处律家庄 | 120 | 36.333333 | 浅层水 | 人工监测站 | 13 | 25.12 | 25.2 |
| 21 | 点 Z | 142 | 何棠庄 | D050 | 李哥庄镇何棠庄 | 120.133333 | 36.333333 | 浅层水 | 自动监测站 | 9.2 | 5.4 | 5.38 |
| 22 | 点 Z | 141 | 南张家庄 | D049 | 李哥庄镇南张家庄村委 | 120.15 | 36.333333 | 浅层水 | 自动监测站 | 12 | 5.57 | 5.59 |
| 23 | 点 Z | 140 | 魏家屯 | D048 | 李哥庄镇魏家屯 | 120.166667 | 36.333333 | 浅层水 | 自动监测站 | 14 | 4.13 | 4.15 |
| 24 | 点 Z | 139 | 李家庄 | D047 | 李哥庄镇李家庄 | 120.183333 | 36.333333 | 浅层水 | 自动监测站 | 5.5 | 3.47 | 3.45 |
| 25 | 点 Z | 107 | 丰隆屯 | K092031A | 胶东镇丰隆屯北350米 | 120.05 | 36.35 | 浅层水 | 人工监测站 | 8 | 8.92 | 8.95 |
| 26 | 点 Z | 118 | 王新 | K0920870 | 李戈庄镇王新村南10米 | 120.15 | 36.35 | 浅层水 | 人工监测站 | 11 | 2.89 | 3.21 |
| 27 | 点 Z | 29 | 大胡埠 | K0850590 | 棘洪滩街办大胡埠村 | 120.233333 | 36.35 | 浅层水 | 人工监测站 | 14.1 | 10.82 | 10.42 |
| 28 | 点 Z | 147 | 谈家庄 | D090 | 胶东镇谈家庄 | 120.116667 | 36.366667 | 浅层水 | 自动监测站 | 13.5 | 6.9 | 6.43 |
| 29 | 点 Z | 126 | 石拉子 | K0920x50 | 李戈庄镇石拉子村东南 | 120.133333 | 36.366667 | 浅层水 | 人工监测站 | 19 | 4.5 | 5.37 |
| 30 | 点 Z | 146 | 张家庄 | D089 | 李哥庄镇中张家庄 | 120.133333 | 36.366667 | 浅层水 | 自动监测站 | 18 | 5.38 | 4.91 |
| 31 | 点 Z | 159 | 周家 | D144 | 李哥庄镇周家村北 | 120.133333 | 36.366667 | 浅层水 | 自动监测站 | 14.5 | 5.57 | 5.58 |

1　(0 / 210 已选择)

**表 3.3　土壤属性数据库字段结构表**

| 序　号 | 字段名称 | 数据类型 | 说　明 |
|---|---|---|---|
| 1 | 取样点编号 | 短整型(short integer) | |
| 2 | 地理位置 | 文本型(text) | 区(市)、镇、村 |
| 3 | 采样时间 | 日期型(date) | 年、月、日 |
| 3 | 经　度 | 浮点型(float) | |
| 4 | 纬　度 | 浮点型(float) | |
| 5 | 地面高程 | 浮点型(float) | 单位:m |
| 6 | 饱和水力传导率 | 浮点型(float) | 单位:cm/h |
| 7 | pH | 浮点型(float) | 无量纲 |
| 8 | 电导率($E_c$) | 浮点型(float) | 单位:μs/cm |
| 9 | 阳离子交换量(*CEC*) | 浮点型(float) | 单位:cmol/kg |
| 10 | 有机质含量 | 浮点型(float) | 单位:g/kg |
| 11 | 氧化还原电位($E_h$) | 浮点型(float) | 单位:mV |
| 12 | 全　氮 | 浮点型(float) | 单位:g/kg |
| 13 | 氧化铁 | 浮点型(float) | 单位:g/kg |
| 14 | 氧化锰 | 浮点型(float) | 单位:g/kg |

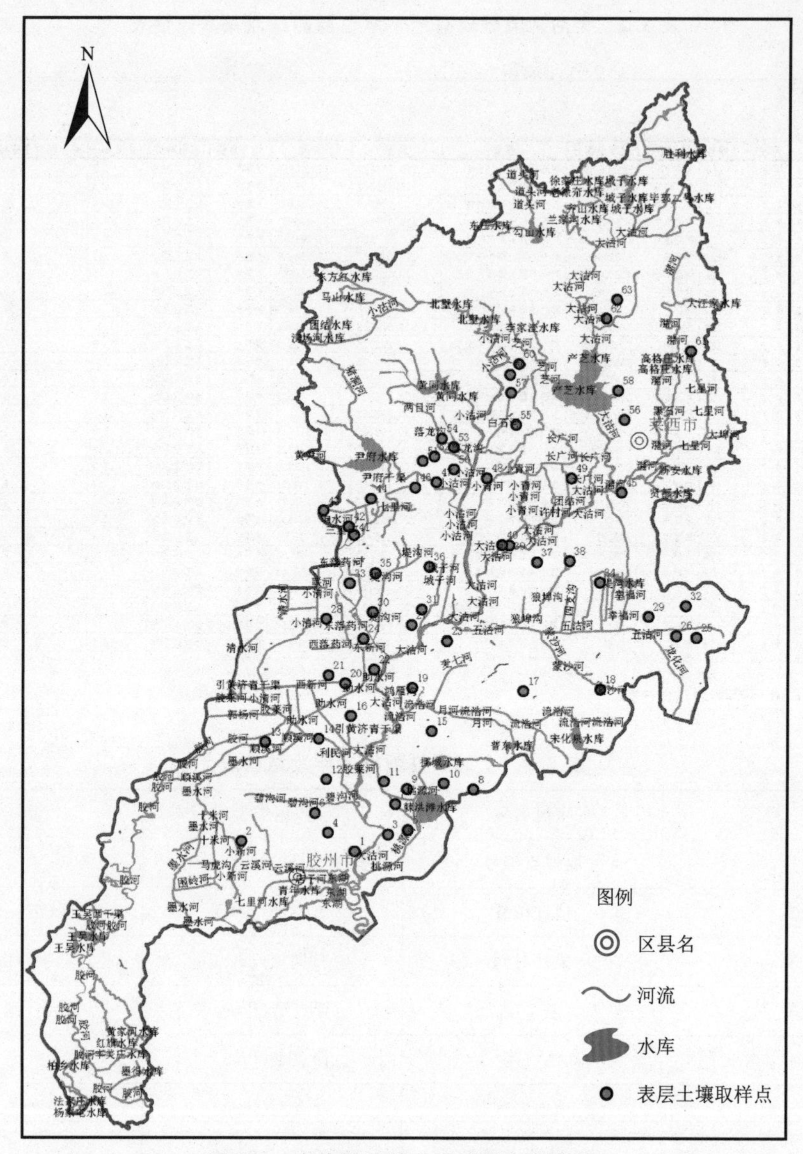


图 3.5　大沽河流域土壤采样点分布图

## 3.2.2　数据库查询和管理

基于 ArcGIS 的大沽河流域土壤信息数据库将土壤的理化性状做了详细归纳，它一方面可以为流域土壤资源信息系统的创建提供数据库支撑，另一方面可以单独作为一个完整的土壤信息数据库查询与检索系统。土壤信息数据库建成后，可以实现土壤理化性质数据的查询，数据的添加、删除和修改，统计分析，地图文档加载，地图浏览和输出等各种数据库管理功能。

### 3.2.2.1　数据查询

(1) 地图浏览和查询。

ArcMap 是一个可用于数据输入、编辑、查询、分析等功能的应用程序，具有基于地图的所有功能，实现地图制图、地图分析、地图编辑等功能。用户可以点击土层栏浏览土壤

表 3.4　大沽河流域土壤表层取样点数据属性表

表

表层土壤取样点

| OBJECTID * | 地理位置 | 经度 | 纬度 | 高程 | 表层(Ks/cm.h | 底层Ks_mm_h_ | pH | Ec_μs_cm_ | Eh (mV) 氧 | 有机质 (g/k | 全氮 (g/kg) |
|---|---|---|---|---|---|---|---|---|---|---|---|
| 1 | 胶州市胶东镇南庄村小麦 | 120.11 | 36.3 | 10 | 5.63 | 22.36 | 7.8 | 54.7 | 820 | 8.15 | .42 |
| 2 | 胶州市胶西镇西庸村 | 119.95 | 36.32 | 26 | 10.56 | 7.65 | 6.38 | 60.1 | 804.8 | 14.53 | .79 |
| 3 | 胶州市李哥庄镇大屯一村 | 120.16 | 36.33 | 16 | 3.42 | 6.89 | 7.62 | 58.8 | 755.2 | 9.29 | .58 |
| 4 | 胶州市胶东镇高家庄村 | 120.07 | 36.33 | 32 | 7.92 | 32.36 | 7.76 | 125.8 | 793.6 | 10.94 | .60 |
| 5 | 胶州市济洪街道陈家埠子 | 120.18 | 36.33 | 6 | 5.86 | 7.59 | 8 | 100.2 | 784 | 16.2 | .84 |
| 6 | 胶州市胶东镇丰琬屯村 | 120.05 | 36.36 | 8 | 4.78 | 6.16 | 7.55 | 34.6 | 767 | 9.11 | .52 |
| 7 | 胶州市李哥庄镇周臣屯村 | 120.17 | 36.37 | 6 | 5.42 | 7.31 | 0 | 0 | 0 | 0 | 0 |
| 8 | 即墨市南泉镇史戈庄村 | 120.28 | 36.39 | 26 | 50.46 | 80.12 | 8.84 | 96.2 | 816.4 | 4.09 | .21 |
| 9 | 即墨市蓝村镇二里村小麦 | 120.18 | 36.39 | 52 | 22.34 | 36.14 | 7.84 | 145.7 | 806.4 | 8.32 | .38 |
| 10 | 即墨市南泉镇赵家屯小麦 | 120.24 | 36.4 | 16 | 18.56 | 50.69 | 9.14 | 160 | 824.4 | 7.53 | .34 |
| 11 | 青岛西站以北小麦田 | 120.15 | 36.4 | 10 | 4.82 | 23.54 | 7.68 | 97.6 | 815.8 | 3.37 | .21 |
| 12 | 胶州市辛王庄镇 | 120.07 | 36.4 | 16 | 25.21 | 45.71 | 7.85 | 93.3 | 809 | 16.06 | .94 |
| 13 | 胶州市马家镇大杜戈庄小 | 119.98 | 36.46 | 21 | 13.2 | 40.31 | 5.9 | 66.5 | 760 | 13.07 | .66 |
| 14 | 胶州市南甸子村小麦地 | 120.06 | 36.46 | 7 | 12.34 | 20.42 | 6.69 | 37.6 | 802.4 | 10.32 | .59 |
| 15 | 即墨市七级镇中间埠村小 | 120.22 | 36.47 | 22 | 31.89 | 81.36 | 7.68 | 260 | 782.8 | 17.82 | .82 |
| 16 | 平度市小洪兰村 | 120.1 | 36.5 | 17 | 4.42 | 5.76 | 7.38 | 34.6 | 756.8 | 10.32 | .59 |
| 17 | 即墨市段泊岚镇四村小麦 | 120.35 | 36.53 | 34 | 5.64 | 17.56 | 6.75 | 41.6 | 774 | 10.34 | .54 |
| 18 | 即墨市灵山镇二村 | 120.46 | 36.53 | 62 | 2.38 | 10.35 | 5.72 | 18.3 | 804.2 | 8.92 | .53 |
| 19 | 即墨市移风店镇 | 120.19 | 36.54 | 19 | 2.63 | 12.56 | 6.93 | 25.5 | 796.8 | 9.46 | .53 |
| 20 | 平度市大西头村 | 120.1 | 36.54 | 17 | 19.02 | 23.87 | 7.06 | 58.7 | 767.6 | 10.37 | .74 |
| 21 | 平度市董家埠村小麦田 | 120.07 | 36.55 | 17 | 9.34 | 10.25 | 8.14 | 103.4 | 836.4 | 14.79 | .73 |
| 22 | 平度市南村镇后北村 | 120.14 | 36.56 | 18 | 7.89 | 6.53 | 6.06 | 26.1 | 699.6 | 10.56 | .61 |
| 23 | 即墨市刘家庄镇大吕三村 | 120.24 | 36.6 | 29 | 22.1 | 25.6 | 7.08 | 75.5 | 760.8 | 17.77 | 1.07 |
| 24 | 平度市兰底镇辛王庄村 | 120.12 | 36.61 | 22 | 4.96 | 5.02 | 7.4 | 36.2 | 783 | 15.48 | .72 |
| 25 | 莱西市李权庄镇兴隆屯村 | 120.59 | 36.61 | 46 | 2.96 | 7.84 | 6.41 | 55 | 792.6 | 16.88 | .92 |
| 26 | 莱西市姜山镇赵旺庄村 | 120.57 | 36.61 | 43 | 6.54 | 11.23 | 6.28 | 19.8 | 776.8 | 9.08 | .71 |
| 27 | 平度市斜庄村 | 120.19 | 36.62 | 27 | 4.3 | 16.45 | 7.47 | 72.3 | 706.2 | 5.35 | .22 |
| 28 | 平度市郭庄西村 | 120.07 | 36.63 | 31 | 30.39 | 35.12 | 7.56 | 53.5 | 739.6 | 15.17 | .87 |

1　(1 / 63 已选择)

表层土壤取样点

数据库成果地图，分层显示大沽河流域土壤采样点空间分布图，从而直观地显示土壤信息采样点在流域内的空间分布，点击菜单上的识别要素按钮，点取要素（点、线、面状）时，弹出（查询结果）对话框，显示该要素的属性值，从而查询每一个土壤取样点的空间属性和理化性质属性值，如图 3.6 和图 3.7 所示。

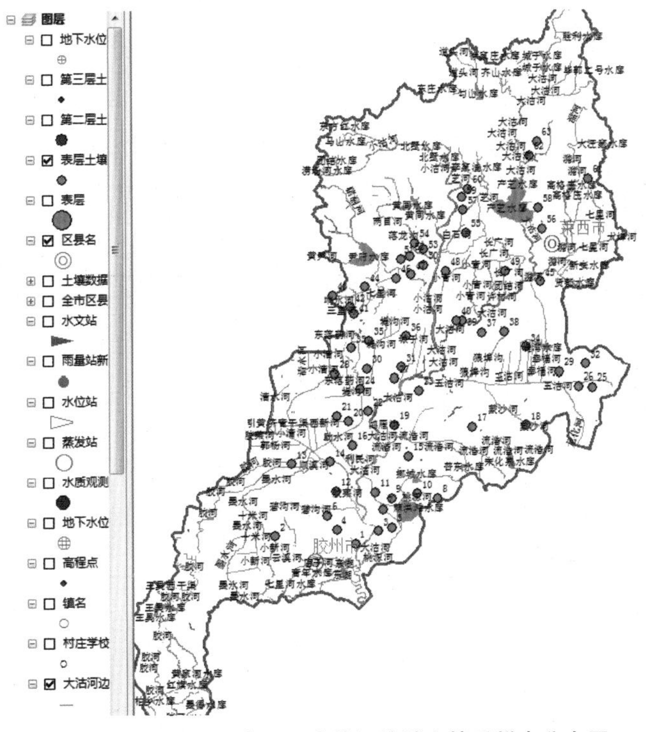


图 3.6　ArcMAP 窗口下大沽河流域土壤采样点分布图

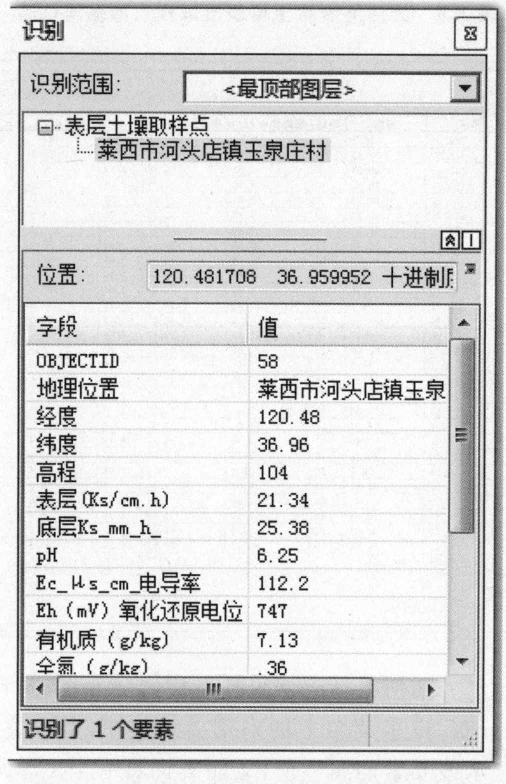


图 3.7　58 号土壤采样点属性信息识别结果

ArcGIS 还支持框选图形查询属性,可以采用(矩形、圆等)等根据用户需要的范围点取想要选择的要素,被选择的要素颜色改变,在快捷菜单上选择打开属性表,可以看到属性表被选择的要素的属性记录也改变了颜色,如图 3.8 所示。

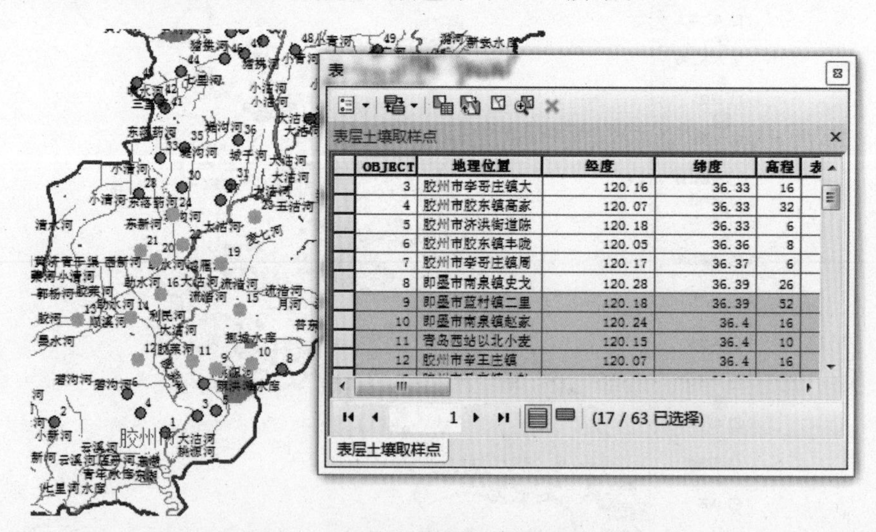


图 3.8　框选地图属性信息查询结果图

(2) 属性数据条件查询。

数据库还可以根据用户的要求,设置不同的属性值查询条件进行土壤数据信息的查询,比如要查询所有土壤表层采样点中有机质含量大于 10 $g \cdot kg^{-1}$ 的土壤采样点信息,可以在图层中打开属性表，点击按属性选择，输入查询条件，实现对有机质含量大于 10 g · $kg^{-1}$ 的土壤采样点的查询，同时在地图中符合查询条件的采样点信息被突出显示出来，从而实现属性数据和空间分布的组合查询。用户还可以设置其他不同的组合查询条件进行查询。

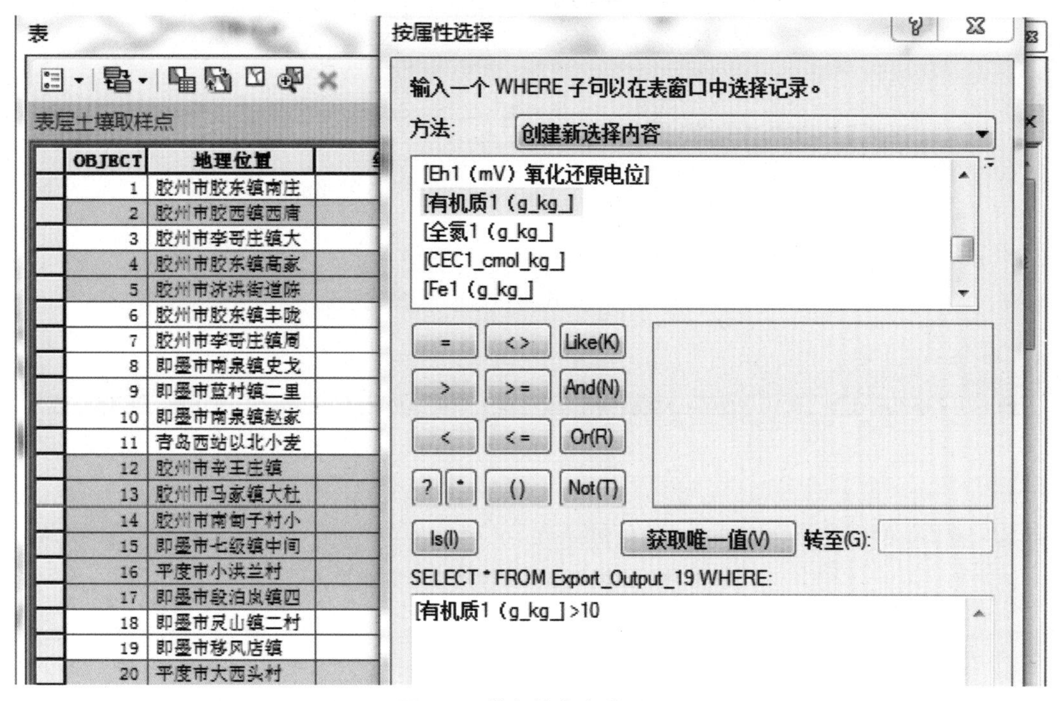


图 3.9　按条件查询结果图

### 3.2.2.2　数据的修改、添加和删除

数据库可以实现各种相关数据的修改、添加和删除等各种编辑功能，在 ArcMAP“开始编辑”状态下，可以很容易实现具体属性数据的修改。在 ArcCatalog 和 ArcMAP 和窗口下均可以实现属性数据的添加，包括要素类的添加和属性字段的添加，在添加字段对话框中，为新字段命名并选择数据类型，并设置相应的字段特性。比如要在土壤属性信息数据库属性信息中增加“盐基饱和度”信息，如图 3.10 所示。要素类和字段添加之后，在添加具体属性时要在“开始编辑”状态下，修改添加完成后保存实现属性数据的添加或修改。在“停止编辑”状态下，可以实现属性数据的删除。

### 3.2.2.3　统计分析和图表创建

基于 ArcGIS 的流域土壤信息数据库系统还可以实现属性数据的排序、汇总等各种统计分析功能，如图 3.11 所示，同时根据需要创建各种属性数据的分析图表，图 3.12 为土壤采样点表层有机质直方图，从图中可以看出，大沽河流域表层土壤有机质多数在 10 g · $kg^{-1}$ 左右。

### 3.2.2.4　地图输出

地图输出是数据库系统的重要功能，借助 ArcGIS 强大的地图定制功能，用户通过点击功能菜单选择功能，选择“导出”“地图打印”，并选择文件路径及文件名、按照格式指定格式输出地图执行地图输出。

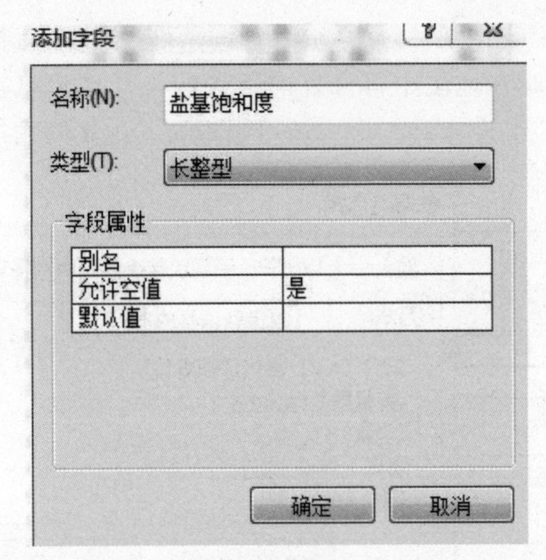


表层土壤取样点

| 表层(Ks/cm.h | 底层Ks_mm_h_ | pH | Ec_μs_cm_ | Eh (mV) 氧 | 有机质 (g/k | 全氮 (g/kg) | CEC(cmol/kg) | Fe (g/kg) | Mn (g/kg) | 盐基饱和度 |
|---|---|---|---|---|---|---|---|---|---|---|
| 5.63 | 22.36 | 7.8 | 54.7 | 820 | 8.15 | .42 | 13.16 | 24.2 | .59 | 10.2 |
| 10.56 | 7.65 | 6.38 | 60.1 | 804.8 | 14.53 | .79 | 13.84 | 15.62 | .55 | <空> |
| 3.42 | 6.89 | 7.62 | 58.8 | 755.2 | 9.29 | .58 | 20.09 | 31.26 | 1.21 | <空> |
| 7.92 | 32.36 | 7.76 | 125.8 | 793.6 | 10.94 | .60 | 20.5 | 26.11 | .75 | <空> |
| 5.86 | 7.59 | 8 | 100.2 | 784 | 16.2 | .84 | 23.66 | 21.67 | .46 | <空> |
| 4.78 | 6.16 | 7.55 | 34.6 | 767 | 9.11 | .52 | 15.4 | 18 | .56 | <空> |
| 5.42 | 7.31 | 0 | 0 | 0 | 0 | 0 | 0 | 0 | 0 | <空> |
| 50.46 | 80.12 | 8.84 | 96.2 | 816.4 | 4.09 | .21 | 20.81 | 26.82 | .92 | <空> |
| 22.34 | 36.14 | 7.84 | 145.7 | 806.4 | 8.32 | .38 | 21.83 | 23.44 | 1.78 | <空> |

图 3.10　土壤信息数据库属性值的添加

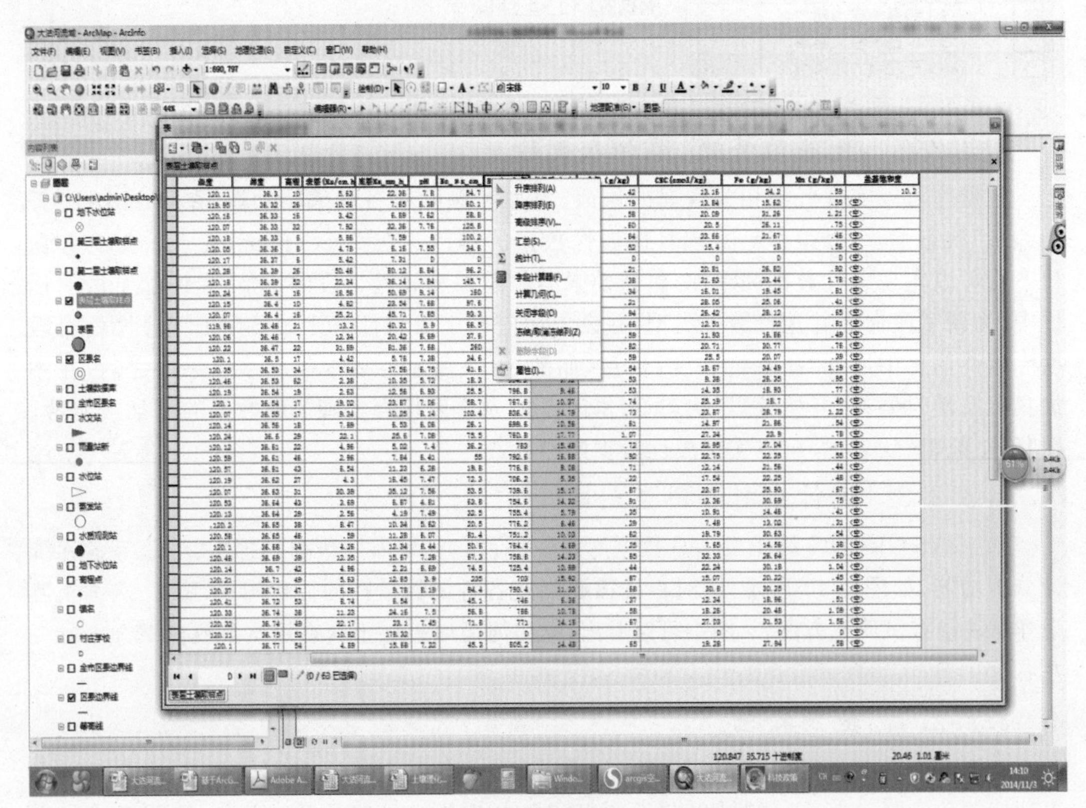


图 3.11　土壤属性数据统计计算过程图

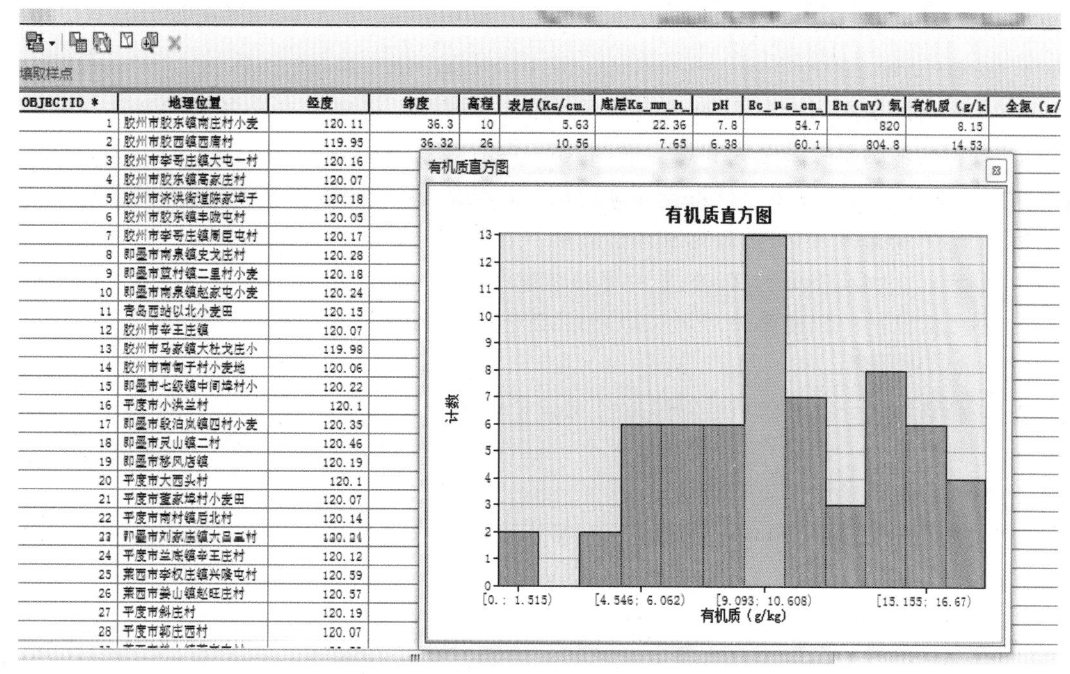


图 3.12　土壤采样点表层有机质直方图

# 3.3　基于 SQL Server 土壤信息管理数据库构建

## 3.3.1　系统简介

随着计算机、通信和电子信息技术的飞速发展，人类社会已经由现阶段的工业化社会开始逐步向信息化社会进行过渡。管理信息系统的建设和应用已经成为规范管理，提高工作效率的重要手段。土壤数据管理系统是在数据加工整理过程中比较通俗、便利、常用的一种系统。它从土壤指标数据入库登记到查询浏览，从工作人员的管理到数据的实时传输查询，形成一个整体自动化管理模式。本系统采用 MS SqlServer 2008 数据库存储监测数据，使用先进的.NET 软件开发环境和 Jquery Ajax 技术进行了软件的开发设计，带来了良好的用户体验。

系统主要有三个方面内容：一方面结合 Google Map 地图显示各监测点的监测信息；二是统计各监测点的相关数据；第三方面是按日期或者按监测点编号查询相关的信息。以这三个方面展开，形成一套完整的土壤数据管理信息系统。

## 3.3.2　系统技术及运行环境

开发软件功能介绍：

(1) SQL 是英文 Structured Query Language 的缩写，意思为结构化查询语言。SQL 语言的主要功能就是同各种数据库建立联系，进行沟通。按照 ANSI(美国国家标准协会)的规定，SQL 被作为关系型数据库管理系统的标准语言。SQL 语句可以用来执行各种各样的操作，例如更新数据库中的数据，从数据库中提取数据等。目前，绝大多数流行的关系型数据库管理系统,如 Oracle,Sybase,Microsoft SQL Server,Access 等都采用了 SQL 语言标准。

Microsoft SQL Server 2008 是一个重大的产品版本,它推出了许多新的特性和关键改进,使得它成为至今最强大和最全面的 Microsoft SQL Server 版本。微软这一数据平台可满足这些数据爆炸和下一代数据驱动应用程序的需求,支持数据平台愿景:关键任务企业数据平台、动态开发、关系数据和商业智能。

Microsoft SQL Server 2008 平台有以下特点:

① 可信任的——使得公司可以以很高的安全性、可靠性和可扩展性来运行他们最关键任务的应用程序。

② 高效的——使得公司可以降低开发和管理其数据基础设施的时间和成本。

③ 智能的——提供了一个全面的平台,可以在用户需要的时候给他发们送观察和信息。

(2) .NET 是 Microsoft XML Web services 平台。

允许应用程序通过 Internet 进行通讯和共享数据,而不管所采用的是哪种操作系统、设备或编程语言。Microsoft.NET 平台提供创建 XML Web services 并将这些服务集成在一起。

(3) jQuery 通过 HTTP 请求加载远程数据。

jQuery 底层 AJAX 实现。简单易用的高层实现见 $. get,$. post 等。$. ajax()返回其创建的 XMLHttpRequest 对象。大多数情况下你无需直接操作该函数,除非你需要操作不常用的选项,以获得更多的灵活性。

### 3.3.3 土壤数据管理系统需求分析

为了有效地解决大沽河流域土壤理化性质数据信息管理查询问题,提出系统采用 MS SqlServer 2008 数据库存储监测数据,使用先进的.NET 软件开发环境和 jQuery Ajax 技术进行了软件的开发设计。既可以使工作人员方便地实现网上录入数据,也方便数据管理工作人员进行土壤数据的管理分析,大大提高办公效率,降低办公成本。根据系统分析工程师和客户沟通的结果,对用户需求进行了全面细致的分析,深入描述土壤数据管理系统软件的功能、性能与界面,确定该软件设计的限制和定义软件的其他有效性需求。

根据系统分析数据工作人员和借阅者沟通的结果,对用户需求进行了全面细致的分析,深入描述土壤数据管理系统软件的功能、性能与界面,确定该软件设计的限制和定义软件其他有效性需求。

### 3.3.4 基本性能

土壤数据管理系统实现的功能主要是:① 结合 Google Map 地图显示各监测点的监测信息。② 统计各监测点的相关数据。③ 按日期或者按监测点编号查询相关的信息。

因此,本系统的开发主要是为这些用户提供便利。为方便在上述背景下对土壤数据进行高效的管理,特编写该程序以提高数据管理效率。使用该程序之后,工作人员可以查询某采样点的详细数据情况。土壤数据管理系统是对大沽河流域理化性质土壤数据信息的管理。该系统必须具备以下功能:

(1) 能对数据信息实行分类管理;

(2) 提供必要的数据指标信息;

(3) 能进行定点定位信息分类查询；

(4) 具有信息按名称进行模糊检索功能；

(5) 能管理登录系统的管理员等。这样能较好地帮助使用者在最短的时间内找到自己所需要的数据信息，提高效率。

## 3.3.5　功能设计

土壤数据管理系统的首页如图 3.13 至图 3.16 所示：

图 3.13　土壤数据管理系统初始界面示意图

土壤数据管理系统

功能菜单　土壤信息　测站信息　监测数据　数据查询　初始地图　监测数据

| 编号 | 时间 | PH值 | Ec | Eh | 有机质 | 全氮 | CEC | Fe | Mn |
|---|---|---|---|---|---|---|---|---|---|
| 1 | 2013-05-12 | 7.68 | 97.60 | 815.80 | 3.37 | 0.21 | 28.05 | 25.06 | 0.41 |
| 1 | 2013-05-12 | 7.87 | 108.10 | 795.20 | 4.23 | 0.23 | 25.81 | 36.78 | 0.84 |
| 2 | 2013-05-12 | 7.85 | 93.30 | 809.00 | 16.06 | 0.94 | 26.42 | 28.12 | 0.65 |
| 2 | 2013-05-12 | 5.85 | 51.30 | 803.00 | 9.18 | 0.51 | 15.20 | 38.95 | 0.68 |
| 2 | 2013-05-12 | 5.66 | 58.70 | 796.60 | 13.55 | 0.69 | 17.24 | 37.59 | 0.77 |
| 3 | 2013-05-12 | 6.69 | 37.60 | 802.40 | 10.32 | 0.59 | 11.93 | 16.86 | 0.49 |
| 3 | 2013-05-12 | 6.86 | 36.10 | 765.60 | 6.83 | 0.38 | 12.14 | 20.24 | 0.40 |
| 3 | 2013-05-12 | 7.78 | 45.10 | 795.80 | 8.83 | 0.56 | 15.61 | 14.32 | 0.38 |
| 4 | 2013-05-13 | 7.38 | 34.60 | 756.80 | 10.32 | 0.59 | 25.50 | 20.07 | 0.39 |
| 4 | 2013-05-13 | 7.25 | 38.70 | 754.00 | 11.68 | 0.59 | 26.01 | 22.43 | 0.42 |
| 4 | 2013-05-13 | 6.91 | 130.40 | 745.60 | 14.36 | 0.82 | 21.62 | 22.74 | 0.46 |
| 5 | 2013-05-13 | 7.06 | 58.70 | 767.60 | 10.37 | 0.74 | 25.19 | 18.70 | 0.40 |
| 5 | 2013-05-13 | 8.34 | 75.70 | 812.40 | 16.03 | 0.83 | 25.70 | 30.38 | 0.71 |
| 5 | 2013-05-13 | 7.84 | 93.60 | 784.40 | 20.17 | 1.23 | 32.33 | 33.05 | 0.95 |
| 6 | 2013-05-13 | 8.14 | 103.40 | 836.40 | 14.79 | 0.73 | 23.87 | 28.79 | 1.22 |
| 6 | 2013-05-13 | 5.49 | 75.30 | 765.40 | 14.59 | 0.74 | 17.75 | 23.12 | 0.57 |
| 7 | 2013-05-13 | 6.68 | 79.80 | 727.60 | 9.26 | 0.76 | 22.34 | 28.98 | 0.51 |
| 8 | 2013-05-14 | 5.46 | 82.13 | 763.45 | 8.69 | 0.76 | 21.43 | 29.36 | 0.41 |
| 9 | 2013-05-14 | 6.67 | 83.00 | 766.20 | 8.86 | 0.43 | 21.11 | 30.74 | 0.39 |
| 9 | 2013-05-14 | 6.68 | 79.80 | 747.80 | 9.26 | 0.51 | 22.34 | 28.98 | 0.51 |
| 10 | 2013-05-14 | 7.40 | 36.20 | 783.00 | 15.48 | 0.72 | 22.95 | 27.04 | 0.76 |
| 10 | 2013-05-14 | 7.16 | 40.40 | 789.60 | 20.57 | 0.84 | 30.09 | 27.14 | 1.13 |
| 10 | 2013-05-14 | 7.50 | 46.00 | 739.00 | 13.49 | 0.56 | 27.85 | 28.93 | 2.37 |
| 11 | 2013-05-14 | 6.06 | 26.10 | 699.60 | 10.56 | 0.61 | 14.97 | 21.86 | 0.54 |
| 11 | 2013-05-14 | 7.03 | 35.50 | 735.80 | 11.56 | 0.47 | 29.68 | 33.19 | 0.44 |
| 11 | 2013-05-14 | 7.07 | 36.70 | 745.20 | 7.34 | 0.40 | 27.85 | 33.64 | 0.53 |

图 3.14　具体属性数据显示示意图

土壤数据管理系统

功能菜单 土壤信息 测站信息 监测数据 数据查询

初始地图 监测数据 测站信息

| 编号 | 地址 | 高程 | 表层 | 底层 |
|---|---|---|---|---|
| 1 | 青岛西站以北小麦田 | 10.00 | 4.82 | 23.54 |
| 2 | 胶州市辛王庄镇 | 16.00 | 25.21 | 45.71 |
| 3 | 胶州市南旬子村小麦地 | 7.00 | 12.34 | 20.42 |
| 4 | 平度市小洪兰村 | 17.00 | 4.42 | 5.76 |
| 5 | 平度市大西头村 | 17.00 | 19.02 | 23.87 |
| 6 | 平度市董家埠村小麦田 | 17.00 | 9.34 | 10.25 |
| 7 | 平度市兰底镇小麦田 | 17.00 | 5.87 | 6.91 |
| 8 | 平度市兰底镇李戈庄村 | 15.00 | 11.23 | 13.45 |
| 9 | 平度市兰底镇曲戈庄村 | 12.00 | 2.37 | 4.56 |
| 10 | 平度市兰底镇辛王庄村 | 22.00 | 4.96 | 5.02 |
| 11 | 平度市南村镇后北村 | 18.00 | 7.89 | 6.53 |
| 12 | 平度市郭庄西村 | 31.00 | 30.39 | 35.12 |
| 13 | 平度市郭庄镇鲁家丘村 | 29.00 | 2.56 | 4.19 |
| 14 | 平度市斜庄村 | 27.00 | 4.30 | 16.45 |
| 15 | 平度市张戈庄镇杜家水泊村 | 34.00 | 4.26 | 12.34 |
| 16 | 平度市张戈庄镇洼子村 | 37.00 | 5.37 | 7.25 |
| 17 | 平度市蓼兰镇何家店 | 37.00 | 4.04 | 20.28 |
| 18 | 平度市蓼兰镇冯戈庄村 | 29.00 | 5.23 | 11.23 |
| 19 | 平度市崔召镇鱼骨山村 | 60.00 | 13.14 | 34.30 |
| 20 | 平度市麻兰镇任家河岔村 | 52.00 | 10.82 | 179.32 |
| 21 | 平度市麻兰镇 | 42.00 | 4.96 | 2.21 |
| 22 | 平度市古岘镇沙洼村小麦地 | 60.00 | 3.96 | 10.11 |
| 23 | 平度市云山镇北流泉村 | 73.00 | 4.12 | 23.56 |
| 24 | 平度市石岘乔戈庄村 | 49.00 | 5.63 | 12.65 |
| 25 | 平度市仁兆镇北仁北村 | 38.00 | 8.47 | 10.34 |
| 26 | 平度市云山镇孔家屯村 | 75.00 | 12.13 | 26.45 |

图 3.15　土壤数据监测站点信息示意图

图 3.16　土壤数据管理系统数据查询显示图

# 第 4 章

# 土壤理化性质的空间分布特征

土壤是具有高度变异性的时空连续体，即使在土壤质地基本相同的区域内，同一时刻不同空间位置土壤的特性往往也存在明显差异，这种属性称为土壤特性的空间变异性。土壤空间变异研究的理论基础是地统计学。20 世纪 70 年代，YOST 等较早地运用地统计学方法研究了大尺度条件下夏威夷土壤化学性质的空间相关性。现在地统计学已经被证明是分析土壤特性空间分布特征及其变异规律最为有效的方法之一。

## 4.1 土壤理化性质的统计特征

利用经典统计学原理对所有土样的理化性质数据进行统计特征分析，它要求将采集的信息作为独立观测值——即纯随机事件处理，对变异特征的分析主要依据变异系数 $C_v$ 来判断：

$$C_v = \frac{S}{\overline{X}} \tag{4.1}$$

式中，$S$ 为标准差；$\overline{x}$ 为变量平均值。根据变异程度分级，$C_v \leqslant 0.1$ 属于弱变异性，$0.1 < C_v < 1$ 属于中等变异性，$C_v \geqslant 1$ 属于强变异性。利用 SPSS 软件进行数据处理，结果见表 4.1。

**表 4.1 大沽河流域土壤理化性质统计特征值**

| 项 目 | 最小值 | 最大值 | 平均值 | 标准差 | 变异系数 |
|---|---|---|---|---|---|
| 上层土壤 | | | | | |
| $K_s$ | 0.59 | 50.46 | 11.28 | 9.63 | 0.85 |
| pH | 3.90 | 9.14 | 6.95 | 1.14 | 0.16 |
| 砂 粒 | 12.16 | 61.16 | 35.81 | 10.69 | 0.30 |
| 粉 粒 | 25.88 | 70.56 | 49.05 | 10.11 | 0.21 |
| 黏 粒 | 5.48 | 31.68 | 15.14 | 6.00 | 0.40 |

续表

| 项　目 | 最小值 | 最大值 | 平均值 | 标准差 | 变异系数 |
|---|---|---|---|---|---|
| 上层土壤 | | | | | |
| Fe | 13.02 | 43.32 | 24.16 | 5.89 | 0.24 |
| Mn | 0.22 | 1.78 | 0.64 | 0.28 | 0.44 |
| $E_c$ | 16.50 | 260.00 | 66.58 | 38.41 | 0.58 |
| $E_h$ | 658.40 | 836.40 | 772.38 | 33.50 | 0.04 |
| 全　氮 | 0.17 | 1.12 | 0.60 | 0.21 | 0.35 |
| 有机质 | 3.37 | 23.97 | 11.05 | 4.10 | 0.37 |
| *CEC* | 6.87 | 32.33 | 17.32 | 5.62 | 0.32 |
| 中层土壤 | | | | | |
| pH | 5.30 | 8.81 | 7.29 | 0.95 | 0.13 |
| 砂　粒 | 12.04 | 64.60 | 35.32 | 12.06 | 0.34 |
| 粉　粒 | 13.60 | 63.40 | 47.71 | 11.28 | 0.24 |
| 黏　粒 | 5.96 | 46.76 | 16.97 | 9.07 | 0.53 |
| Fe | 12.37 | 40.54 | 26.31 | 6.73 | 0.26 |
| Mn | 0.19 | 2.05 | 0.69 | 0.52 | 0.75 |
| $E_c$ | 22.30 | 365.00 | 70.61 | 54.30 | 0.77 |
| $E_h$ | 695.00 | 824.80 | 770.34 | 27.97 | 0.04 |
| 全　氮 | 0.15 | 1.28 | 0.57 | 0.23 | 0.40 |
| 有机质 | 3.37 | 20.57 | 11.42 | 3.85 | 0.33 |
| *CEC* | 6.02 | 35.39 | 20.68 | 7.27 | 0.35 |
| 下层土壤 | | | | | |
| $K_s$ | 2.21 | 150.10 | 23.15 | 22.24 | 0.96 |
| pH | 5.03 | 8.85 | 7.20 | 0.91 | 0.13 |
| 砂　粒 | 4.40 | 78.36 | 34.39 | 13.61 | 0.40 |
| 粉　粒 | 15.68 | 74.08 | 48.38 | 11.58 | 0.24 |
| 黏　粒 | 4.32 | 43.96 | 17.23 | 8.26 | 0.48 |
| Fe | 12.85 | 43.93 | 27.84 | 7.83 | 0.28 |
| Mn | 0.12 | 4.63 | 0.81 | 0.65 | 0.80 |
| $E_c$ | 25.50 | 284.00 | 76.17 | 41.77 | 0.55 |
| $E_h$ | 677.60 | 825.60 | 763.04 | 33.78 | 0.04 |
| 全　氮 | 0.10 | 1.23 | 0.44 | 0.22 | 0.50 |
| 有机质 | 2.80 | 20.38 | 8.76 | 3.44 | 0.39 |
| *CEC* | 6.83 | 36.08 | 19.55 | 6.49 | 0.33 |

注：上中下层土壤样本数 $N=98、51、90$。表中单位：Fe($g \cdot kg^{-1}$)；Mn($g \cdot kg^{-1}$)；$E_c$($\mu s \cdot cm^{-1}$)；$E_h$(mV)；全氮($g \cdot kg^{-1}$)；饱和导水率($mm \cdot h^{-1}$)；质地(%)；有机质($g \cdot kg^{-1}$)；*CEC*($cmol \cdot kg^{-1}$)。

从表中可以看出，大沽河流域耕作层和下层饱和导水率 $K_s$ 的变化范围比较大，分别为 0.59～50.46 mm·h$^{-1}$和 2.21～150.10 mm·h$^{-1}$，$K_s$ 是土壤质地、容重、孔隙分布特征的函数，其中孔隙分布特征对 $K_s$ 的影响最大。在田间条件下，由于土壤干湿交替、冻融过程、根孔、虫洞、土壤裂隙等因素的影响常常导致土壤大孔隙的存在，从而使导水率显著增大，造成导水率空间分布上差异较大。从 pH 值来看，既有酸性土壤，也有碱性土壤，土壤上、中、下层的 pH 在 7.0 左右，总体而言中性土壤(pH 为 6.5～7.5)所占面积更大一些。不同土壤层 Fe 的平均含量自上而下依次为 24.16 mg·kg$^{-1}$、26.31 mg·kg$^{-1}$和 27.84 mg·kg$^{-1}$，整体含量水平比较高；Mn 的整体含量较低，不同土层自上而下的平均含量为 0.64 mg·kg$^{-1}$、0.69 mg·kg$^{-1}$、0.81 mg·kg$^{-1}$，而且 Fe、Mn 的含量自上而下呈增加的趋势。土壤有机质含量和全氮含量的平均值分别为 8.76～11.42 mg·kg$^{-1}$和 0.44～0.57 mg·kg$^{-1}$，属于下游水平，肥力较低，这与土壤类型有很大关系。从变异系数 $C_v$ 来看，$K_s$、pH、$E_c$、土壤质地、Fe、Mn、有机质、$CEC$ 的变异系数均在 0.1～1 之间，属于中等程度的变异，其中土壤上下层 $K_s$ 的变异系数较大，分别为 0.85、0.96，接近了 1，空间变异性较强，而氧化还原电位 $E_h$ 的变异系数最小，属于弱变异性。

由于经典统计学方法只在一定程度上反映样本全体，而不能反映其局部的变化特征，因此需进一步采用地统计学方法进行空间变异结构分析。

# 4.2 土壤理化性质的空间变异特征

## 4.2.1 地统计学空间变异理论

地统计(Geostatistics)又称地质统计，是在法国著名统计学家 G. Matheron 大量理论研究的基础上逐渐形成的一门新的统计学分支。它是以区域化变量为基础，借助变异函数，研究既具有随机性又具有结构性，或空间相关性和依赖性的自然现象的一门科学。地统计学既考虑到样本值的大小，又重视样本空间位置及样本间的距离，弥补了经典统计学忽略空间方位的缺陷。地统计分析理论基础包括前提假设、区域化变量、变异分析和空间估值。

(1) 用地质统计学方法研究某种空间变量的变异特征时，空间变量必须符合以下条件：

① 区域化变量。区域化变量就是认为某种空间变量不是随机互相独立的，而是在一定空间内相互影响，并且这种影响会随空间相对距离增大而减弱最终为 0。

② 内蕴假设。内蕴假设是指区域化变量的数学期望存在且不依赖于测定点 $x$，即 $E(x)=m$，$m$ 为一常数；对于距离向量 $h$，增量 $[Z(x)-Z(x+h)]$ 为有限方差，且不决定于位置 $x$，增量方差为

$$\mathrm{var}[Z(x)-Z(x+h)]=E\{[Z(x)-Z(x+h)]^2\}=2\gamma(h) \quad \forall x \tag{4.2}$$

③ 平稳假设。平稳假设是指区域化变量的分布不因位置而改变，对于二阶平稳，满足以下两个条件：a. 整个研究区内区域化变量 $Z(x)$ 存在且不取决于 $x$；b. 整个研究区内空间变量的协方差存在且相同，即

$$C(x)=E\{[Z(x)-m][Z(x+h)-m]\}=E[Z(x)\cdot Z(x+h)]-m^2 \quad \forall x \tag{4.3}$$

如果随机变量 $Z(x)$ 只在有限区域内是平稳的，把这种平稳称为准平稳，准平稳是考虑到空间变量相似性标度问题提出的。

(2) 半方差计算与模型。

地统计学根据半方差的变化规律进行空间变量变异特征分析。区域化变量 $Z(x)$ 在点 $x$ 和 $x+h$ 处的值 $Z(x)$ 与 $Z(x+h)$ 差的方差的一半称为区域化变量 $Z(x)$ 的半变异函数，记为 $\gamma(h)$，假设随机函数均值稳定，方差存在且有限，则该值仅和间距 $h$ 有关。实验半方差计算公式如下：

$$\gamma(h)=\frac{1}{2N(h)}\sum_{i}^{N}[Z(x_i)-Z(x_i+h)]^2 \tag{4.4}$$

式中，$\gamma(h)$ 为半方差；$2N(h)$ 是指相距 $h$ 的数据点的对数。

(3) 空间估值。

点 Kriging 插值方法是地统计学中最为常用的插值法，它是利用原始数据和半方差函数的结构性，对未采样点的区域化变量进行无偏最佳估值的一种方法。Kriging 法可用于局部估值，每一估值都是由其邻近观测值加权平均计算而得的。即区域化变量 $Z$ 在位置 $x_0$ 的插值为

$$\hat{Z}(x_0)=\sum_{i=1}^{n}\lambda_i Z(x_i) \tag{4.5}$$

式中，$n$ 是邻近观测值 $Z(x_i)$ 的个数；$\lambda_i$ 是相对于每个 $Z(x_i)$ 的权重。以估值 $\hat{Z}(x_0)$ 无偏来定权重：

$$E[\hat{Z}(x_0)-Z(x_0)]=0 \tag{4.6}$$

并使估值方差 $\sigma_k^2$ 为最小：

$$\sigma_k^2=\mathrm{var}[\hat{Z}(x_0)-Z(x_0)]=\min \tag{4.7}$$

因此要求对所有的 $i$，下式成立：

$$\begin{cases}\sum_{i=1}^{n}\lambda_j\gamma(x_i,x_j)+\mu=\gamma(x_i,x_0)\\ \sum_{i=1}^{n}\lambda_i=1\end{cases} \tag{4.8}$$

式中，$\gamma(x_i,x_j)$ 和 $\gamma(x_i,x_0)$ 分别为观测点 $x_i$ 和 $x_j$、$x_i$ 和 $x_0$ 之间的半方差，$\mu$ 是拉格朗日乘子。这 $n+1$ 个方程组就是 Kriging 方程，当 $\gamma(x)$ 正定时有唯一解。解得 $\lambda_i$ 代入原式进行估值，其估值方差为

$$\sigma_k^2=\sum_{i=1}^{n}\lambda_i(x_i,x_0)+\mu \tag{4.9}$$

### 4.2.2 土壤理化性质的空间变异结构分析

利用地统计学原理进行空间变异结构分析，首先样本必须服从正态分布的假设，经 K-S 检验发现土壤饱和导水率 $K_s$、Mn 和土壤中层电导率 $E_c$ 的含量不服从正态分布的假设，将 $K_s$、Mn 和 $E_c$ 含量数据进行对数变换后再经 K-S 检验，双侧 $P$ 值满足大于 0.05，说

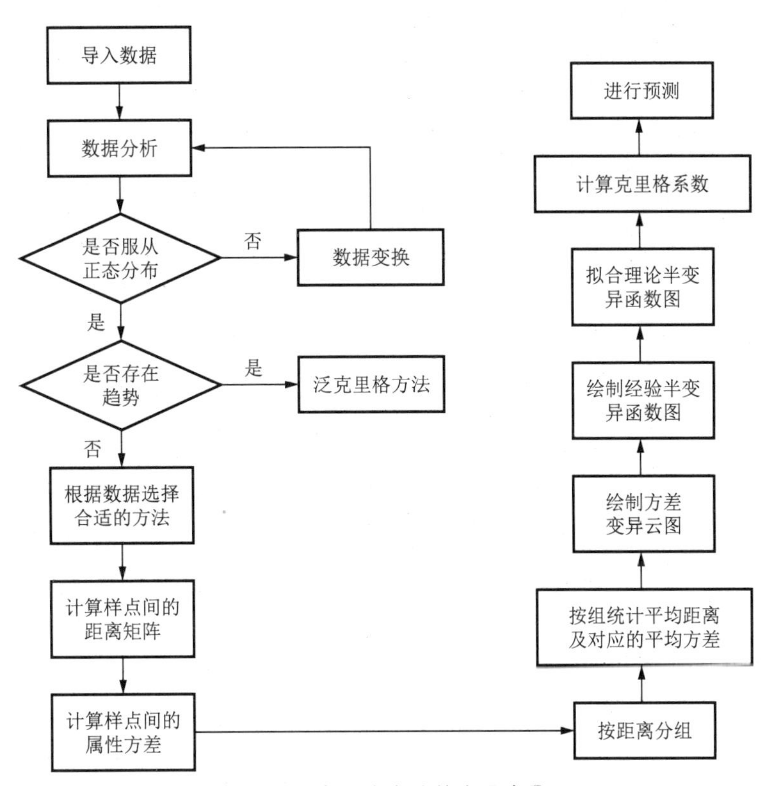


**图 4.1　克里格方法的主要步骤**

明对数变换后 $K_s$、Mn 和 $E_c$ 已呈正态分布。另外通过 Q-Q 图(Quantile-Quantile Plot)可更为直观地判别样本数据的正态性,Q-Q 图实质是以标准正态分布的分位数为纵坐标,样本值为横坐标所作的散点图,这里仅给出 $K_s$ 的 Q-Q 图。从图 4.2 中可看出,实测值 $K_s$ 正态 Q-Q 图中各点排列成一条不规则的曲线,而经对数变换后各点已近似在 1∶1 直线上,表明此时数据已呈正态分布。

经正态分布检验后,将所有土壤理化性质数据和相应的大地坐标导入 GS+软件中进行空间变异结构分析。变量的空间变异特征由半方差函数模型来描述,主要有球形模型(Spherical model)、高斯模型(Gaussian model)和指数模型(Exponential model):

(1) 球形模型(Spherical model)。

$$\gamma(h)=\begin{cases}0 & h=0\\ C_0+C\{1.5[h/a-0.5(h/a)^3]\} & 0<h<a\\ C_0+C & h\geqslant a\end{cases}\tag{4.10}$$

当 $h=a$ 时,$\gamma(h)=C_0+C$,该模型的变程为 $a$。

(2) 高斯模型(Gaussian model)。

$$\gamma(h)=\begin{cases}0 & h=0\\ C_0+C(1-\mathrm{e}^{-\frac{h^2}{a^2}}) & h>0\end{cases}\tag{4.11}$$

当 $h=\sqrt{3}a$ 时,$\gamma(h)\approx C_0+C$,该模型的变程为$\sqrt{3}a$。

(3) 指数模型(Exponential model)。

$$\gamma(h)=\begin{cases}0 & h=0\\ C_0+C(1-\mathrm{e}^{-\frac{h}{a}}) & h>0\end{cases}\tag{4.12}$$

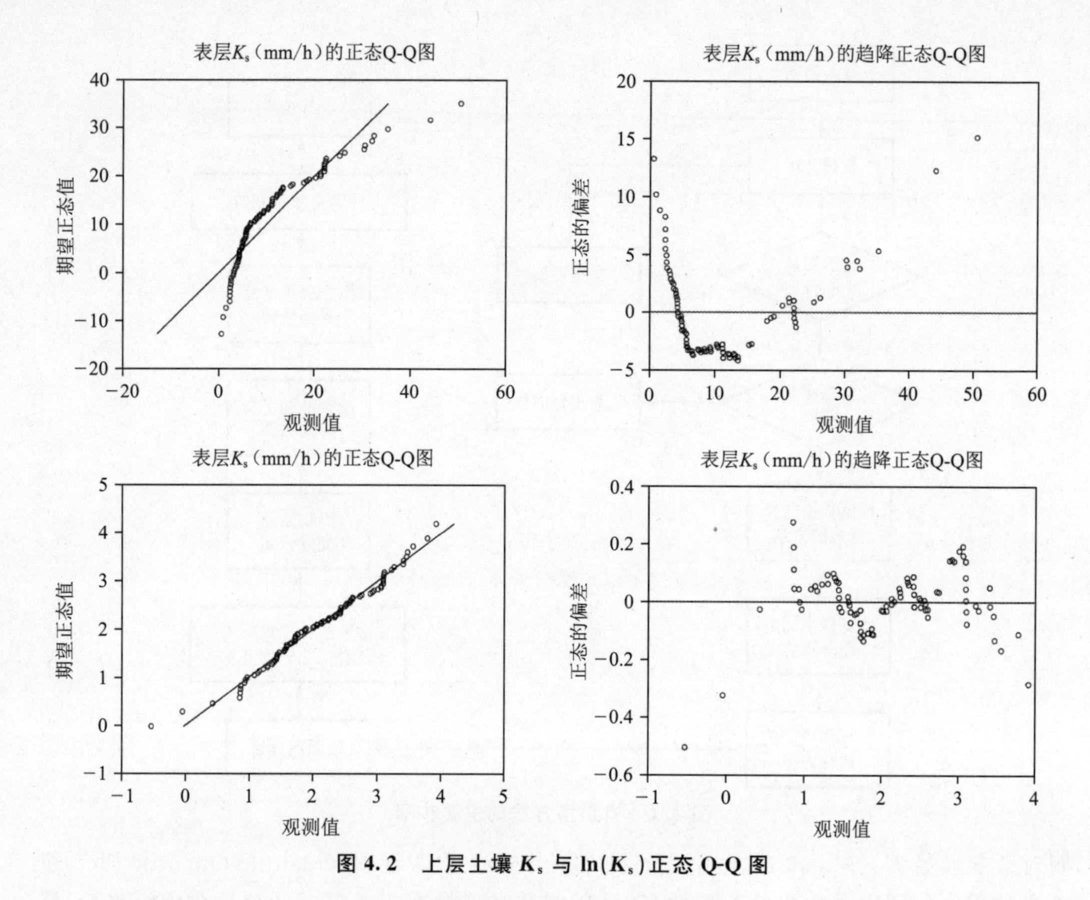


**图 4.2 上层土壤 $K_s$ 与 $\ln(K_s)$ 正态 Q-Q 图**

当 $h=3a$ 时，$\gamma(h)\approx C_0+C$，该模型的变程为 $3a$。

式中，$\gamma(h)$为半方差；$h$ 是间距；$C_0$ 为块金值(Nugget)，表示由实验误差或小于实验取样尺度引起的变异，较大的块金值说明了在较小尺度下存在着重要的生态过程；$C$ 为偏基台值(Partial sill)；$C_0+C$ 为基台值(Sill)，它表示空间变量间最大变异程度；$a$ 是变程(range)，表示变量空间自相关性特征长度。半方差函数模型拟合结果可用半方差图来表示，它是半方差函数 $\gamma(h)$对距离 $h$ 的函数图，由表达式可知图中有两个非常重要的点：间隔为 0 时的点以及半方差函数 $\gamma(h)$趋近平稳时的拐点。

半方差函数模型及其参数的选取原则：平均误差(ME)的绝对值最接近于 0；标准化平均误差(MSE)最接近于 0；均方根误差(RMSE)越小越好；平均标准误差(ASE)与均方根误差(RMSE)最接近，如果 ASE>RMSE 则高估了预测值，反之低估了预测值；标准化均方根误差(RMSSE)最接近于 1，如果 RMSSE<1，则高估了预测值，反之低估了预测值。选择最优半方差函数模型对所有土样的理化性质数据进行空间变异结构分析，拟合得到相应的模型参数见表 4.2。

**表 4.2 土壤理化性质半方差函数模型类型及其参数**

| 项 目 | 模 型 | 块金值 $C_0$ | 基台值 $C_0+C$ | 块金值/基台值 $C_0/(C_0+C)$ | 变程/km $a$ | 拟合度 $R^2$ |
|---|---|---|---|---|---|---|
| 上层土壤 | | | | | | |
| $\lg(K_s)$ | 指 数 | 0.566 | 0.775 | 0.76 | 62.8 | 0.66 |

续表

| 项　目 | 模　型 | 块金值 $C_0$ | 基台值 $C_0+C$ | 块金值/基台值 $C_0/(C_0+C)$ | 变程/km $a$ | 拟合度 $R^2$ |
|---|---|---|---|---|---|---|
| 上层土壤 | | | | | | |
| pH | 指　数 | 0.545 | 1.633 | 0.33 | 83.4 | 0.93 |
| $E_c$ | 高　斯 | 259 | 1 697 | 0.15 | 10.4 | 0.65 |
| $E_h$ | 指　数 | 613 | 1 335 | 0.46 | 36.0 | 0.69 |
| 砂　粒 | 指　数 | 57.07 | 115.4 | 0.49 | 13.1 | 0.32 |
| 粉　粒 | 球　形 | 51.50 | 103.10 | 0.50 | 16.5 | 0.71 |
| 黏　粒 | 高　斯 | 8.67 | 38.67 | 0.22 | 4.05 | 0.36 |
| Fe | 球　形 | 15.72 | 33.84 | 0.46 | 18.06 | 0.74 |
| lg(Mn) | 指　数 | 0.112 | 0.177 | 0.63 | 92.5 | 0.42 |
| 全　氮 | 球　形 | 0.035 | 0.047 | 0.74 | 5.60 | 0.52 |
| 有机质 | 球　形 | 11.81 | 16.53 | 0.72 | 4.7 | 0.39 |
| *CEC* | 指　数 | 17.83 | 35.67 | 0.50 | 17.82 | 0.59 |
| 中层土壤 | | | | | | |
| pH | 指　数 | 0.180 | 1.086 | 0.17 | 66.27 | 0.79 |
| lg($E_c$) | 高　斯 | 0.098 | 0.316 | 0.31 | 13.79 | 0.43 |
| $E_h$ | 指　数 | 350 | 822 | 0.43 | 29.5 | 0.26 |
| 砂　粒 | 指　数 | 31.01 | 130.74 | 0.24 | 25.71 | 0.41 |
| 粉　粒 | 球　形 | 37.86 | 104.7 | 0.36 | 13.47 | 0.58 |
| 黏　粒 | 指　数 | 51.8 | 103.7 | 0.50 | 27.72 | 0.42 |
| Fe | 球　形 | 24.47 | 55.22 | 0.44 | 42.37 | 0.72 |
| lg(Mn) | 指　数 | 0.108 | 0.243 | 0.44 | 15.56 | 0.53 |
| 全　氮 | 球　形 | 0.038 | 0.051 | 0.75 | 13.79 | 0.45 |
| 有机质 | 球　形 | 1.1 | 23.55 | 0.05 | 5.84 | 0.3 |
| *CEC* | 球　形 | 27.58 | 58.34 | 0.47 | 19.44 | 0.43 |
| 下层土壤 | | | | | | |
| lg($K_s$) | 指　数 | 0.293 | 0.675 | 0.43 | 20.52 | 0.50 |
| pH | 指　数 | 0.519 | 1.26 | 0.41 | 20.43 | 0.59 |
| $E_c$ | 高　斯 | 403 | 1 742 | 0.23 | 9.35 | 0.52 |
| $E_h$ | 指　数 | 573 | 1 294 | 0.44 | 55.8 | 0.74 |
| 砂　粒 | 指　数 | 105.2 | 173.8 | 0.61 | 34.5 | 0.48 |
| 粉　粒 | 指　数 | 24.29 | 105.9 | 0.23 | 30.4 | 0.41 |
| 黏　粒 | 高　斯 | 15.21 | 73.65 | 0.21 | 5.4 | 0.61 |
| Fe | 球　形 | 41.56 | 74.66 | 0.56 | 92.5 | 0.43 |
| lg(Mn) | 指　数 | 0.188 | 0.376 | 0.50 | 10.6 | 0.57 |

续表

| 项　目 | 模　型 | 块金值 $C_0$ | 基台值 $C_0+C$ | 块金值/基台值 $C_0/(C_0+C)$ | 变程/km $a$ | 拟合度 $R^2$ |
|---|---|---|---|---|---|---|
| 下层土壤 | | | | | | |
| 全　氮 | 高　斯 | 0.027 5 | 0.048 7 | 0.56 | 14.86 | 0.40 |
| 有机质 | 高　斯 | 8.6 | 17.21 | 0.50 | 13.873 | 0.75 |
| *CEC* | 指　数 | 5 | 41.92 | 0.12 | 4.2 | 0.10 |

经过计算，土壤理化性质在四个方向上（0°，45°，90°，135°）拟合所得模型参数相差不大，即不存在方向效应，说明各变量是各向同性的。首先从拟合度来看，各变量都能用相应的半方差函数模型来较好地拟合。从结构性因素看，空间相关性的强弱可由基底效应 $C_0/(C_0+C)$ 值来反映，它表示样本间的变异特征，该值越小，空间相关性越强，若该值越大，则表示样本间的变异更多得是由随机因素引起的。$C_0/(C_0+C)$ 的比值 $<25\%$，说明变量具有强烈的空间相关性；比值在 25%～75%，说明变量具有中等的空间相关性；比值 $>75\%$，说明变量空间相关性很弱。

从表 4.2 可以看出，土壤上层 $K_s$ 的空间相关性很弱，其中 $K_s$ 的 $C_0/(C_0+C)$ 值为 0.76，说明影响土壤表层 $K_s$ 空间分布的随机性因素很强，即受人为因素影响很大；土壤上层和中层的有机质、全氮的 $C_0/(C_0+C)$ 值大于 0.75，空间相关性很弱，说明其空间变化受人为农耕施肥、种植等因素影响较大。而其他土壤理化性质如土壤上层 pH、质地、$E_h$、Fe、Mn 和 *CEC* 等均表现出中等的空间相关性，说明它们的空间分布是由结构性因素（地形地貌、土壤母质、土壤类型等）和随机性因素（耕作方式、管理措施等）共同作用的结果。另外还可以看到，所有变量的 $C_0$ 值均不为 0，都表现出一定的块金效应，这说明存在测定误差或间隔距离小于采样间距时小尺度土壤性质的微变异。变程 $a$ 是半方差达到基台值时的样本间距，代表了变量的相关距离，当观测点之间的距离大于该值时它们之间是相互独立的，反之则说明存在一定的相关关系。可以看出各变量的变程在 4.05～92.5 km 之间，不同变量之间的变程差异也比较大。

为了更直观地描述大沽河流域土壤理化性质的空间分布特征，根据所得的半方差函数模型及其参数（表 4.2、图 4.2），利用 ArcGIS 的地统计（Geostatistical Analyst）扩展模块中提供的 Ordinary Kriging 插值方法来绘制土壤理化性质的空间分布图（图 4.3）。从图中可以看出，土壤上、中、下层同种理化性质数据的空间分布均较为相似，且都具有良好的结构特征，表现出一定的方向性和连续性。

整体来看，流域土壤表层和下层 $K_s$ 的空间分布结构较相似，表明同一土壤剖面表层和下层 $K_s$ 之间具有一定的正相关性，且均具有明显的方向性和连续性，北部和东南部最高，中东部最低，并呈现出依次向中部、东北方向逐渐减小的趋势，$K_s$ 减小是因为该地区土壤主要为黑土裸露型砂姜黑土和湿潮土，黑土裸露型砂姜黑土耕作层多为中壤土，黑土层和砂姜层为中壤土或重壤土，质地黏重，速效养分含量低，农业生产性能较差，湿潮土是在较长期积水或较高位潜水条件下形成的土壤，物理性黏粒最高可达 60%以上，潜育化明显，因此 $K_s$ 较低。而 $K_s$ 较高的地区土壤主要为棕壤和砂质或壤质河潮土，棕壤成土母质为酸性岩或基性岩坡、洪积物，土质疏松，质地多为砂壤土至轻壤土，潮土发育于河相沉积

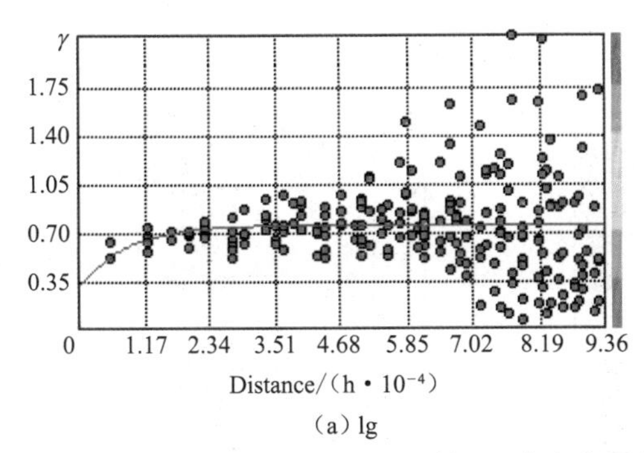


(a) lg

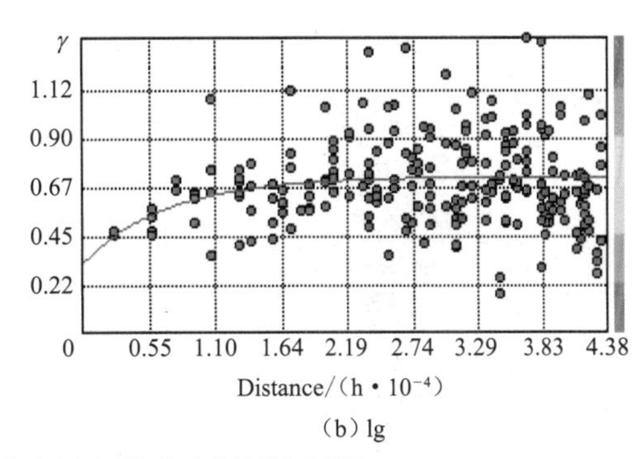


(b) lg

**图 4.3　土壤 $K_s$ 半方差图((a)为上层土壤、(b)为下层土壤)**

物,剖面沉积层理不明显,通体为砂均质或砂壤均质,因而 $K_s$ 较高。

土壤酸碱性是土壤的一个重要属性,各种植物都有其适宜生长的 pH 范围,所以在大面积的测土施肥工作中,利用 Kriging 插值法获得 pH 的空间分布图有利于指导土壤 pH 的改良工作以及进行作物的适宜性评价。从图中可看出,研究区土壤主要呈弱酸和弱碱性,上层和中层酸性土壤面积更大一些,流域土壤 pH 整体上呈现由西南向东北方向递减的趋势。土壤 pH 主要受形成土壤的母质种类的影响,碱性基岩或母质上发育的土壤 pH 值一般比酸性基岩形成的土壤要高。上层和中层土壤酸性大于下层土壤可能是因为长期人类活动如施肥和耕作作用造成了土壤酸化。

土壤氧化还原电位 $E_h$ 普遍较高,上、中、下层表现出一致的分布趋势,北部和南部较高,中偏北部地区较低。

砂粒含量的高值出现在流域北部和中东部,结合粉粒和黏粒的空间分布图来看,可以发现该区域也正是粉粒和黏粒含量较低的地区,也就是说它们之间有很好的互补性,这也从另一方面证实了 Kriging 插值的准确性。

流域土壤中 Fe、Mn 含量具有明显的空间分布结构,由东向西呈现递减的趋势,而且土壤上、中、下层的分布基本一致。由于土壤氧化还原电位较高(大于 700 mV),Fe、Mn 主要以氧化态的形态存在。

土壤有机质和全氮含量分布趋势基本一致,空间分布与地质、地貌以及土地利用的关系十分密切,土壤上层和中层受人类活动影响较大,有机质和全氮分布的随机性很强,土壤下层主要表现为流域自北向南中心部分含量较低,两侧较高。

土壤 *CEC* 分布大致为流域中偏南部地区该值最高,西北以及中部地区其次,东部和西南角部分地区土壤 *CEC* 较低,图中显示这部分区域颜色很淡,土壤 *CEC* 基本在 10 $cmol \cdot kg^{-1}$ 以下,土壤保肥能力很弱,是以后土壤改良的重点地区。土壤 *CEC* 高的地区土壤主要为砂姜黑土,该土壤具有较强的保肥性、缓冲性和抗污染自净能力,经过治理改良后,其生产水平可以大幅度提高,具有很大的开发潜力,而 *CEC* 较低地区的土壤主要为棕壤,还有一部分潮土,该土属保肥能力较弱。虽然黏粒是土壤 *CEC* 的主要物质源,但有机质的吸附性能约为黏粒的 6 倍,因此要改善土壤的吸附性能,还需要通过增施有机肥,深耕改土以及客土改良等改土培肥措施,不断促使土壤有机质的积累和耕作层的加厚,从而改善土壤的水肥气热状况,提高土壤肥力水平。

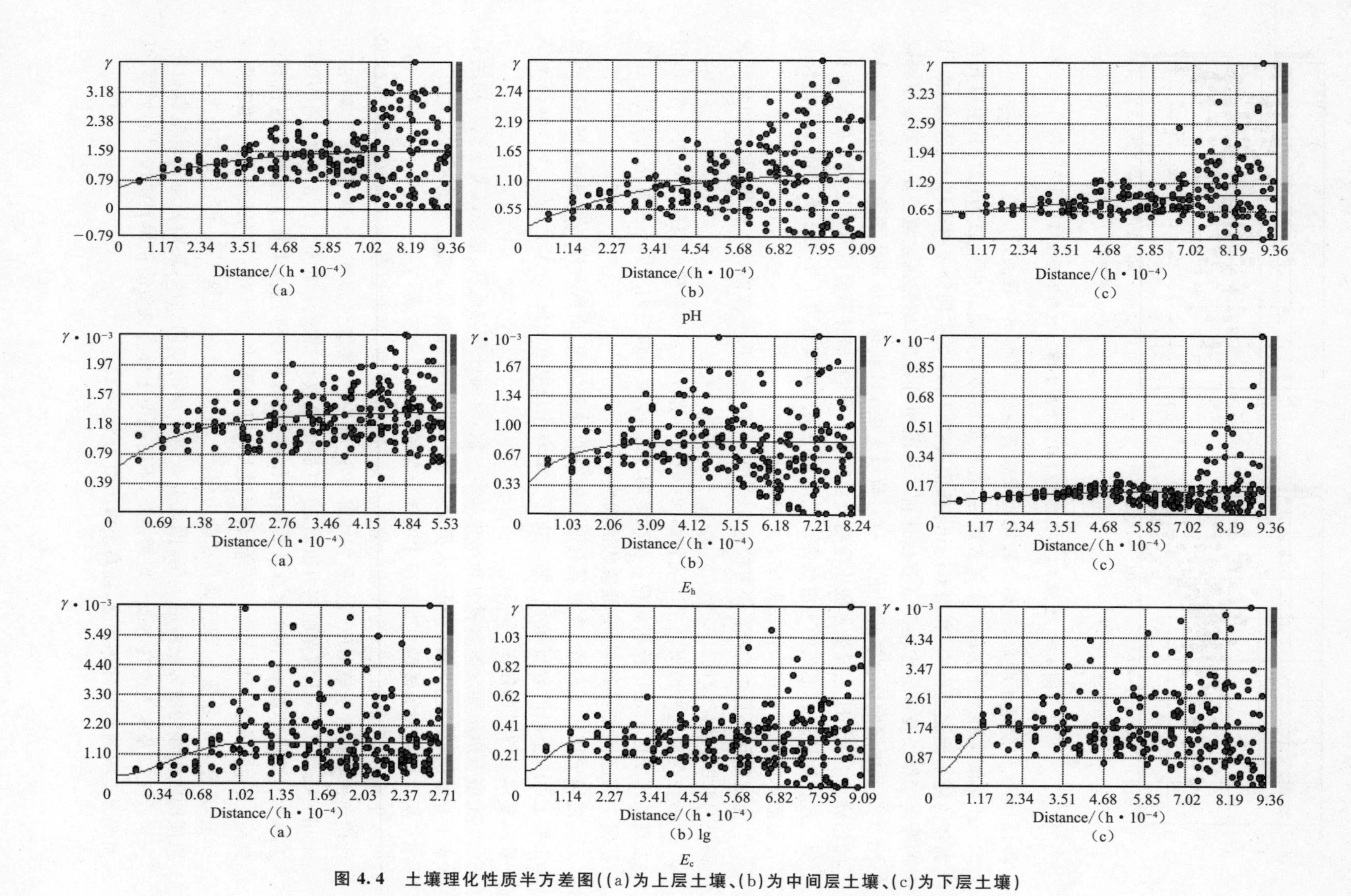


图 4.4　土壤理化性质半方差图((a)为上层土壤、(b)为中间层土壤、(c)为下层土壤)

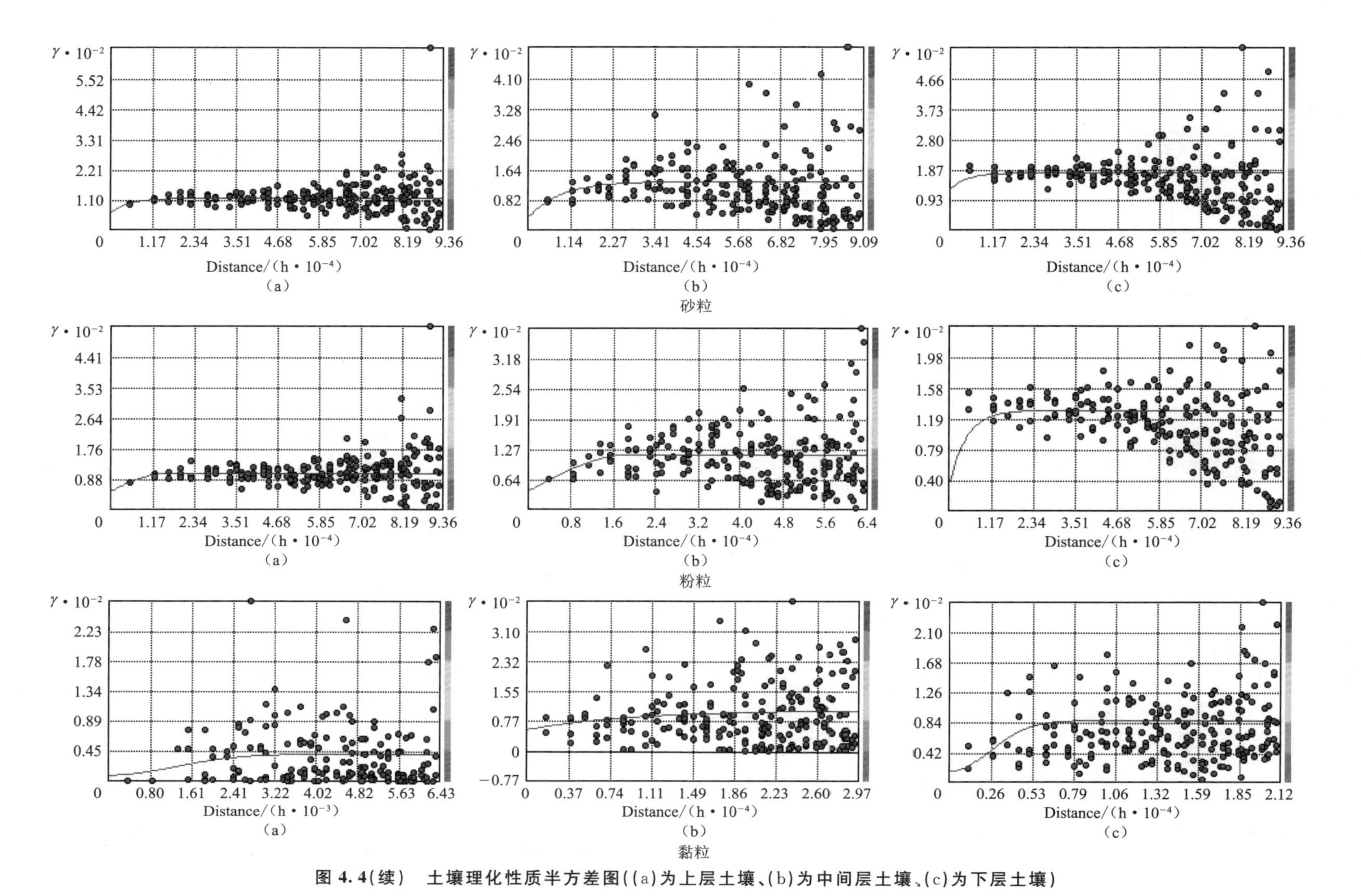


图 4.4(续)　土壤理化性质半方差图((a)为上层土壤、(b)为中间层土壤、(c)为下层土壤)

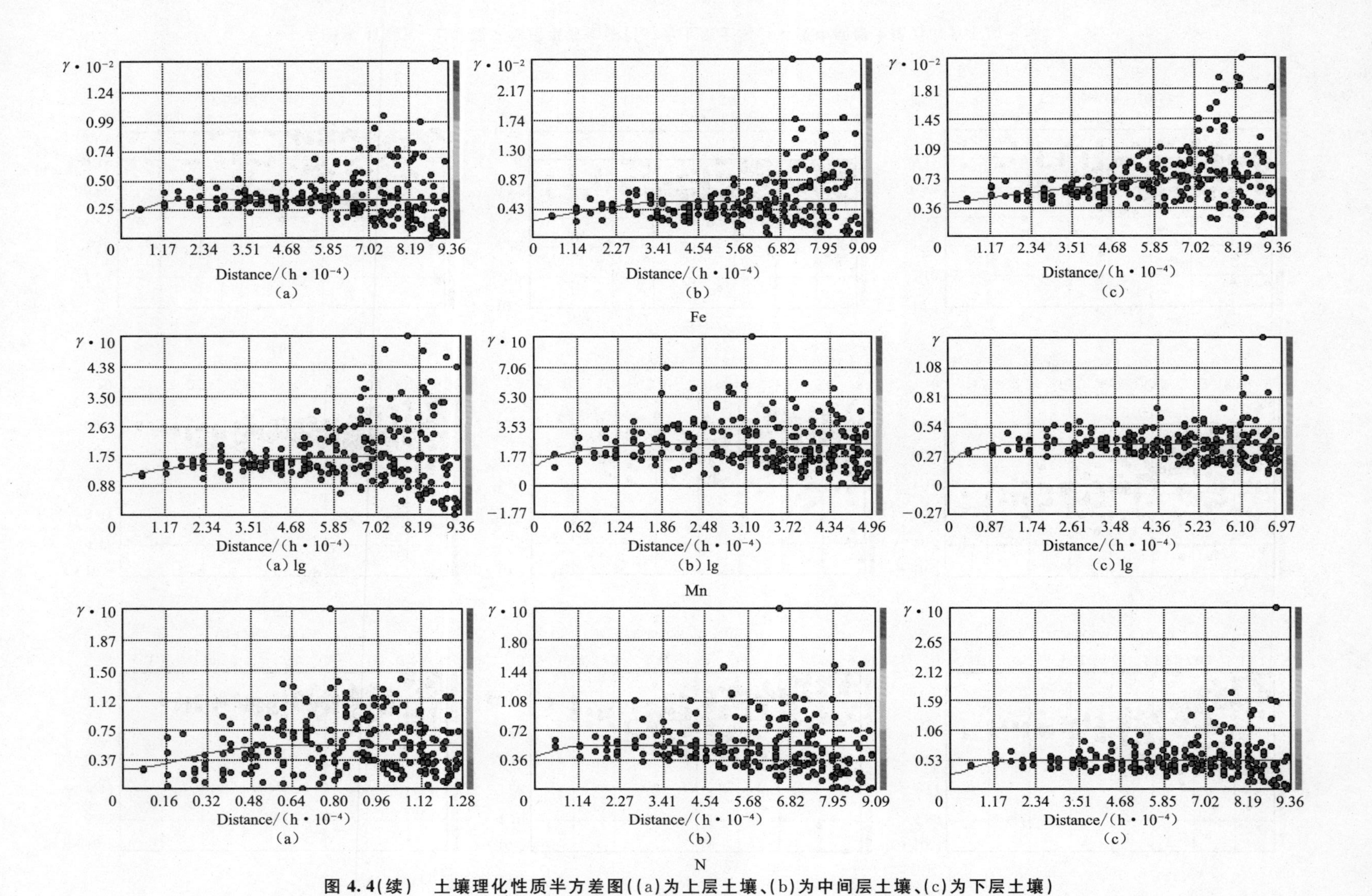


图 4.4(续)　土壤理化性质半方差图((a)为上层土壤、(b)为中间层土壤、(c)为下层土壤)

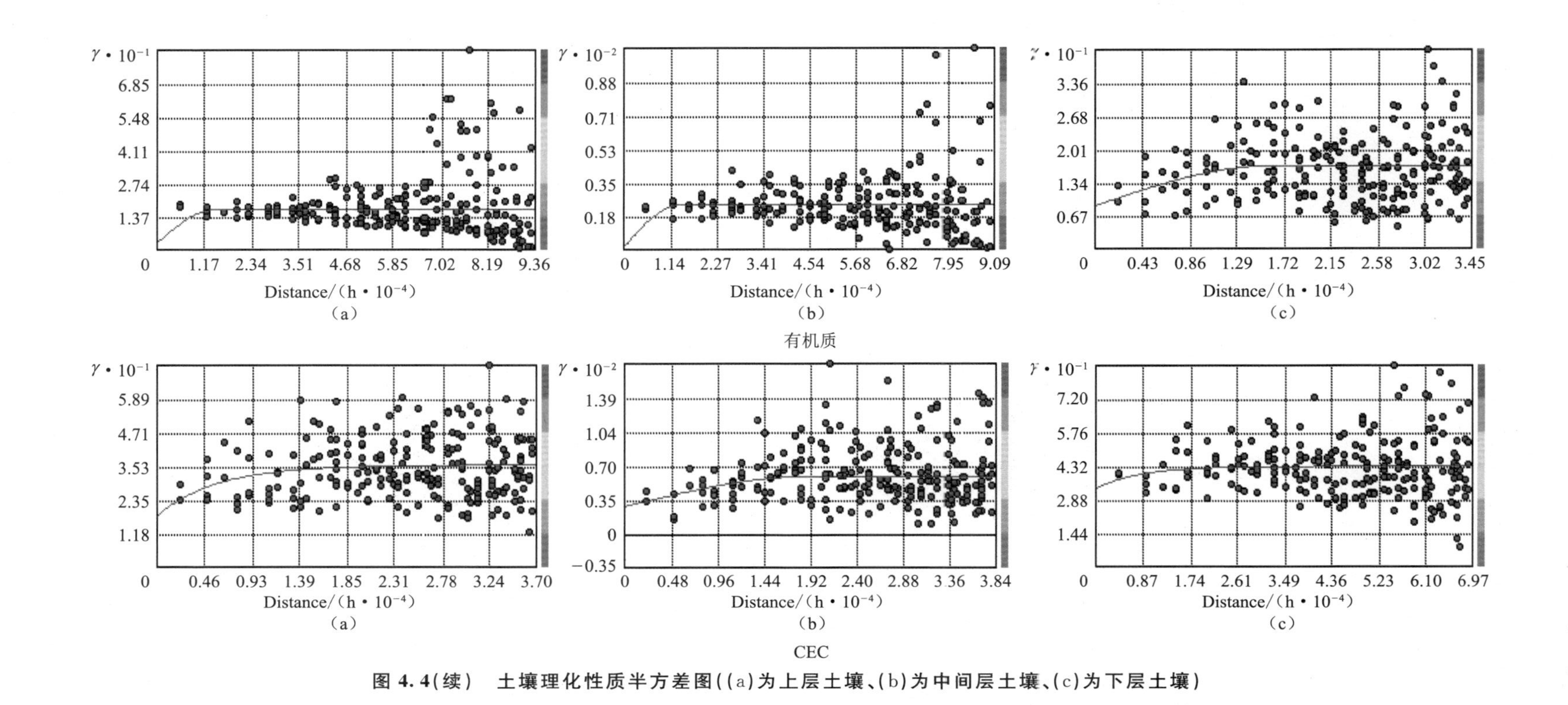


**图 4.4(续)　土壤理化性质半方差图((a)为上层土壤、(b)为中间层土壤、(c)为下层土壤)**

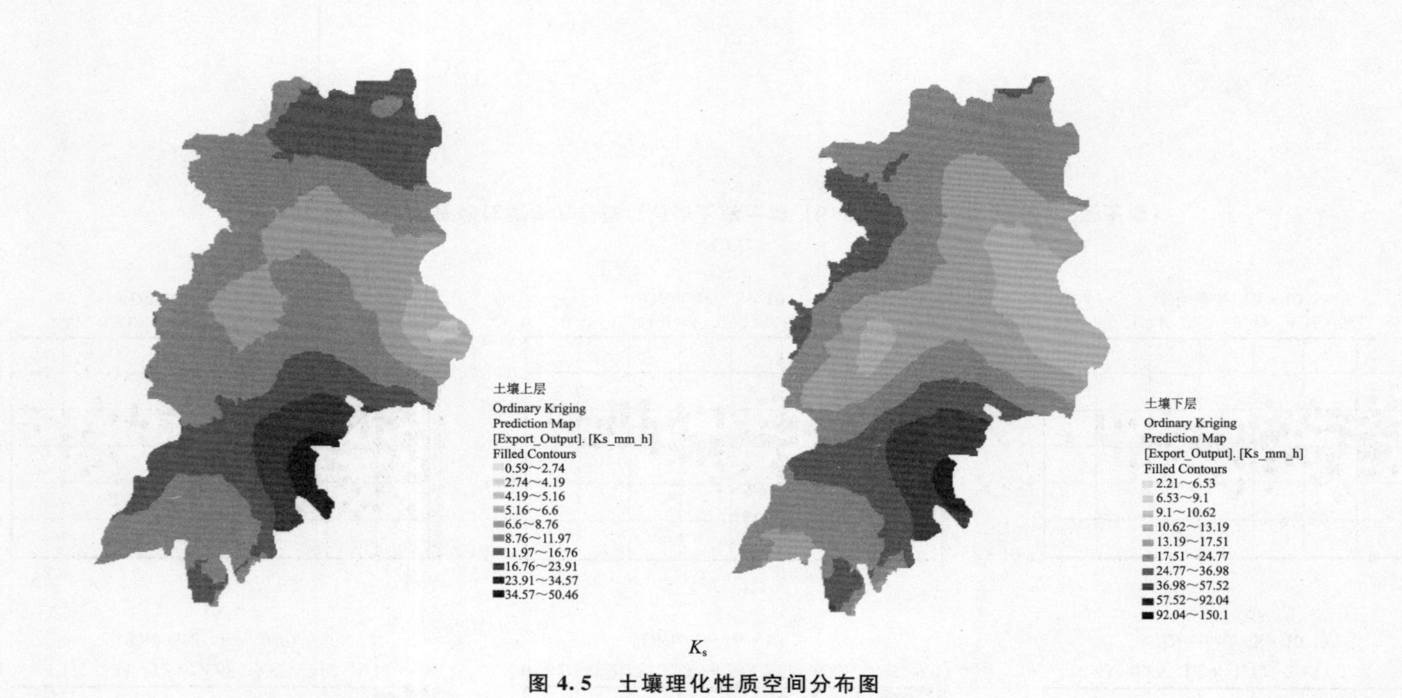


$K_s$

图 4.5　土壤理化性质空间分布图

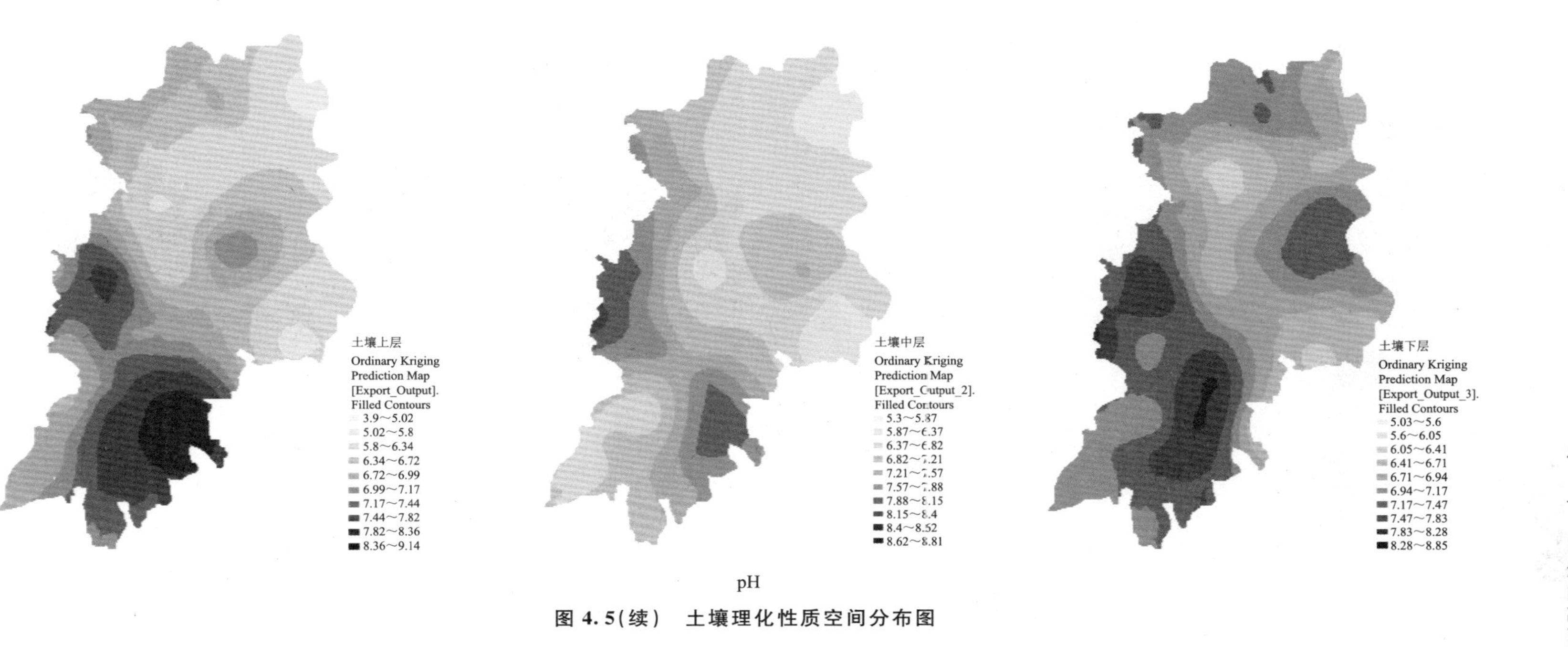


pH

图 4.5(续)　土壤理化性质空间分布图

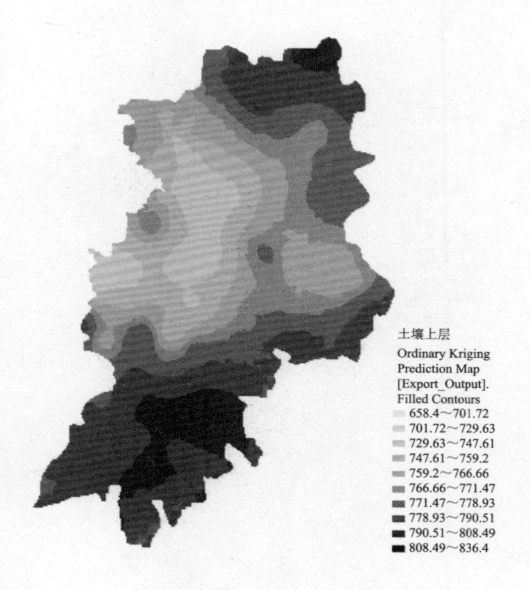


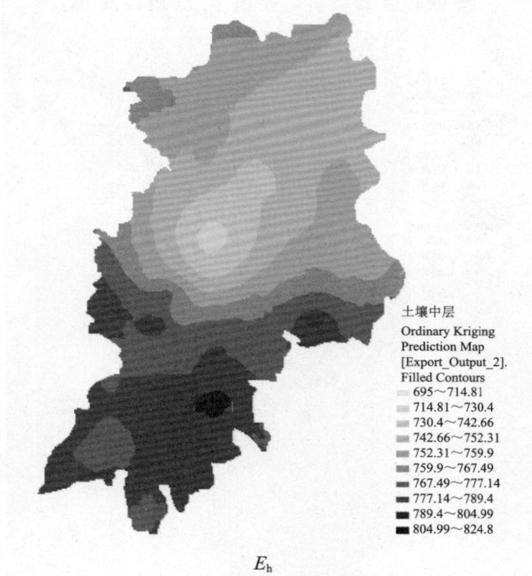


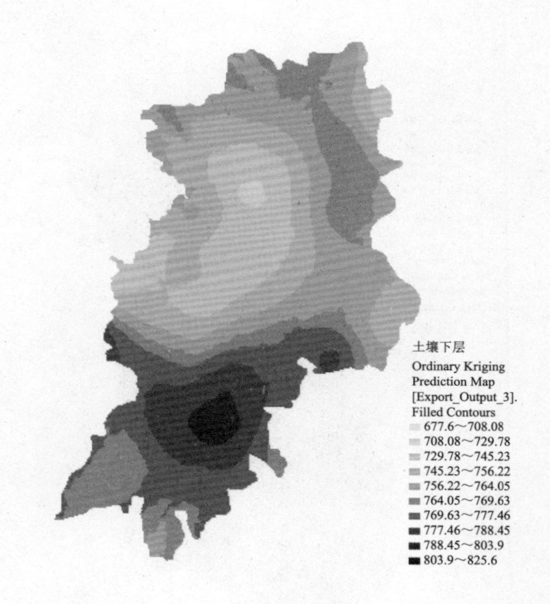


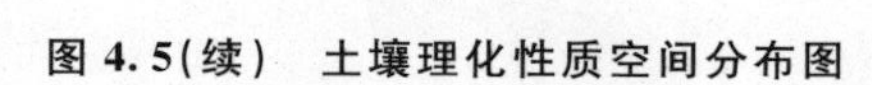

$E_h$

**图 4.5(续)　土壤理化性质空间分布图**

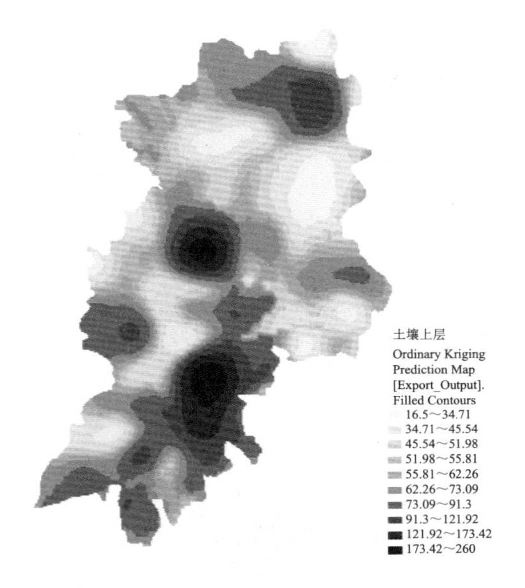


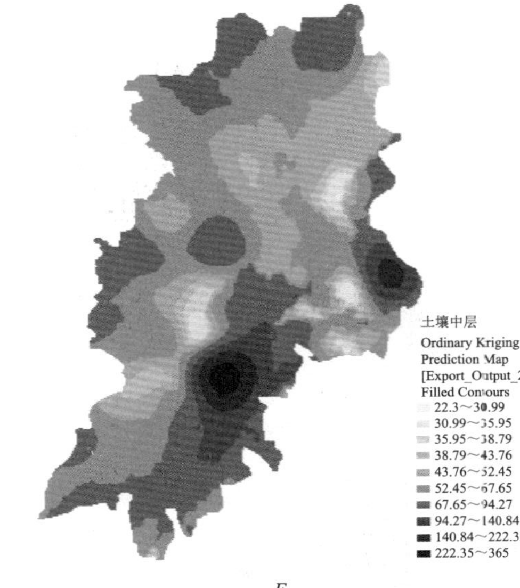


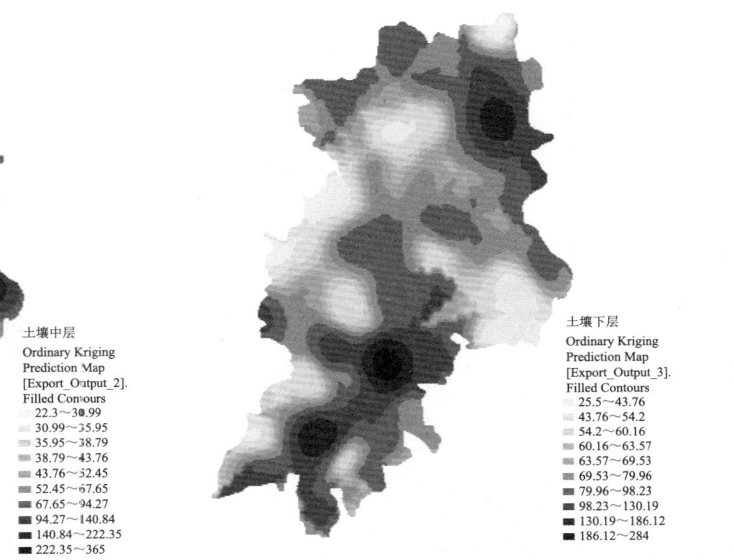


$E_c$

**图 4.5(续)　土壤理化性质空间分布图**

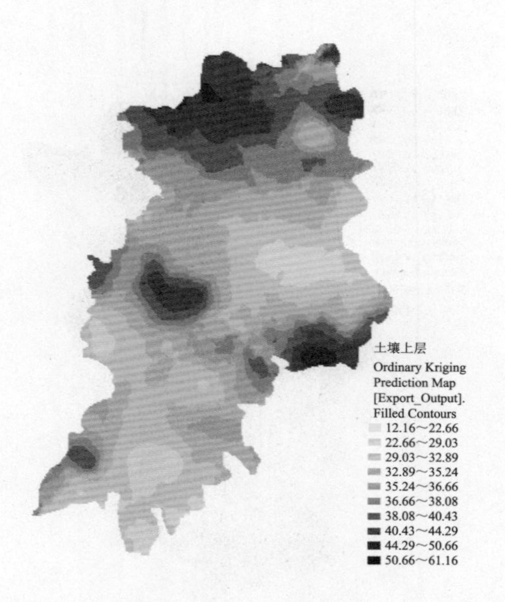


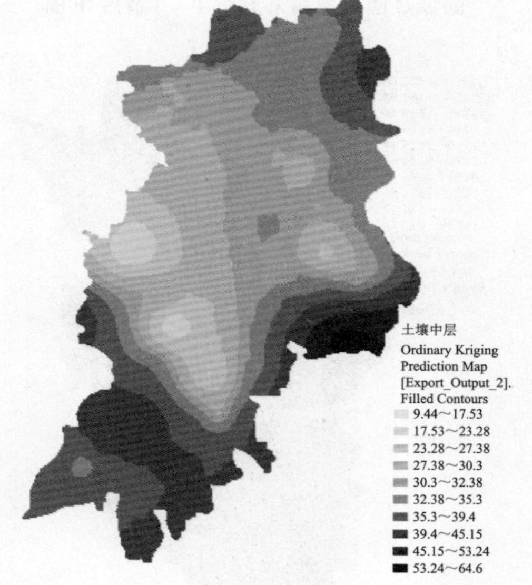


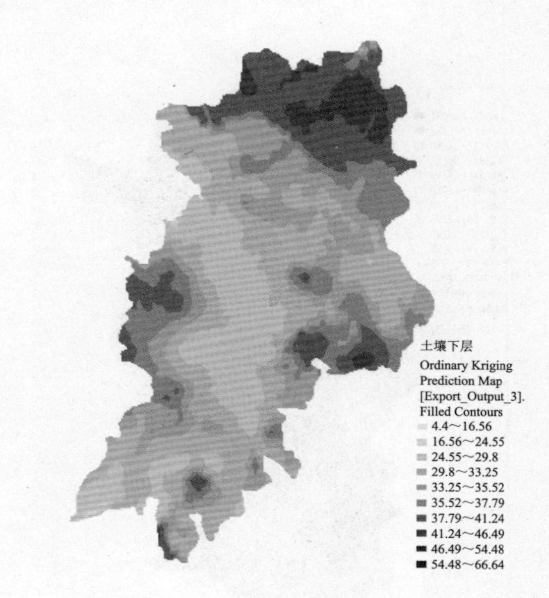


砂粒

**图 4.5(续)　土壤理化性质空间分布图**

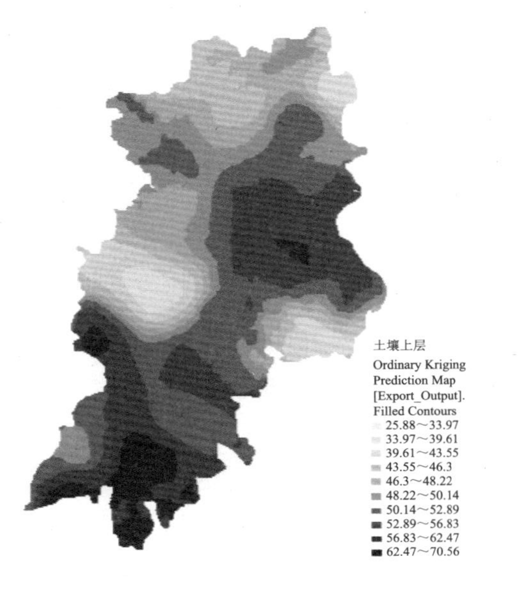


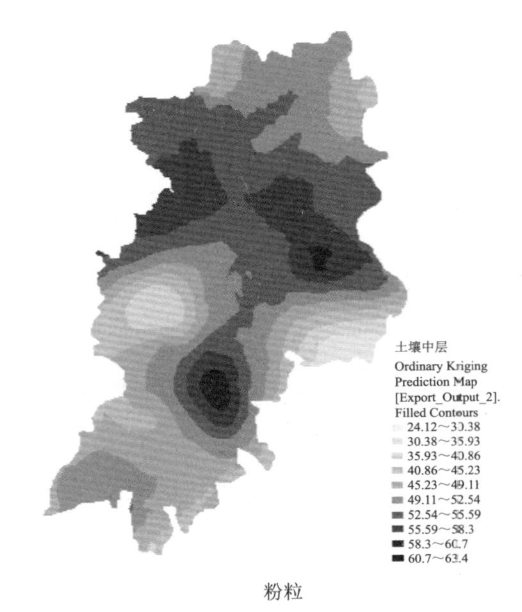


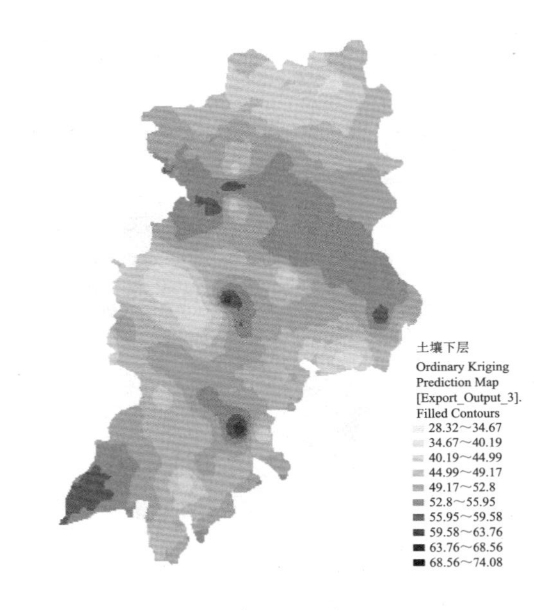


粉粒

**图 4.5(续)　土壤理化性质空间分布图**

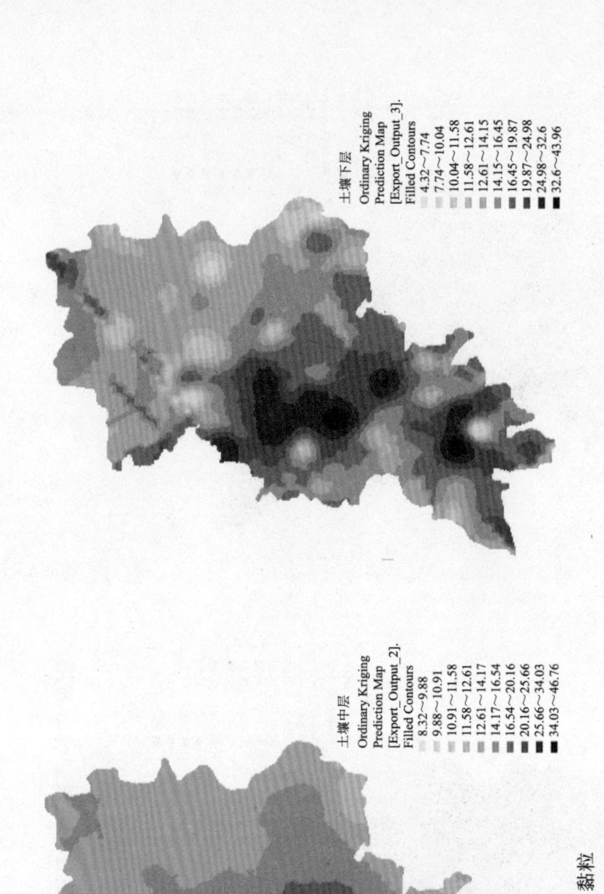


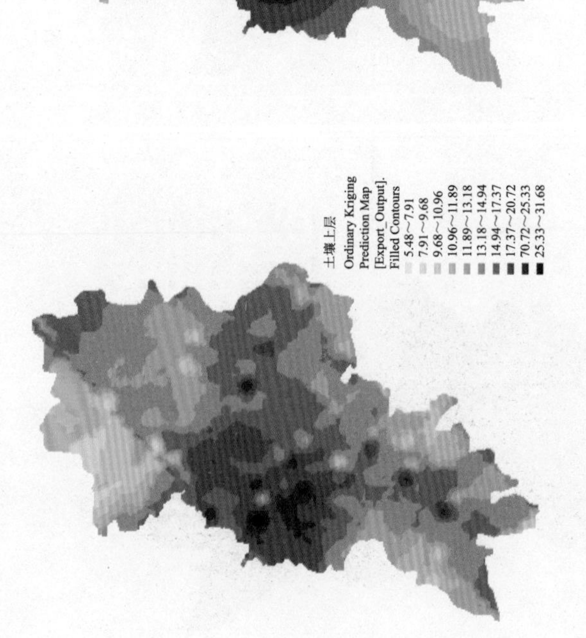


图 4.5(续)　土壤理化性质空间分布图

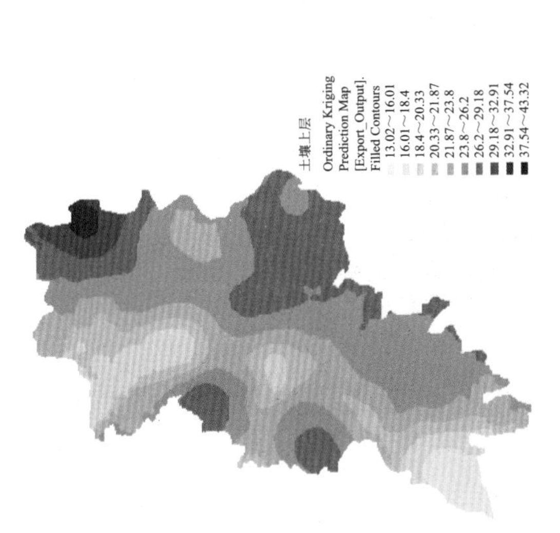


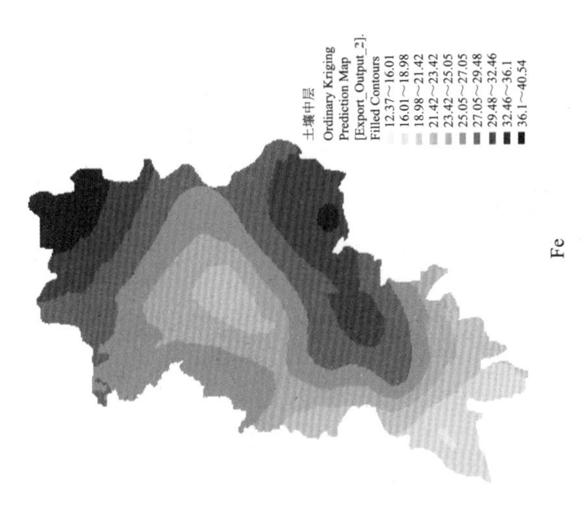


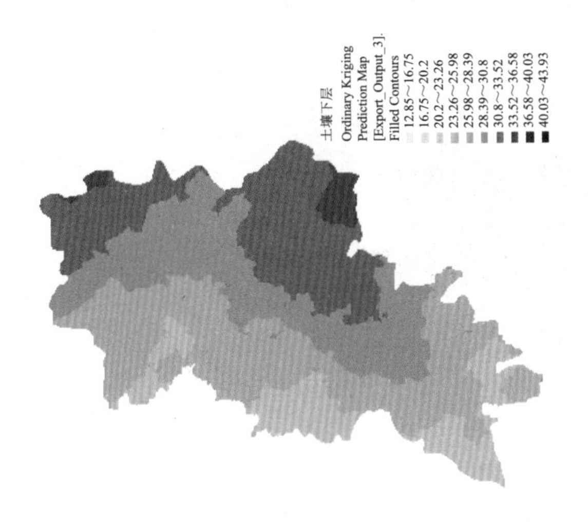


Fe

**图 4.5(续)　土壤理化性质空间分布图**

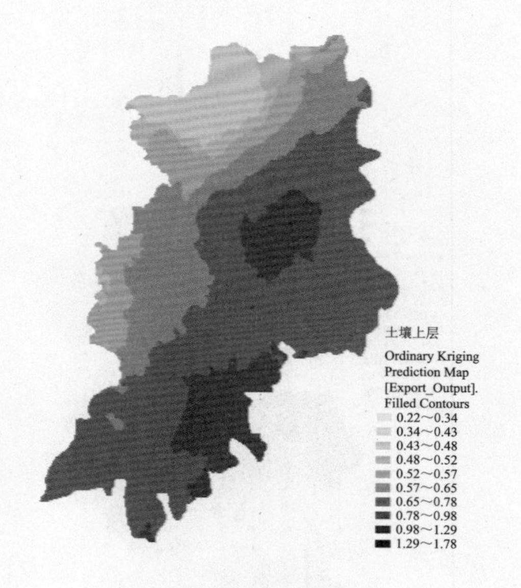


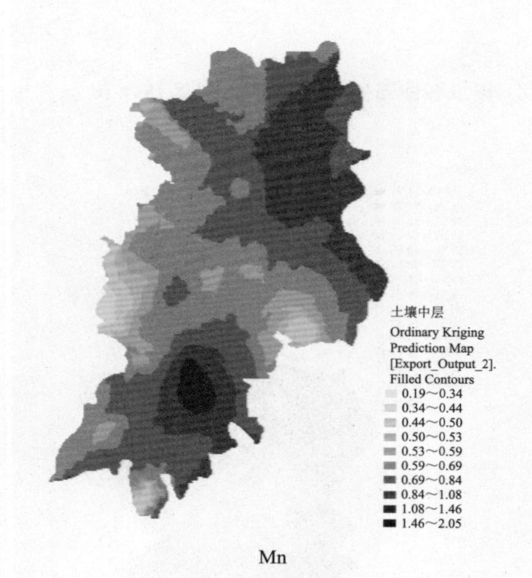


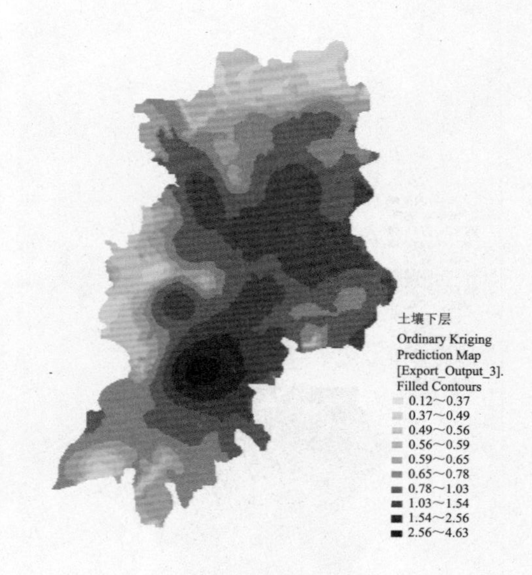


Mn

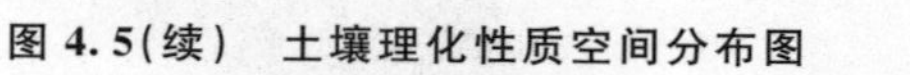

图 4.5(续)　土壤理化性质空间分布图

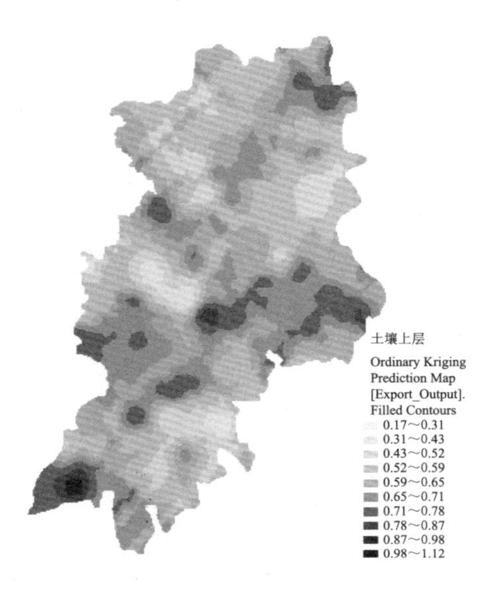


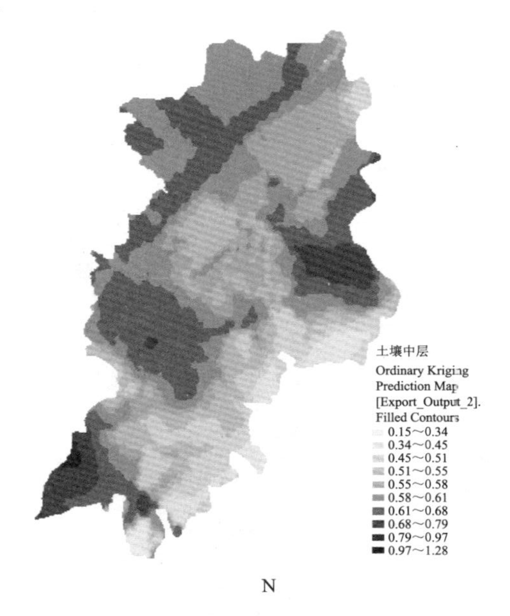


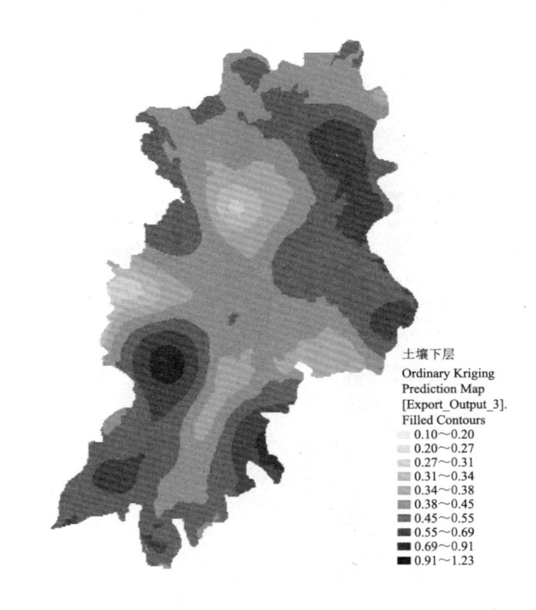


N

图 4.5(续)　土壤理化性质空间分布图

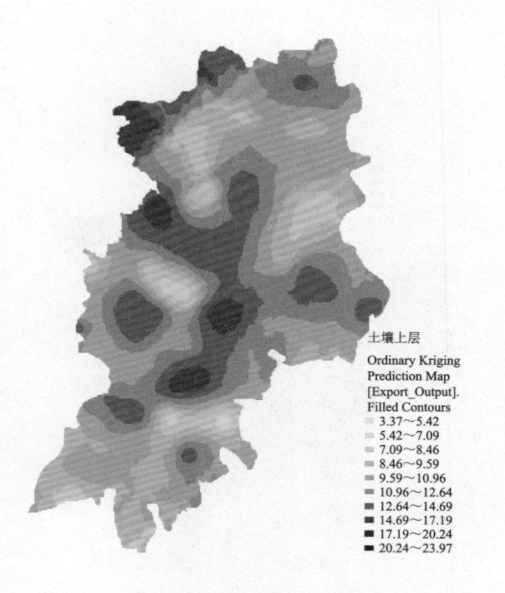


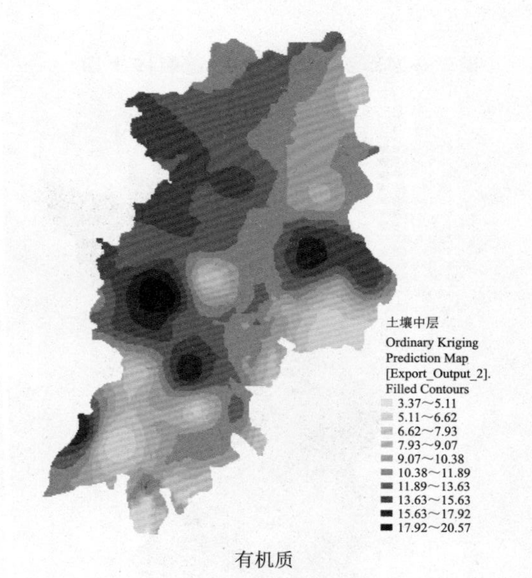


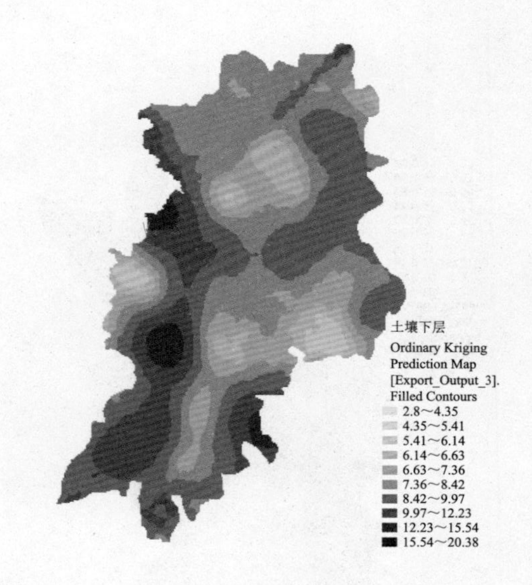


有机质

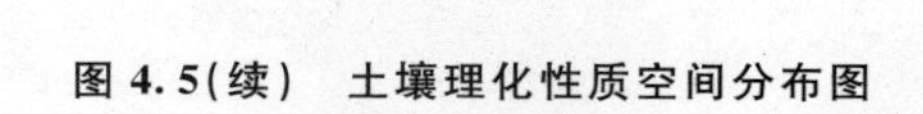

**图 4.5(续)　土壤理化性质空间分布图**

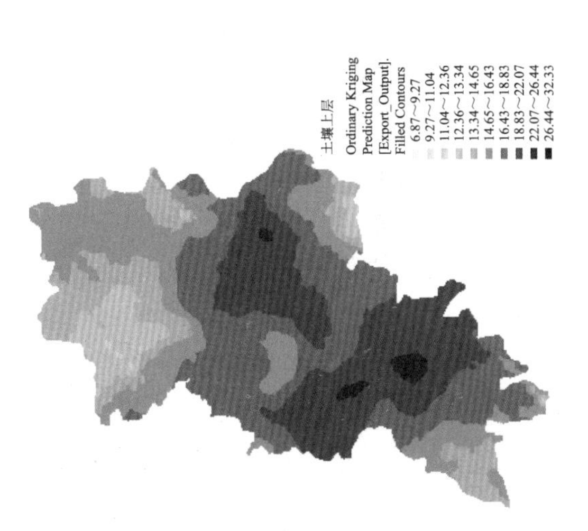


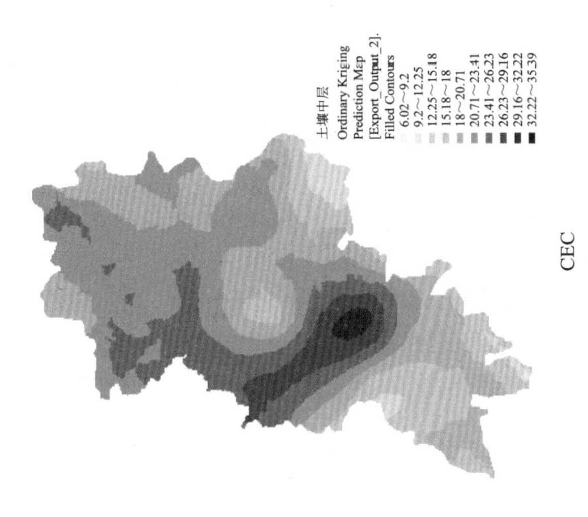


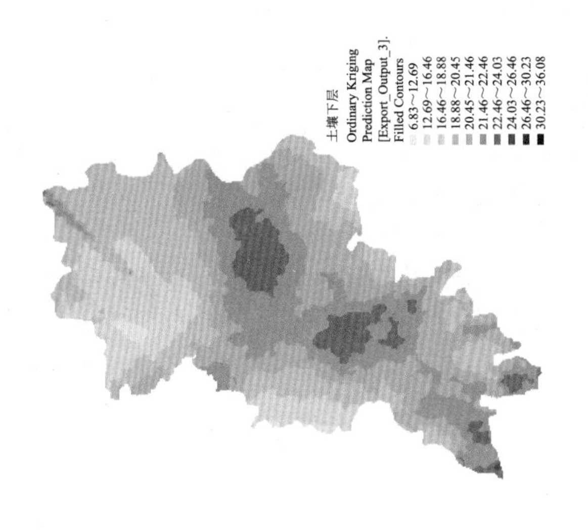


CEC

**图 4.5(续)　土壤理化性质空间分布图**

# 第 5 章

# 土壤转换函数(PTFs)的构建

在土壤水分运移动力学模拟研究中，土壤水分特征曲线 $\theta(h)$、饱和导水率 $K_s$、非饱和导水率 $K(\theta)$是必不可少的水力性质参数。对于一个特定、小面积的田块，土壤水分特征曲线可以通过实验室或田间测定获得，但绝大多数测定方法费时费力，且成本较高，对于研究流域尺度的土壤水力性质，由于区域内存在强烈的空间变异性，通过实测方法获得足够多的参数几乎是不可能的。

20 世纪 70 年代以来，许多学者在研究土壤水力性质参数与土壤理化性质关系方面做了大量的工作，试图利用一些易获得的土壤理化性质来估算土壤水力性质参数，从而发展了研究土壤水力性质参数的一种新方法——土壤转换函数方法(Pedotransfer Functions, $PTF_s$)。它利用容易获得的土壤理化性质，如土壤颗粒大小分布、容重和有机质含量等，通过某种算法(回归分析、人工神经网络、数据处理的分组方法、分类与回归树方法)来间接估计土壤水力性质参数，其中回归分析和人工神经网络法应用最为广泛，研究也更为成熟，我们所采用的就是这两种方法。根据 $PTF_s$ 构建模式的不同，又可分为点估计模型和参数估计模型两大类。

## 5.1 点估计模型

点估计模型(Point regression method)是表征一定基质势下土壤水分含量和土壤理化性质之间相互关系的模型。我们利用表层 98 个样品的土壤理化性质和水分特征曲线数据，根据 Rawls(1982)提出的数学模型对它们之间的相互关系进行分析，Rawls 模型表达式如下：

$$\theta(h_i) = a_i + (b_i \times Sa) + (c_i \times Si) + (d_i \times Cl) + (e_i \times OM) + (f_i \times \rho) \quad (5.1)$$

式中，$\theta(h_i)$指基质势为 $h_i$(kPa)时土壤的含水量($cm^3 \cdot cm^{-3}$)；$Sa$，$Si$，$Cl$ 分别表示土壤中砂粒、粉粒和黏粒含量(%/%)；$OM$ 表示有机质含量($g \cdot kg^{-1}$)；$\rho$ 为土壤容重($g \cdot cm^{-3}$)；$a_i \sim f_i$为回归系数。

利用多元线性回归分析方法建立模型之前，首先要对变量进行相关性分析，如果变量之间具有一定的相关性，就可以建立线性回归方程。$\theta(h_i)$与土壤理化性质的 Pearson 相关系数见表 5.1。

**表 5.1 $\theta(h_i)$与土壤理化性质的 Pearson 相关系数**

| | 砂 粒 | 粉 粒 | 黏 粒 | 有机质 | 容 重 |
|---|---|---|---|---|---|
| $\theta_{-2.5\ kPa}$ | −0.493** | 0.491** | 0.251* | 0.215* | −0.817** |
| $\theta_{-6\ kPa}$ | −0.527** | 0.528** | 0.264* | 0.241* | −0.747** |
| $\theta_{-10\ kPa}$ | −0.578** | 0.586** | 0.279** | 0.220* | −0.486** |
| $\theta_{-30\ kPa}$ | −0.592** | 0.510** | 0.417** | 0.286** | −0.326** |
| $\theta_{-100\ kPa}$ | −0.522** | 0.434** | 0.389** | 0.315** | −0.338** |
| $\theta_{-300\ kPa}$ | −0.604** | 0.471** | 0.498** | 0.379** | −0.291** |
| $\theta_{-1\,500\ kPa}$ | −0.657** | 0.459** | 0.618** | 0.420** | −0.179 |

注：*、** 分别表示在 0.05 和 0.01 概率水平下显著，样本数 $n=98$。

从表中可知，除了$\theta_{-1\,500\ kPa}$和容重的相关性不显著外，$\theta(h_i)$与土壤理化性质均有着显著的相关性。$\theta(h_i)$与砂粒、容重呈极显著负相关，与粉粒呈极显著正相关，且相关系数的 T 检验显著性概率水平为 0.01，不相关的概率几乎为 0；与黏粒和有机质呈正相关，因为黏粒含量高的土壤比砂粒含量高的土壤持水能力要强，相关性在 0.01 或 0.05 的水平上显著。经分析表明变量之间均具有很好的相关性，可以利用多元线性回归方法建立它们之间的回归方程，求得的回归系数见表 5.2。

**表 5.2 $\theta(h_i)$与土壤理化性质的回归方程系数**

| | 截距 | 砂粒 | 粉粒 | 黏粒 | 有机质 | 容重 | $R$ |
|---|---|---|---|---|---|---|---|
| $\theta_{-2.5\ kPa}$ | 0.789 | — | 0.119 | −0.011 | 0.000 22 | −0.291 | 0.85 |
| $\theta_{-6\ kPa}$ | 0.676 | — | 0.142 | −0.000 88 | 0.000 49 | −0.235 | 0.80 |
| $\theta_{-10\ kPa}$ | 0.418 | — | 0.235 | 0.049 | 0.000 49 | −0.122 | 0.67 |
| $\theta_{-30\ kPa}$ | 0.162 | — | 0.266 | 0.248 | 0.001 2 | −0.054 | 0.61 |
| $\theta_{-100\ kPa}$ | 0.174 | — | 0.200 | 0.208 | 0.001 8 | −0.074 | 0.56 |
| $\theta_{-300\ kPa}$ | 0.047 | — | 0.193 | 0.271 | 0.002 0 | −0.021 | 0.64 |
| $\theta_{-1\,500\ kPa}$ | −0.079 | — | 0.163 | 0.336 | 0.001 8 | 0.042 | 0.72 |

注：—表示变量未通过显著性检验(F、T 检验)。

## 5.2 参数估计模型

参数估计模型(Functional parameter regression method)是通过某种算法将土壤水分特征曲线经验公式中的参数与土壤理化性质建立起某种联系来进行预测的模型。表征土壤水分特征曲线的经验公式有许多种，比如 Brooks-Corey 模型、Gardner 模型、van Genuchten 模型、Gardner-Russo 模型。

(1) Brooks-Corey 模型。

$$\frac{\theta-\theta_r}{\theta_s-\theta_r}=\left(\frac{h_b}{h}\right)^{\lambda} \quad h<h_b \tag{5.2}$$

$$\frac{\theta-\theta_r}{\theta_s-\theta_r}=1 \quad h\geqslant h_b \tag{5.3}$$

式中，$\theta$ 是体积水分含量($L^3 \cdot L^{-3}$)，$\theta_r$ 和 $\theta_s$ 分别为残余体积含水量和饱和体积含水量($L^3 \cdot L^{-3}$)；$h_b$ 是进气吸力(或起泡压力)值(L)；$h$ 是压力水头(L)；$\lambda$ 是大于 0 的正常数，它反映了土壤的孔隙大小分布。

(2) Gardner 模型。

$$h=a\theta^{-b} \tag{5.4}$$

式中，$h$ 是压力水头(L)；$\theta$ 是体积水分含量($L^3 \cdot L^{-3}$)；$a$，$b$ 是大于 0 的正常数。

(3) van Genuchten 模型。

$$\theta=\theta_r+\frac{\theta_s-\theta_r}{[1+(\alpha h)^n]^{(1-1/n)}} \tag{5.5}$$

式中，$\theta$ 是体积水分含量($L^3 \cdot L^{-3}$)，$\theta_r$ 和 $\theta_s$ 分别为残余体积含水量和饱和体积含水量($L^3 \cdot L^{-3}$)；$h$ 是压力水头(L)；$\alpha$($L^{-1}$)和 $n$ 为曲线形状参数。

(4) Gardner-Russo 模型。

$$\frac{\theta-\theta_r}{\theta_s-\theta_r}=[e^{-0.5\alpha|h|}(1+0.5\alpha|h|)]^{\frac{2}{m+2}} \tag{5.6}$$

式中，$\theta$ 是体积水分含量($L^3 \cdot L^{-3}$)，$\theta_r$ 和 $\theta_s$ 分别为残余体积含水量和饱和体积含水量($L^3 \cdot L^{-3}$)；$h$ 是压力水头(L)；$\alpha$($L^{-1}$)和 $m$ 为水分特征曲线的形状参数。

我们选择适用性最为广泛的 van Genuchten 模型，考虑到采集的样本土壤质地普遍较粗，为了研究方便，假定 $\theta_r=0$(Romano 和 Rajkai 研究均认为此假设对拟合结果的影响不大)。利用 3 参数形式的 van Genuchten 模型对实测土壤水分特征曲线进行拟合得到 $\theta_s$、$\alpha$ 和 $n$。

### 5.2.1 线性回归模型

线性回归方法(Linear regression method)是构造 $PTF_s$ 的一种最常用方法，即分别以 $\theta_s$、$\alpha$ 和 $n$ 为因变量，土壤理化性质为自变量，通过多元线性回归求得回归系数来进行预测。同样要先对变量进行相关性分析，由于参数 $\alpha$ 和 $n$ 不满足线性回归模型的正态性假设，因此采用 $\lg(\alpha)$ 和 $\lg(n)$ 的形式来建立回归模型，van Genuchten 模型参数与土壤理化性质的 Pearson 相关系数见表 5.3。

**表 5.3 van Genuchten 模型参数与土壤理化性质的 Pearson 相关系数**

| | 砂粒 *Sa* | 粉粒 *Si* | 黏粒 *Cl* | 有机质 *OM* | 容重 $\rho$ |
|---|---|---|---|---|---|
| $\theta_s$ | −0.343** | 0.287** | 0.254* | 0.149 | −0.785** |
| $\lg(\alpha)$ | −0.047 | −0.111 | 0.252* | 0.071 | −0.286** |
| $\lg(n)$ | 0.451** | −0.270* | −0.489** | −0.321** | 0.068 |

表 5.3 的相关分析结果表明 van Genuchten 模型的 3 个参数 $\theta_s$、$\alpha$ 和 $n$ 与土壤理化性

质之间分别存在一定的相关关系,因此可以建立它们之间的线性回归模型如下:

$$\theta_s = 1.119 + 0.0104Si + 0.0577Cl - 0.0005OM - 0.4381\rho \quad R = 0.79 \tag{5.7}$$

$$\lg(\alpha) = 0.788 - 1.375Si + 1.793Cl - 0.0041OM - 1.275\rho \quad R = 0.43 \tag{5.8}$$

$$\lg(n) = 0.241 - 0.0717Si - 0.2324Cl - 0.0011OM - 0.0434\rho \quad R = 0.55 \tag{5.9}$$

上述 3 个参数的回归模型中,$\theta_s$与土壤理化性质的拟合效果要好于 $\lg(\alpha)$和 $\lg(n)$,其中粉粒和黏粒的偏回归系数为正值,有机质和容重为负值,容重是最主要的影响因子,容重的增加会导致饱和含水量的减小。所有 3 个模型砂粒都未能通过回归方程和回归系数的显著性检验(F、T 检验),从而没有被引入回归方程中,这是因为砂粒和粉粒、黏粒的关系十分密切,自变量之间存在多重共线性,在 SPSS 软件进行回归分析时砂粒变量被自动剔除。

### 5.2.2　非线性回归模型

非线性回归模型(Nonlinear regression method)是在线性回归模型的基础上发展而来的,该方法是先将 van Genuchten 模型中 3 个参数由土壤理化性质构成的线性表达式表示,然后将土壤理化性质和水分特征曲线实测数据代入式中,则得到一个包含若干个未知数的非线性方程组,经最优化拟合可求出这些待定系数。

经相关性分析表明,$\theta_s$和砂粒、粉粒、黏粒、容重具有相关性,$\lg(\alpha)$和黏粒、容重具有相关性,$\lg(n)$和砂粒、粉粒、黏粒、有机质具有相关性,因此可以构建下列线性表达式:

$$\theta_s = a_1 Sa + a_2 Si + a_3 Cl + a_4 \rho \tag{5.10}$$

$$\lg(\alpha) = b_1 Cl + b_2 \rho \tag{5.11}$$

$$\lg(n) = c_1 Sa + c_2 Si + c_3 Cl + c_4 OM \tag{5.12}$$

将上述表达式代入 van Genuchten 模型中:

$$\theta = \frac{(a_1 Sa + a_2 Si + a_3 Cl + a_4 \rho)}{[1 + (10^{(b_1 Cl + b_2 \rho)} h)^n]^{(1-1/n)}} \tag{5.13}$$

其中:

$$n = 10^{(c_1 Sa + c_2 Si + c_3 Cl + c_4 OM)} \tag{5.14}$$

将土壤理化性质和水分特征曲线实测数据代入上式,借助 1stOpt 非线性拟合软件,采用 Levenberg-Marquardt(LM)和通用全局优化算法(Universal Global Optimization, UGO)对非线性方程组进行最优化拟合可求出其中的 10 个待定系数。通用全局优化算法的优势在于不需要给定变量的初始值,它是在$(-\infty, +\infty)$内寻找最优值,收敛误差设定为 $10^{-10}$。经 20 次迭代达到收敛判断标准,决定系数 $R^2 = 0.87$,均方根误差 RMSE = 0.035,将所求的待定系数代入 van Genuchten 模型中:

$$\theta = \frac{(0.9288Sa + 1.0857Si + 0.9219Cl - 0.3541\rho)}{[1 + (10^{(1.0881Cl - 1.0327\rho)} h)^n]^{(1-1/n)}} \tag{5.15}$$

其中:

$$n = 10^{(0.1546Sa + 0.0827Si - 0.0174Cl - 0.00113OM)} \tag{5.16}$$

## 5.2.3 人工神经网络模型

### 5.2.3.1 基本理论

人工神经网络(Artificial Neural Network,ANN)是基于模仿人脑神经网络结构和功能建立的具有灵活性的数学结构,具有较强的自学习能力和处理非线性问题能力。用ANN解决实际问题不需要构建数学模型,而是利用输入数据和输出数据通过迭代校验来寻找最优解。近年来人们已提出多种ANN模型,其中以BP(Back-Propagation)神经网络使用最为广泛。

BP神经网络由输入层、隐含层和输出层及各层神经元之间的连接组成,连接权值的大小体现神经元之间的连接强度。对于输入为1的连接权值称为阈值,反映BP神经网络内部其他因素的影响。对网络进行训练是利用ANN解决实际问题的前提,目的是由已知样本求得网络的连接权值。对于已训练好的网络,若输入不在训练样本的一组数据时,BP网络利用训练过程中得到的一组连接权值计算相应的响应输出,得到对要解决实际问题的解答。BP网络的训练方法为BP算法,属于监督式算法,其主要思想是:对于一组输入样本,通过BP神经网络计算实际输出,用BP网络的实际输出与输出样本之间的误差来修正网络的连接权值,直至二者的误差达到一个事先规定的较小值。这一较小值称为拟合误差,一般用实际输出与输出样本之间的误差平方和表示,即

$$E=\frac{1}{2}\sum_{k=1}^{n}(t_k-z_k)^2 \tag{5.17}$$

式中,$n$ 为输出层的神经元个数;$t_k$ 为样本输出值;$z_k$ 为实际输出值。

BP算法由四个过程组成:输入模式由输入层经过中间层向输出层的“模式顺传播”过程,网络的希望输出与网络的实际输出之间的误差信号由输出层经过中间层向输入层逐层修正连接权的“误差逆传播”过程,由“模式顺传播”与“误差逆传播”的反复交替进行的网络“记忆训练”过程,网络趋向于收敛即网络的全局误差趋向极小值的“学习收敛”过程。

令第 $i$ 个神经元的阈值为 $\theta_i$,它受到来自其他 $n$ 个神经元的作用,$x_1,x_2,\cdots,x_j,\cdots,x_n$,这里 $j=1,2,\cdots,n$,与之对应的连接权为 $w_{1i},w_{2i},\cdots,w_{ji},\cdots,w_{ni}$,则第 $i$ 个神经元的输出 $y_i$ 为

$$y_i=f\left(\sum_{j=1}^{n}x_jw_{ji}-\theta_i\right) \tag{5.18}$$

连接权值的修正采用梯度下降法,每一次连接权值的修正量与误差函数的梯度成正比,从输入层反向传递到各层,各层的连接权值修正量:

$$\Delta w_{2kj}=-\eta\frac{\partial E}{\partial w_{2kj}}=\eta(t_k-z_k)f'_2y_j \quad k=1,2,\cdots,n_3;\quad j=0,1,\cdots,n_2 \tag{5.19}$$

$$\Delta w_{1ji}=-\eta\frac{\partial E}{\partial w_{1ji}}=\eta\sum_{k=1}^{n_3}(t_k-z_k)f'_2w_{2kj}f'_1x_i \quad j=1,2,\cdots,n_2;\quad i=0,1,\cdots,n_1 \tag{5.20}$$

式中,$w_{2kj}$ 和 $w_{1ji}$ 分别表示隐含层与输出层和输入层与隐含层之间的连接权值;$\eta$ 为学习速率;$f'_1$、$f'_2$ 为激活函数 $f_1$、$f_2$ 的导数;$E$ 为拟合误差;$t_k$ 为样本输出值;$z_k$ 为实际输出值;$n_1$、$n_2$、$n_3$ 分别为输入层、隐含层、输出层的神经元个数。

### 5.2.3.2　实例分析

目前国际上一款非常流行的土壤水力性质参数预测软件——Rosetta，就是 USSL 根据世界各地 1913 个不同岩性的土壤质地、容重、有机质、水分特征曲线和饱和导水率等实测数据，利用神经网络技术建立了土壤理化性质和水力性质参数之间的函数关系来进行预测的。然而由于数据库资料来源于中国的样本太少，若直接将 Rosetta 模型应用于大沽河流域进行土壤水力性质参数预测，往往不能取得理想的效果。基于此，我们采用 BP 神经网络方法，借助 Matlab 中搭配的 nnet 仿真工具箱来建立大沽河流域土壤水分特征曲线的预测模型。

在 BP 网络建模时，为了方便 BP 网络模型的构建和增强训练效果及验证网络的泛化能力，原始数据不能直接用来作为网络的输入和输出，在此之前要对它们进行等价的归一化预处理。归一化的具体作用是归纳统一样本的统计分布性，因为神经网络是以样本在事件中的统计分别几率来进行训练和预测的。这里我们采用线性函数转换方法将输入层数据($Sa$、$Si$、$Cl$、$OM$、$\rho$)和输出层数据[$\theta_s$、$\lg(\alpha)$、$\lg(n)$]映射到[0,1]范围之内：

$$y = \frac{x - \text{MinValue}}{\text{MaxValue} - \text{MinValue}} \tag{5.21}$$

式中，$x$、$y$ 分别为转换前后的值；MaxValue、MinValue 分别为样本的最大值和最小值。

一般来说，对于任何在闭区间内的一个连续函数都可以用一个隐含层的 BP 网络来逼近，但是用三层具有 Sigmoid 非线性神经元的 BP 神经网络学习算法收敛速度很慢，通常需要上千次或更多的迭代次数，有时候可以通过增加隐含层的层数来提高收敛的速度，这里我们采用具有两个隐含层的 BP 网络。

隐含层神经元的个数直接影响 BP 神经网络性能，神经元太少 BP 网络往往不能满足拟合精度的要求，过多又可能会降低预测精度。最佳神经元个数的选取利用下面的经验公式进行：

$$L = \sqrt{m+n} + c \tag{5.22}$$

式中，$m$ 为输入层神经元数；$n$ 为输出层神经元数；$c$ 为介于 1～10 之间的常数。可知 $m=5$，$n=3$，经反复调试最终确定 $c_1=7$，$c_2=8$，则有 $L_1=10$，$L_2=11$。构建的 BP 网络模型概化图如图 5.1 所示。

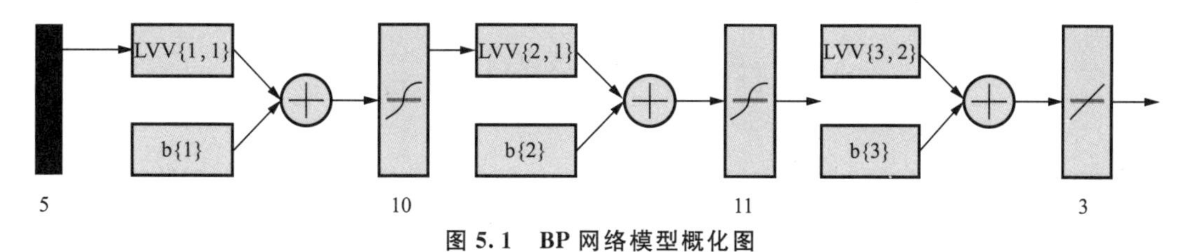


图 5.1　BP 网络模型概化图

训练函数采用 Levenberg-Marquardt(LM)算法，自适应学习函数为附加动量法(LearnGDM)，性能函数采用均方误差(MSE)。隐含层激活函数均为双曲正切 Sigmoid 函数，$f(x)=\frac{e^x - e^{-x}}{e^x + e^{-x}}$，输出层激活函数为对数 Sigmoid 函数，$f(x)=\frac{1}{1+e^{-x}}$。

训练参数的具体设置如下：

Net. trainParam. show＝25；%显示训练结果的间隔步数

Net. trainParam. epochs＝1 000；%最大迭代次数

Net. trainParam. goal＝0. 002；%训练目标误差

Net. trainParam. mu＝0. 001；%学习系数的初始值(Marquardt 调整参数)

Net. trainParam. mu_dec＝0. 1；%学习系数的下降因子

Net. trainParam. mu_inc＝10；%学习系数的上升因子

Net. trainParam. mu_max＝$10^{10}$；%学习系数的最大值

Net. trainParam. min_grad＝$10^{-10}$。%训练中最小允许梯度值

由图 5. 2 可知，样本经过 66 次训练，输出误差已小于设定的收敛误差，训练结果比较理想。将土壤理化性质数据输入已训练好的网络模型对水分特征曲线参数进行预测时，要对输出结果作反归一化运算使输出数据与原始数据在同一个范围区间之内：

$$x = y(\mathrm{MaxValue} - \mathrm{MinValue}) + \mathrm{MinValue} \tag{5.23}$$

式中，$y$、$x$ 分别为转换前后的值；MaxValue、MinValue 分别为原始样本的最大值和最小值。

显然，这是原始数据归一化的逆过程，经反归一化处理后就可以得到实际的预测值。

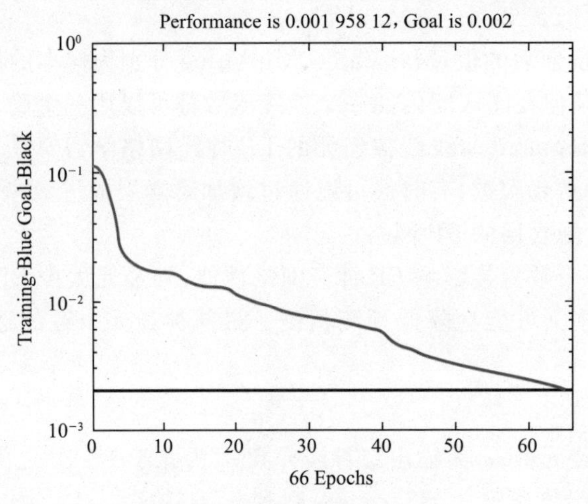


图 5. 2　BP 网络训练误差曲线

# 5. 3　模型验证

我们分别选用砂质壤土、壤土和黏壤土等大沽河流域分布最为广泛的 3 种质地土壤对 4 种方法构建的 $\mathrm{PTF_s}$的适用性进行验证，验证样本土壤基本理化性质见表 5. 4。

表 5. 4　验证样本土壤理化性质

| 土壤质地 | 样点位置 | 土壤类型 | 砂　粒 | 粉　粒 | 黏　粒 | 有机质 | 容　重 |
|---|---|---|---|---|---|---|---|
| 砂质壤土 | 厂口涧 | 棕　壤 | 0. 601 | 0. 292 | 0. 107 | 10. 11 | 1. 69 |
| 壤　土 | 东石桥 | 棕　壤 | 0. 495 | 0. 352 | 0. 153 | 13. 56 | 1. 67 |
| 黏壤土 | 长　庄 | 砂姜黑土 | 0. 385 | 0. 311 | 0. 304 | 18. 63 | 1. 57 |

注：质地(%/%)；有机质($\mathrm{g \cdot kg^{-1}}$)；容重($\mathrm{g \cdot cm^{-3}}$)。

根据实测土壤理化性质数据，利用 4 种土壤转换函数模型对其水分特征曲线分别预测，并与实测土壤水分特征曲线进行比较(图 5.3)，依据均方根误差(RMSE)最小的原则来选取最优模型：

$$\mathrm{RMSE}=\sqrt{\frac{\sum_{i=1}^{n}[\theta^*(h_i)-\theta(h_i)]^2}{n}} \tag{5.24}$$

式中，$\theta^*(h_i)$和$\theta(h_i)$和分别为不同基质势下土壤含水量的预测值和实测值。

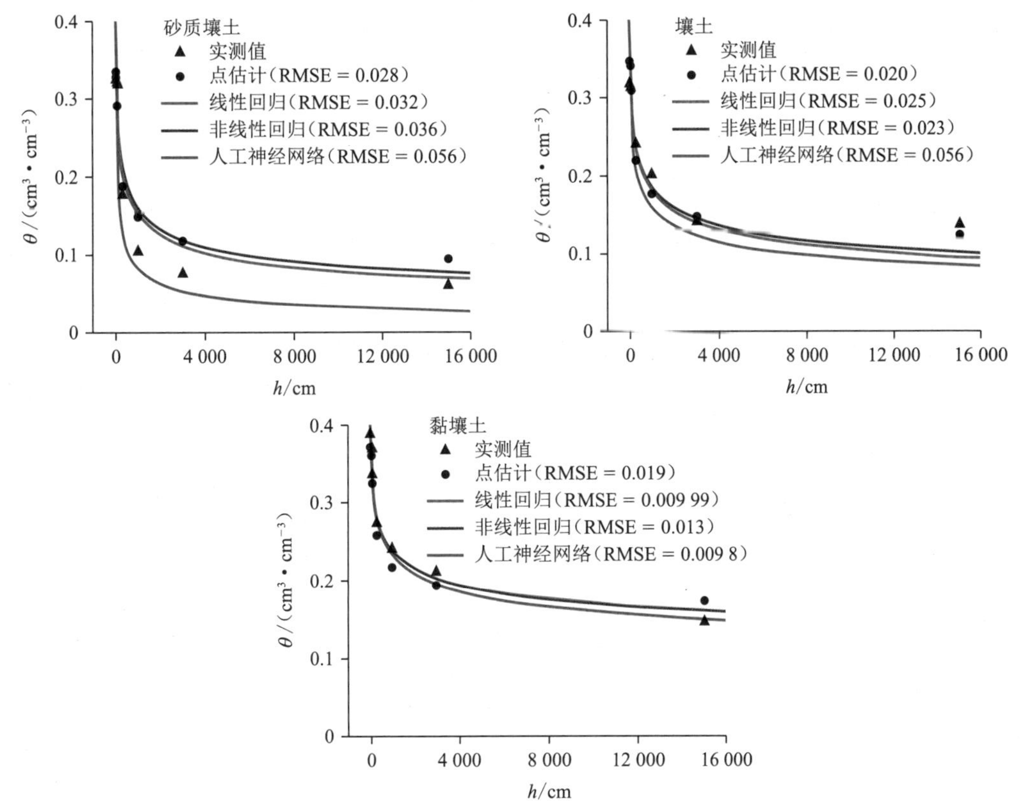


**图 5.3　测试样本土壤水分特征曲线预测值与实测值对比图**

从图 5.3 可以看出，4 种方法构建的 $PTF_s$ 都能较好地预测各种质地土壤样本的水分特征曲线，且曲线低吸力段(0～1 000 cm)的预测效果普遍要好于中、高吸力段(＞1 000 cm)。另外，从 RMSE 值的变化可以发现，质地愈黏的土壤样本，$PTF_s$ 预测的 RMSE 值愈小，也就是说，构建的 $PTF_s$ 对黏壤土的预测精度最高，其次是壤土，相对来说对砂质壤土的预测效果较差。

从 4 种方法的优劣性来看，点估计模型对砂质壤土和壤土预测的 RMSE 值最小，因此预测效果要好于其他三种方法，线性回归和非线性回归方法预测精度相当，而人工神经网络模型预测的 RMSE 值较大，从图中可以看出，人工神经网络模型对特定基质势下土壤体积含水量的预测值均明显低于实测值，这可能与神经网络需要反复训练有关，另外训练样本数量的多少以及对于一个区域的代表性程度也会影响到网络模型预测的精度。对于黏壤土，4 种方法预测的 RMSE 值都很小且相差不大，其中人工神经网络模型预测的 RMSE 值最小仅为 0.009 8，预测值与实测值的相对误差绝对值在 0.23%～7.65%之间。

综上所述，我们可利用点估计模型计算得到流域内砂质壤土和壤土的水分特征曲线，用人工神经网络模型计算得到黏壤土的水分特征曲线，土壤饱和导水率 $K_s$ 则由圆盘渗透仪（Disc permeameter）田间直接测定，通过已知的 $K_s$ 和土壤水分特征曲线，可建立不同含水率下的导水率估算模型 $K(\theta)$，从而获得一套完整的、能反映实际情况的土壤水分运动参数，然后将所得的这些土壤水力性质参数应用于大沽河流域土壤水分运动的数值模拟。

# 第6章

# 大沽河流域土壤水/地下水时空变化特征

土壤水具有强烈的时空变异性，农业用水主要是根据作物需水耗水的要求，适时补充土壤水的数量；土壤水分状况影响作物水分亏缺，并且作物在不同生育阶段对水分亏缺的反应敏感性不相同。近年来，对于大区域或大尺度的土壤水分的研究逐渐增多，研究结果表明，正常情况下土壤含水量空间变异性会随着区域或尺度的增大而升高。土壤水分空间变异性是指土壤水分在空间分布上的非均一性，而地形条件、土壤物理性质、降水灌溉量大小、种植作物种类、地下水位及埋深等因素的时空变异性共同决定了大尺度区域土壤水分的空间变异性，而且这些因素在不同地点、不同时间所起的影响作用也不尽相同。

土壤水分空间变异研究可以帮助我们了解掌握各种尺度下土壤水的时空变化过程以及规律，进而凭借布点测得的结果预测区域、流域甚至更大尺度区域土壤水分的分布特性，这对于进一步解决流域土壤水资源评价、区域水资源管理、农田水资源合理利用等问题具有重要的意义，而且也可在一定程度上减少人力物力以及时间上不必要的消耗，因此，20世纪70年代后，对于土壤性质与土壤水分空间变异的研究逐渐成为新的热点。

研究土壤水分空间变异性的手段大致分为以下几种：选取部分有代表性的点或代表性区域，经多次测量取平均值，进而推测较大范围的土壤水分分布情况；将传统统计学或地统计学引入进来，从统计学的角度将多点的测量值推广到面上或区域范围；利用遥感技术对大尺度土壤水分进行监测，这种方法只能获取地层表面土壤水分信息，而且空间分辨率也有待提高；另外，近年来结合GIS平台、数据同化法等新型手段也可提高土壤水分监测精度，能更加有效地研究土壤水的时空间异质性。具体选取哪种方法研究特定区域的土壤水分分布特征，应具体情况具体分析，必要时应结合两种或多种方法进行研究。

## 6.1 土壤水分观测点取样概况

土壤水分转化过程主要受降水、灌溉、林冠截留、植物蒸腾、土壤蒸发、深层渗漏、地表径流以及地下水补给等因素的影响，但由于模拟区为平原农田，故不考虑林冠截留和地表径流；大沽河流域农田所需水分来源主要是降雨、灌溉和地下水的补给；土壤水分的消耗主要来自农田蒸散发和渗漏，因此，选取大沽河流域 10 个代表性农田为土壤水分长期观测点可以准确客观地反映大沽河流域土层含水量的基本情况。

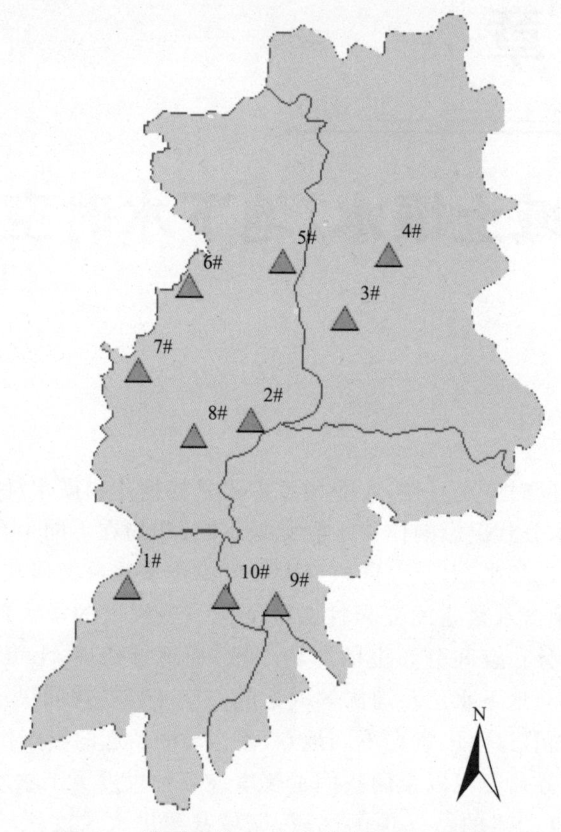


**图 6.1　流域内的 10 个土壤水分定位观测点**

取样步骤为：在取样点挖掘一个长约 1.5 m，宽约 0.6 m，深约 1 m 的土坑，土壤水分长期观测点分别位于土壤剖面的表层、20 cm、40 cm、60 cm、100 cm、160 cm 处，100 cm 和 160 cm 处的土样利用土钻获取，同时用卷尺分别测量 10 个点土壤的具体分层情况并详细记录。图 6.2 为野外取样现场图，表 6.1 为取样点土壤的分层情况。

**图 6.2　野外取样现场图**

表 6.1　10个取样观测点土壤分层情况

| 取样点 | 位　置 | 土壤分层情况/cm | | |
| --- | --- | --- | --- | --- |
| 1# | 胶州市胶莱镇 | 0～35 | 35～80 | 80～ |
| 2# | 平度市仁兆镇 | 0～40 | 40～80 | 80～ |
| 3# | 莱西市院上镇 | 0～30 | 30～90 | 90～ |
| 4# | 莱西市牛溪埠镇 | 0～55 | 55～ | |
| 5# | 平度市云山镇 | 0～30 | 30～ | |
| 6# | 平度市门村镇 | 0～30 | 30～ | |
| 7# | 平度市蓼兰镇 | 0～45 | 45～ | |
| 8# | 平度市郭庄镇 | 0～40 | 40～100 | 100～ |
| 9# | 即墨市南泉镇 | 0～60 | 60～100 | 100～ |
| 10# | 即墨市蓝村镇 | 0～40 | 40～70 | |

观测时间从2012年6月8日至2014年5月5日(共观测两个完整夏玉米—冬小麦轮作期的土壤含水量),一般每10天观测一次,降雨或灌溉后加密观测一次,土壤冻结后停止观测,迄今为止共进行50次取样监测。在对土壤水分进行观测的同时,获取10个取样点附近观测井地下水位数据。

## 6.2　大沽河流域土壤水分时空变化特征

### 6.2.1　作物不同生长阶段土壤含水量变化特征

作物种类、不同时间的降水强度以及气象条件,决定了土壤含水量在时间尺度上具有很强的变异性。大沽河流域年蒸发量大于降水量,年内降水量分布极不均匀,春、冬季降水稀少,多发旱情;降水虽集中在夏、秋季,但蒸发量在此段时间内达到峰值,受这些因素影响,流域土壤水分随时间的变化呈现一定的规律性。由于10个取样点均为夏玉米—冬小麦轮作农田,且流域气象条件大致相仿,因此选取其中一个取样点来探讨土壤水分随时间的变化特征,图6.3为一个完整的夏玉米—冬小麦轮作期土壤水分变化曲线。

观测期间,土壤水分的补给和消耗具有一定的季节性。雨季开始时,随着降水的入渗补给,整体上土壤水水分增加,雨季结束后,土壤水分逐渐开始消耗。根据土壤水分的变化特征,可以将夏玉米—冬小麦轮作期土壤水分的变化分为以下几个阶段:

第一阶段(6～7月)。该段时期开始迎来集中性降雨,同时玉米需水量和蒸发量较小,因此土壤水分逐渐增加并储存于土壤层。同时,经历较强降水后,降雨入渗使得地下水位升高,地下水通过毛细作用进入底层的土壤中,使100 cm和160 cm两处的土壤含水量增加明显。

第二阶段(8～10月上旬)。此时虽然降雨量迎来高峰,但辐射加强,农田蒸发加剧,而且正处在夏玉米生长的抽穗-灌浆期,所需水分大幅增加,每次降雨后,土壤水分很快消耗于土面蒸发和植物蒸腾作用,因此土壤含水量下降较快,且波动剧烈。

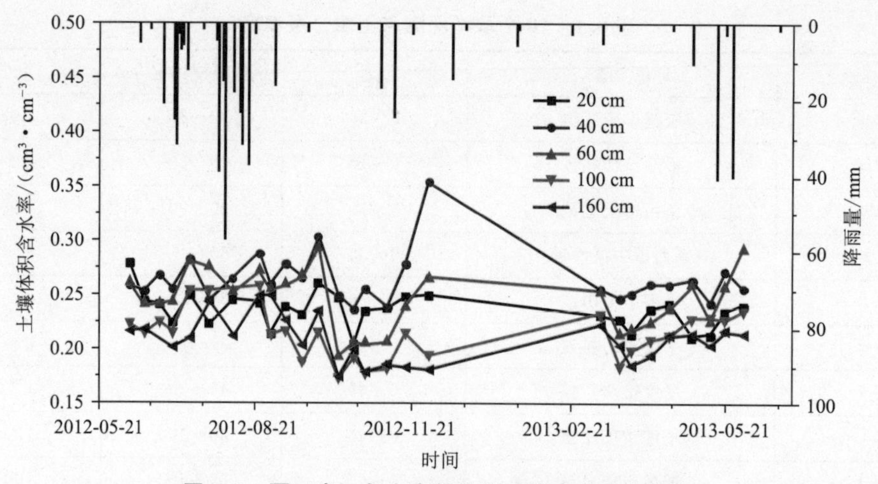


**图 6.3 夏玉米—冬小麦轮作期土壤水分变化曲线**

第三阶段(10 月中旬～次年 3 月)。该期间降水频次低,雨强较小,降水对各土层土壤含水量影响较低,土壤水分始终处于较稳定的状态,农田蒸散发是该阶段土壤含水量变化的主要影响因素。如图 6.3 所示,11 月份 40 cm 和 60 cm 处土壤含水量的增加主要是由该月两次降雨(17 mm 和 25 mm)所造成。

第四阶段(4～5 月)。小麦进入抽穗灌浆时期,作物需水量增加,降水仍然稀少,气候干燥,土壤含水量仍然较低;图中含水量增高的波动主要是由 3 月 28 日的小麦春灌引起。进入 6 月后,随着小麦的收割和汛期的来临,土壤含水量开始逐渐增加。

总体来说,不同土层水分随时间变化的规律大体相同,需要指出的是,40～60 cm 土层含水量全年波动最小,这是因为该层土壤的含砂量最低,持水能力最强,水分容易滞留在该层,因此当降水稀少,各层土壤含水量普遍下降的情况下,该层土壤对于植物的生长发育起着至关重要的作用;并且,该土层对当经历降水灌溉是否会产生渗漏以及土壤水分如何向上运动等问题也具有重要的影响。

## 6.2.2 土壤含水量年际变化特征

一般来说,由于不同年份降水量、气象条件等因素存在差异,土壤水分也会呈现不同的变化特征,图 6.4 和 6.5 分别为 4 号点不同年份夏玉米—冬小麦轮作期内土壤水分变化情况。

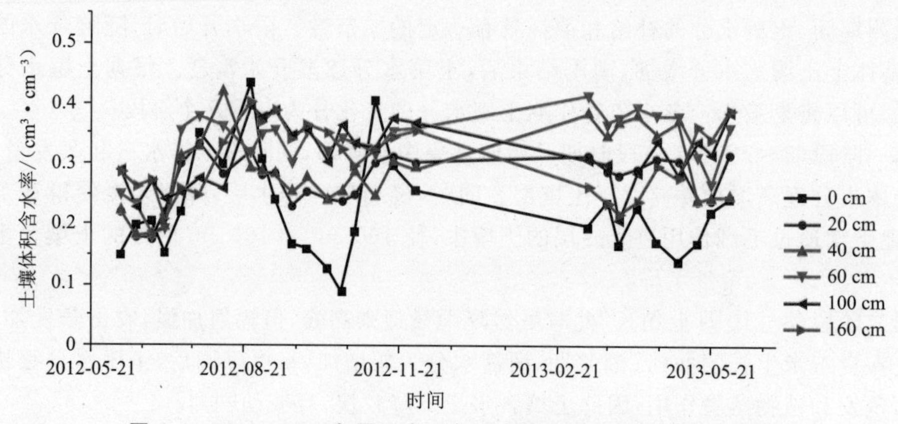


**图 6.4 2012～2013 年夏玉米—冬小麦轮作期土壤水分变化曲线**

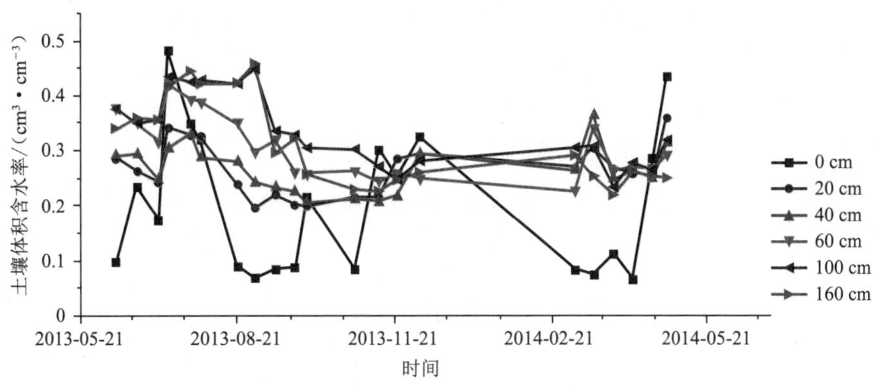


**图 6.5　2013～2014 年夏玉米—冬小麦轮作期土壤水分变化曲线**

可以看出,不同年份农田土壤水分存在一定程度的差异。除表层土壤含水率由于土质疏松、蒸散发强烈、对降水响应极快等原因波动剧烈外,其他各层均随时间呈现大体相同的动态规律,且与该区域降水规律相对应,说明降水是包气带耕作层土壤水分变化的决定性因素。4 号点位于莱西市牛溪埠镇,根据表 6.2 可知,该区 2013 年玉米期降水量(439.8 mm)高于 2012 年玉米期(385.2 mm),因此 2013 年玉米期各层土壤含水量均高于 2012 年;2013～2014 年小麦期降水量(185.9 mm)明显低于 2012～2013 年小麦期(230.8 mm),因此 2013～2014 年小麦期各层土壤含水量均低于 2012～2013 年,这进一步说明降水是影响耕作层土壤水分的最主要因素。而从垂向上来看,该区域不同年份土壤含水量均随深度的增加逐渐变大,说明土壤含水率在垂向上的变化主要受剖面土壤质地所影响。

**表 6.2　2012～2013 年青岛大沽河流域降水量(mm)**

| | 时　段 | 胶　州 | 莱　西 | 平　度 | 即　墨 |
|---|---|---|---|---|---|
| 2012 年 | 1～5 月 | 68.0 | 86.4 | 86.5 | 88.2 |
| | 6～9 月 | 443.3 | 385.2 | 391.6 | 354.1 |
| | 10～12 月 | 82.8 | 84.1 | 81.4 | 80.5 |
| | 全　年 | 594.1 | 555.7 | 559.5 | 522.8 |
| 2013 年 | 1～5 月 | 163.0 | 146.7 | 142.2 | 150.1 |
| | 6～9 月 | 312.9 | 439.8 | 379.3 | 324.8 |
| | 10～12 月 | 49.3 | 53.4 | 48.7 | 50.8 |
| | 全　年 | 525.2 | 639.9 | 570.2 | 525.7 |
| 2014 年 | 1～5 月 | 145.3 | 132.5 | 118.5 | 161.4 |

### 6.2.3　土壤含水量垂向变化特征

入渗到土壤的水,在土壤不同深度的再分配,既具有一致性,也具有一定的差异。土壤含水量在垂向上的分布主要受降水、不同土层土壤的持水能力以及地下水位的高低所影响,这些因素的共同作用使得土壤含水量在垂向空间上具有明显的分层。

图 6.6 为 10 个取样点在同一时间(2013 年 4 月 19 日)不同深度的含水量情况,此时大沽河流域降水较少,地下水位处于平稳状态,因此土壤含水量较为稳定,不易受外界条件影响,可以客观准确地反映土壤含水量在垂向上的具体分布情况,从图中可以发现土壤含水量在垂直方向上具有一定变化规律。

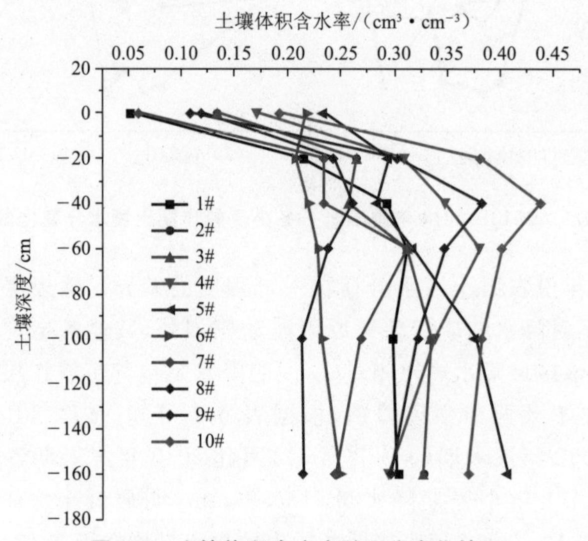


**图 6.6 土壤体积含水率随深度变化情况**

第一,流域土壤含水量值介于 0.05～0.45 之间,由浅及深呈现先变大,后减小,最后趋于平稳的状态。通过表 6.1 可知,大沽河流域土壤按质地一般分为 2 至 3 层,第一层离地表 30 至 60 cm,第二层一般介于 40 至 100 cm,第三层由 100 cm 深入到地下含水层,这与图中土壤含水量的三个变化趋势恰好吻合,即不同土层向另一土层过渡时,土壤含水量会产生较大的变化,因此当降水、灌溉、地下水位波动、气象等因素产生的影响较小时,土壤含水量分布与土壤质地有着密切的联系。

第二,0～20 cm 处含水量处于较低水平,且波动剧烈,这主要是土壤表层含水量受降雨、蒸发等条件影响较大。随着深度的增加,土壤质地发生了改变,大沽河流域 40～80 cm 处土壤以壤土和黏壤土居多,其持水性较下层砂质壤土稍高,因而含水量逐渐达到峰值。大沽河流域深层土壤一般为含砂土壤,持水性稍差,随着深度的增加,土壤水含量达到峰值后逐渐降低。由于深层土壤质地变化不明显,且此时地下水位处于稳定状态,故土壤水含量逐步趋于稳定。

第三,从图中也可以大体推测出零通量面的位置。当土壤剖面存在零通量面时,零通量面以上,水分通过土壤蒸发和植物蒸腾向上运动;零通量面以下,土壤水分向下运动,形成入渗补给地下含水层,因此,由图中含水量的变化趋势可以推测出大沽河流域土壤零通量面大致位于 40～60 cm 之间,在一定程度上为大沽河流域降雨入渗量与土壤水排泄补量的计算以及评价土壤水均衡等问题提供了参考。

为验证以上结论,取经历较强降雨后(时间为 2013 年 7 月 12 日)5 个取样点(降雨量分别为 70.0 mm、101.5 mm、117.5 mm、88.0 mm、30.3 mm)土壤剖面含水量进行作图分析,如图 6.7 所示。

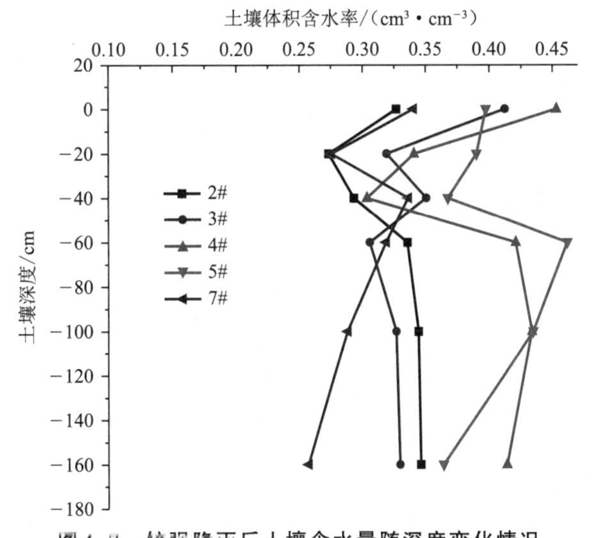


**图 6.7　较强降雨后土壤含水量随深度变化情况**

由图可知，在经历较强降雨后，土壤剖面含水量随深度变化曲线较降雨前产生明显的改变，但也呈现一定的分布规律。表层土壤含水率接受降水大幅增加，形成一薄层土壤水饱和带；40～60 cm 处土壤持水性较好，降雨入渗在此处累计而达到较高值，进而下渗补给下层土壤。由于该次降雨强度较大，土壤水分产生渗漏，最终补给地下含水层，降雨入渗与地下水位变化共同决定了深层土壤含水量产生一定程度的波动，因此，整个土壤剖面含水量曲线在经历较强程度降水后呈现"S"形。

总体来说，降水、土壤分层情况、地下水位因素影响着土壤水向上的蒸散发移动与向下的降水入渗再分布，这使得大沽河流域土壤含水量在垂直方向上呈现较强的规律性。

## 6.2.4　大沽河流域不同区域土壤含水量分布特征

由于大沽河流域不同区域的土壤理化性质、气象条件、地下水位等不尽相同，因此决定了流域同一时刻不同位置的土壤含水量存在差异性。土壤含水量空间变异性研究对于如何合理布点进行区域土壤水分动态监测提供了依据；同时，根据研究结果也可确定区域具有代表性的土壤水分观测点，为农田节水灌溉、农田土壤水分调控以及作物需水量调节提供科学指导。

通过对大沽河流域土壤水分观测点的土壤体积含水率(2012 年 6 月～2013 年 6 月)进行统计分析，得到了不同深度土壤含水量的空间分布特征，如表 6.3 所示。

可以看出，大沽河流域各层土壤含水率均值介于 0.171～0.388 $cm^3 \cdot cm^{-3}$，流域不同位置土壤水分存在一定程度的空间变异性，且大沽河上游土壤含水率较中下游偏低，这与降雨量由东南沿海向西北内陆逐渐减小的趋势相符。对比地下水位及埋深可以看出，中下游地区地下水位埋深较相对较浅，地下水可通过毛管作用进入上层土壤，使上层土壤的含水量较大，因此，地下水位及埋深水平是影响土壤水分空间变异性的重要因素之一。为进一步研究大沽河流域不同区域土壤含水量的变化特征，分别在流域下游、中游、上游各选取两个长期观测点(下游选取 1＃和 10＃，中游选取 2＃和 8＃，上游选取 3＃和 5＃)，对轮作期土壤水分和地下水位变化进行作图比较，如图 6.8 至图 6.19 所示。

表 6.3 大沽河流域土壤含水率统计特征

| 取样点 | 体积含水量平均值 * 100/(cm³ · cm⁻³) | | | | | | 地下水位/m | 埋深/m |
|---|---|---|---|---|---|---|---|---|
| | 0～20 cm | 20～40 cm | 40～60 cm | 60～100 cm | 100～160 cm | 160～200 cm | | |
| 流 域 | 19.94 | 26.67 | 29.91 | 31.41 | 30.28 | 29.80 | — | — |
| 1# | 17.37 | 24.83 | 28.32 | 30.73 | 29.96 | 30.06 | 7.80 | 2.98 |
| 2# | 19.03 | 27.47 | 29.62 | 33.00 | 33.80 | 34.09 | 20.27 | 4.22 |
| 3# | 18.47 | 25.90 | 32.36 | 29.33 | 26.50 | 25.45 | 34.85 | 5.21 |
| 4# | 21.17 | 27.22 | 28.80 | 32.99 | 31.56 | 30.81 | 39.65 | 3.78 |
| 5# | 23.69 | 32.65 | 31.38 | 37.33 | 36.72 | 35.76 | 39.32 | 5.03 |
| 6# | 17.99 | 22.49 | 23.48 | 24.24 | 25.01 | 25.77 | 24.12 | 6.86 |
| 7# | 19.37 | 23.78 | 27.45 | 29.45 | 28.22 | 26.93 | 20.85 | 5.71 |
| 8# | 17.12 | 23.71 | 26.59 | 24.67 | 22.36 | 21.76 | 29.08 | 1.79 |
| 9# | 22.96 | 29.82 | 37.17 | 34.96 | 29.81 | 29.57 | 2.97 | 2.41 |
| 10# | 22.27 | 28.82 | 33.91 | 37.41 | 38.82 | 37.77 | 4.19 | 1.60 |

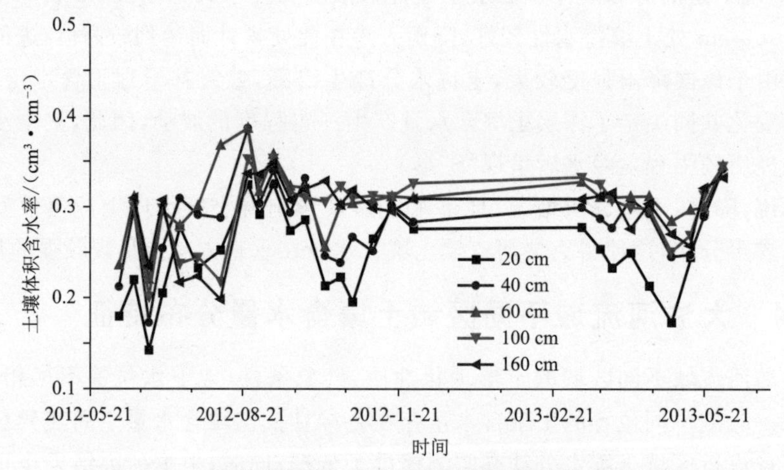


图 6.8 1号点夏玉米—冬小麦轮作期土壤水分变化曲线

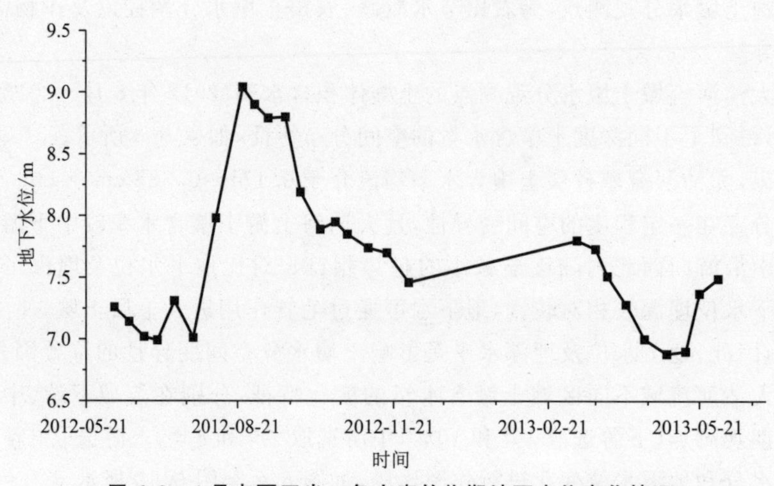


图 6.9 1号点夏玉米—冬小麦轮作期地下水位变化情况

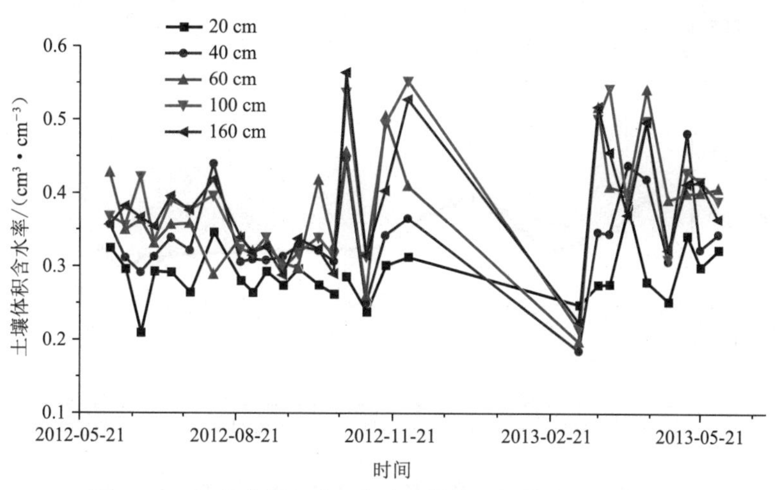


图 6.10　10 号点夏玉米—冬小麦轮作期土壤水分变化曲线

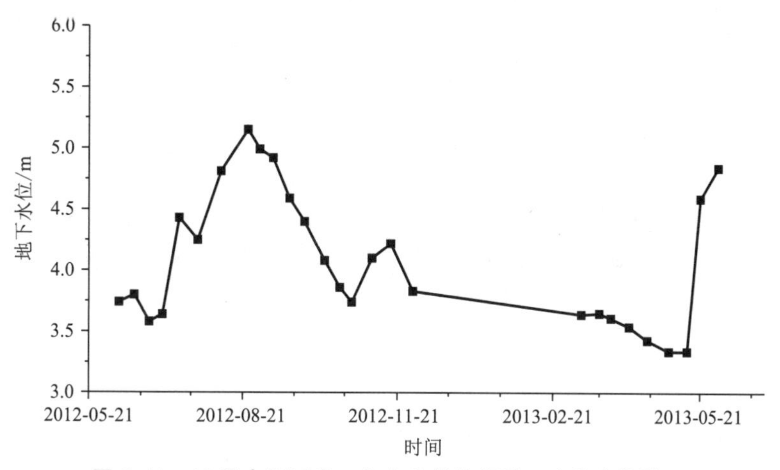


图 6.11　10 号点夏玉米—冬小麦轮作期地下水位变化情况

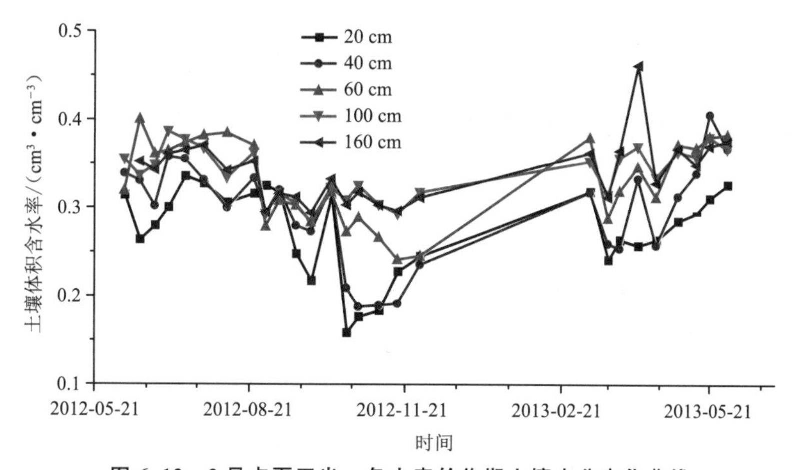


图 6.12　2 号点夏玉米—冬小麦轮作期土壤水分变化曲线

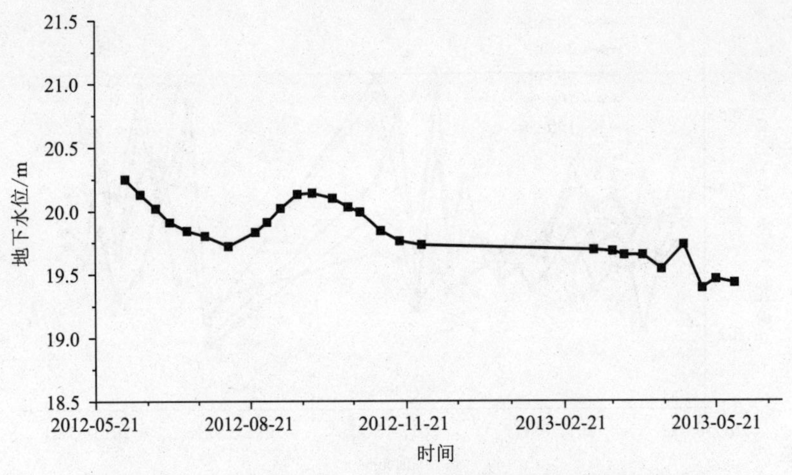


**图 6.13 2号点夏玉米—冬小麦轮作期地下水位变化情况**

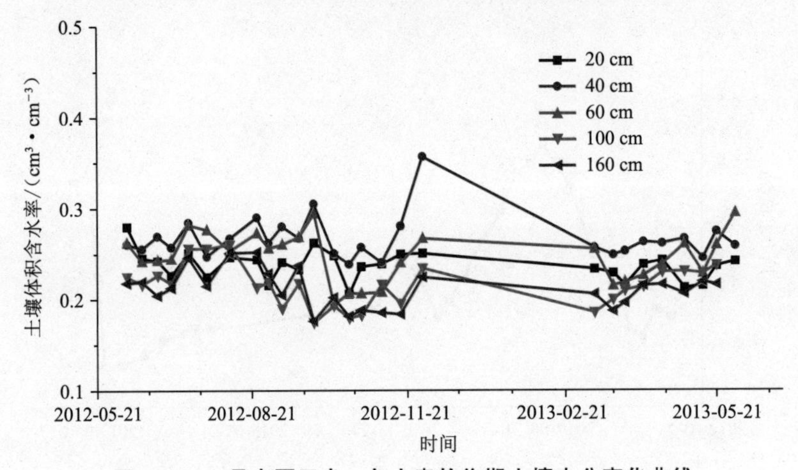


**图 6.14 8号点夏玉米—冬小麦轮作期土壤水分变化曲线**

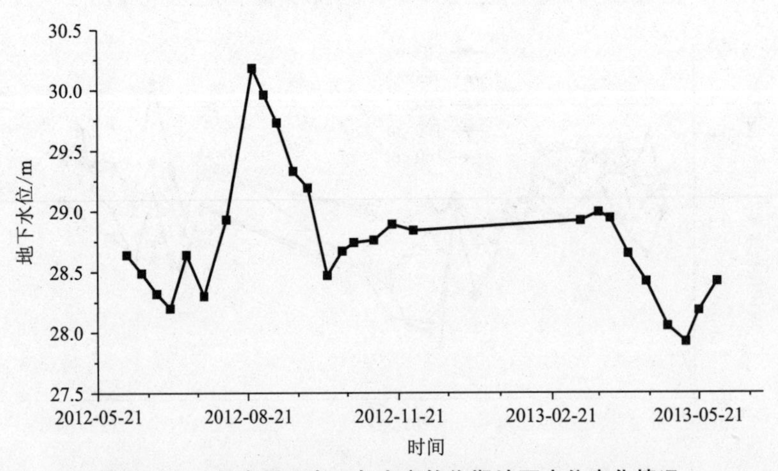


**图 6.15 8号点夏玉米—冬小麦轮作期地下水位变化情况**

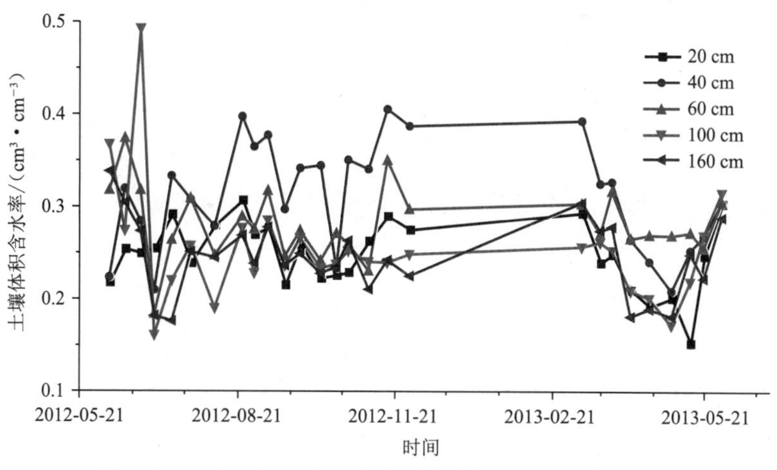


图 6.16　3 号点夏玉米—冬小麦轮作期土壤水分变化曲线

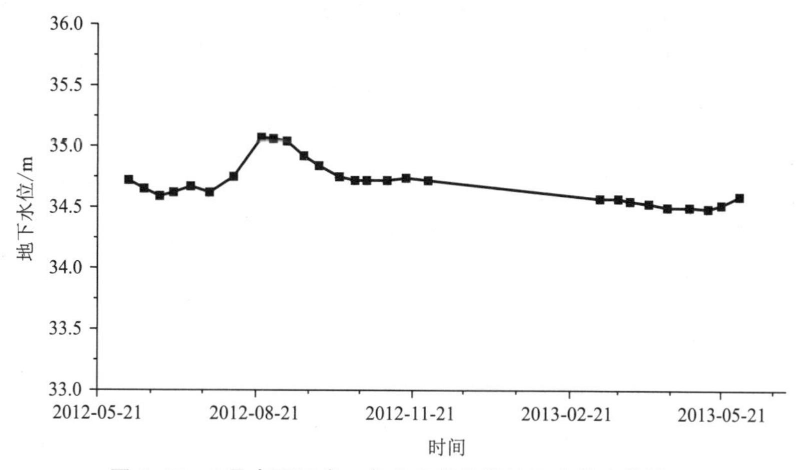


图 6.17　3 号点夏玉米—冬小麦轮作期地下水位变化情况

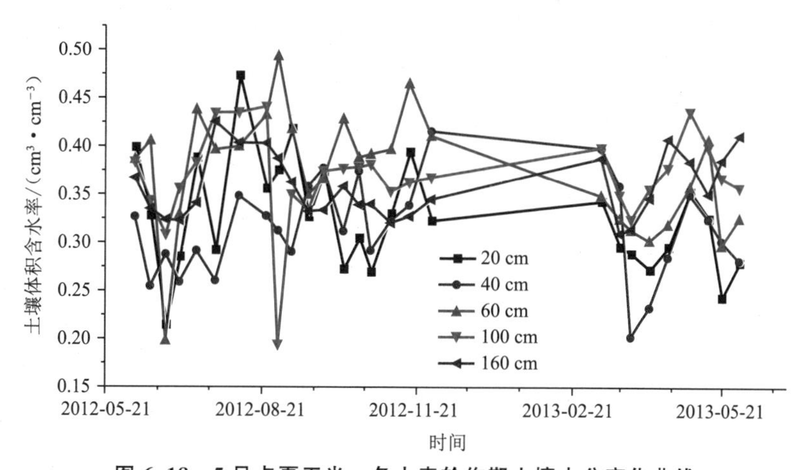


图 6.18　5 号点夏玉米—冬小麦轮作期土壤水分变化曲线

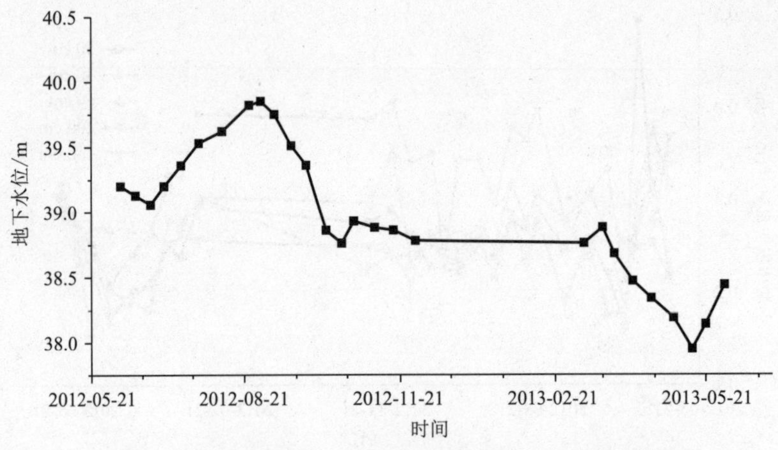


**图 6.19　5 号点夏玉米—冬小麦轮作期地下水位变化情况**

从以上各图可以看出，大沽河上游土壤含水量较中下游偏低，且各区域变化规律和波动趋势与地下水位动态规律具有一定相似性，并且中下游较为明显，这是因为流域中下游地下水埋深相对上游而言较浅，地下水更容易受到降雨补给，因此中下游地下水位波动也比上游剧烈；同时，地下水埋藏深度浅的区域土壤含水量相对较大，这些都说明土壤水与地下水具有密切的联系，因此，对大沽河流域土壤水与地下水的相互作用关系进行研究是十分必要的。

# 6.3　大沽河流域地下水的时空变化

## 6.3.1　地下水动态变化特征

大沽河地下水运动以垂向运动为主，主要接受大气降水直接渗透作为主要补给来源，以人工开采作为主要排泄方式。地下水位随着降水而升高，随着开采而降低。其动态变化在年内呈现季节性，年际间呈现周期性。选取大沽河上、中、下游具有代表性的三个地下水位观测点(观测点位置见图 6.20)，对地下水位的年内、年际变化进行研究。

### 6.3.1.1　地下水位年内变化

年内变化实际上是降水与开采在时间上的分配。春季到初夏，地下水位由于降水稀少和春灌大量用水大幅度下降，每年的春灌后汛期前的六月底到七月初，地下水位降至最低。七月进入雨季，随降水量增大，地下水接受降水补给，地下水位大幅回升，由于汛后补给的滞后效应，八月至九月水位达到最高点。秋季因降水减少和秋灌，地下水位开始下降，变化平缓。十二月至来年的三月，由于停止开采和少量雨雪的补给，地下水位处于相对稳定状态。地下水位的平均年变幅一般为 2～3 m，见图 6.21。

### 6.3.1.2　地下水位年际变化

大沽河流域 1980 年到 2011 年的上、中、下游地区地下水位变化情况如图 6.22 所示。从图中可以看出，上游观测点的地下水位年际变化较小，中游和下游观测点的地下水位变化幅度较大。降雨量和人工开采是造成地下水位年际变动的主要因素。分析大沽河水源

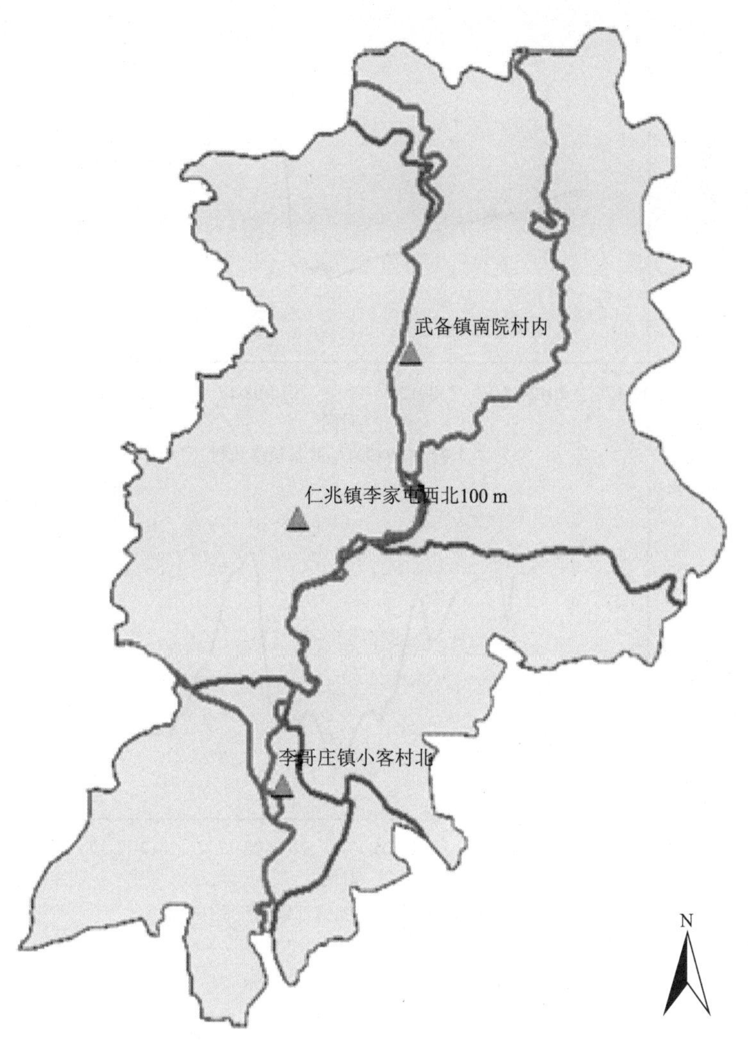


**图 6.20　地下水位观测点位置图**

地代表性雨量站历年降雨量可以看出 1980 到 1991 经历了两次降雨四枯一丰现象，以 1981～1984 年为例。1981～1984 年为连续枯水年份，四年的平均降水量小于 520 mm，其中 1981 年的降水量仅为 320.2 m，这种连续性的干旱缺水年份导致地下水位补给量少，而自 1981 年后大沽河水源地逐渐开辟为青岛市城市供水水源地，地下水开采量迅速增大，补给量远小于开采量，致使地下水位大幅下降。1982 年地下水开采量达到 8 987 万 $m^3$，该年地下水位下降幅度最大，而 1985 年之后开采量迅速减小到 3 133 万 $m^3$，又恰逢大沽河流域汛期连降暴雨，在降雨入渗及河流侧渗双重补给作用下，地下水位急剧回升。1991 年之后地下水位呈整体缓慢回升的趋势，波动幅度相对不大，一直持续到 2009 年。造成这种现象的原因是 1991 年之后基本为丰、平、枯交替年份，没有再出现连续 3 年以上的枯水年，同时地下水维持一个相对稳定的开采量，补给量整体大于排泄量，地下水位缓慢回升。上游地下水观测点不在大沽河水源地区域内，地下水开采量较小，水位仅受大气降雨的影响，故地下水位年际变化不明显。

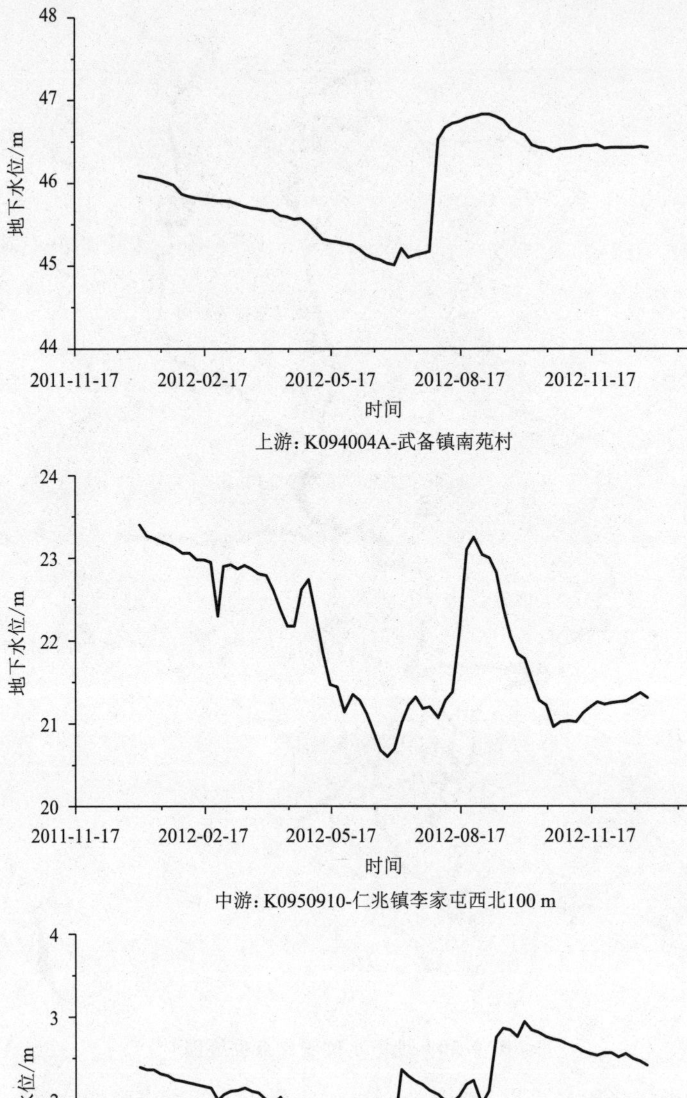


**图 6.21　大沽河流域地下水位年内动态变化曲线**

#### 6.3.1.3　地下水动态影响因素分析

降雨入渗是研究区地下水的主要补给来源,因此与地下水位关系十分密切,降水对地下水位的影响主要表现在雨季。雨季之前,由于包气带含水率低,水分亏缺大,降雨稀少,对地下水位无明显影响,其主要作用是使包气带的含水率增高。此时,地下水位的降低主要是由开采量的增加引起。从总体变化趋势看,年内地下水位的变化周期与农业灌溉量

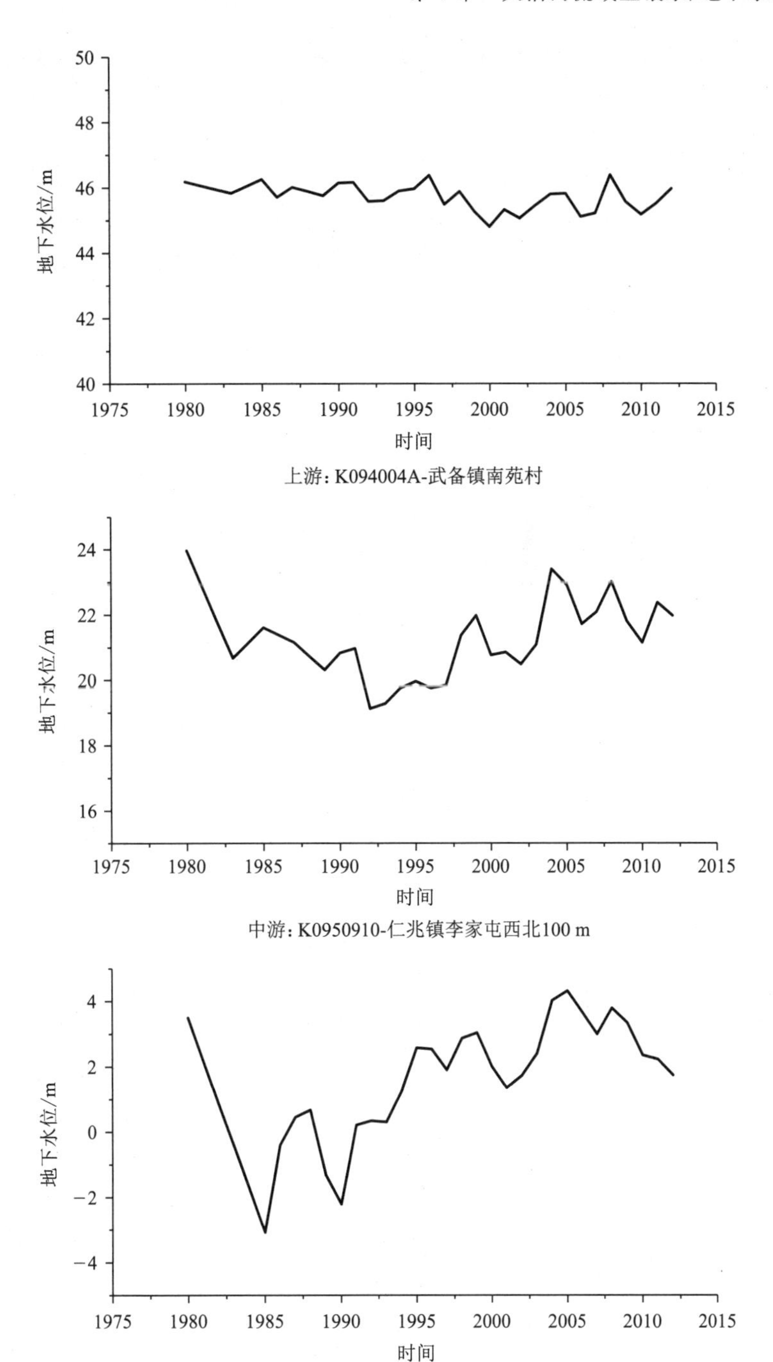


**图 6.22　1980～2010 年大沽河流域地下水位动态变化曲线**

的变化周期有一定的相关性。每年从四月份开始，随着春灌，地下水开采量开始逐渐上升，蒸发量增大，地下水位与之对应下降。春灌后，汛期来临，降水增加补给地下水，同时由于降水浇灌以及对地下水的开采减少，地下水位缓慢上升直至达到最高值。汛期结束，由于汛后补给的滞后作用，地下水下降缓慢。

大沽河流域地下水水位多年来变化趋势与降雨量和开采量的关系如图 6.23、图 6.24 所示，从 2001 到 2010 年，地下水位随年降雨量的增大而增大，随年降雨量的降低而降低，而且这种变化具有一定的滞后性，上、中、下游三点地下水位与前一年的降雨量的相关系数为 0.51、0.31、0.37，呈正相关；地下水位与灌溉开采量呈显著负相关性（相关系数分别为－0.69、－0.69、－0.71），水位随开采量的增大而相应减小。

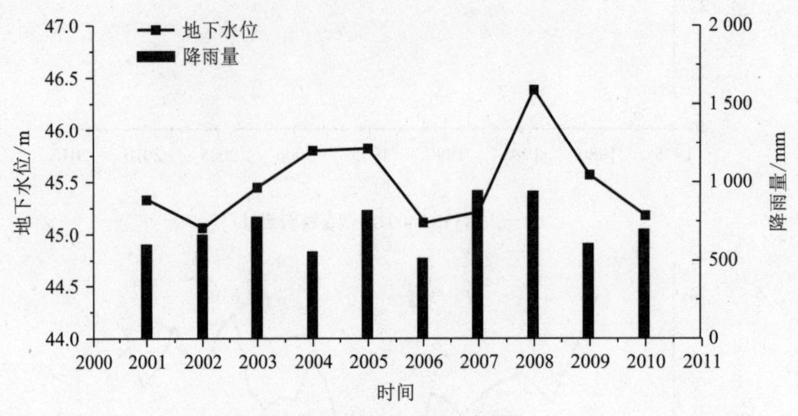

上游：K094004A-武备镇南苑村

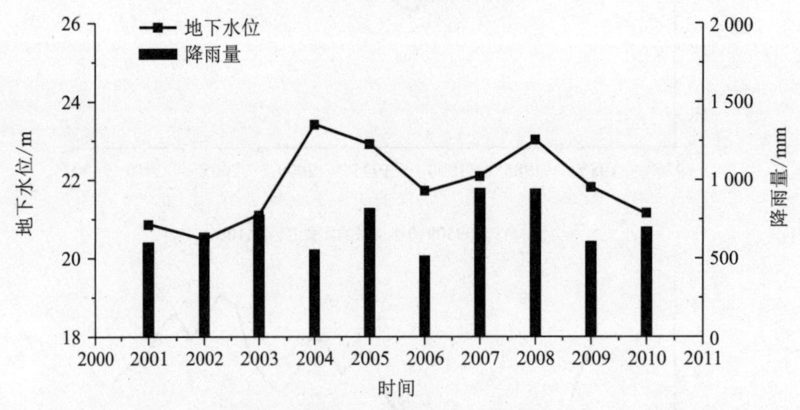

中游：K0950910-仁兆镇李家屯西北100 m

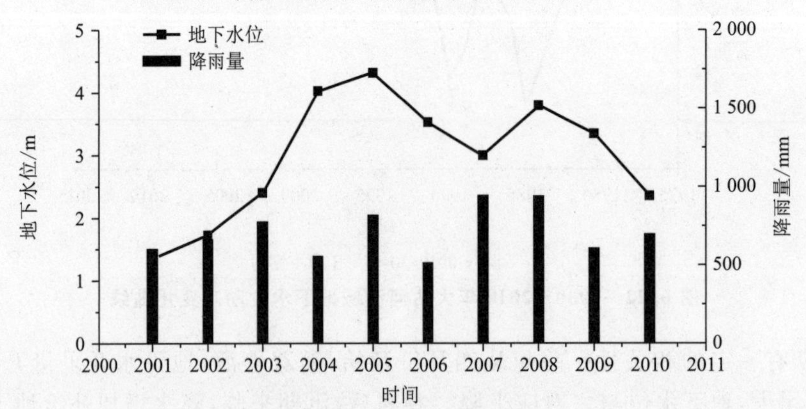

下游：0920430-李哥庄镇小窑村北

**图 6.23　地下水位与年降雨量动态关系曲线**

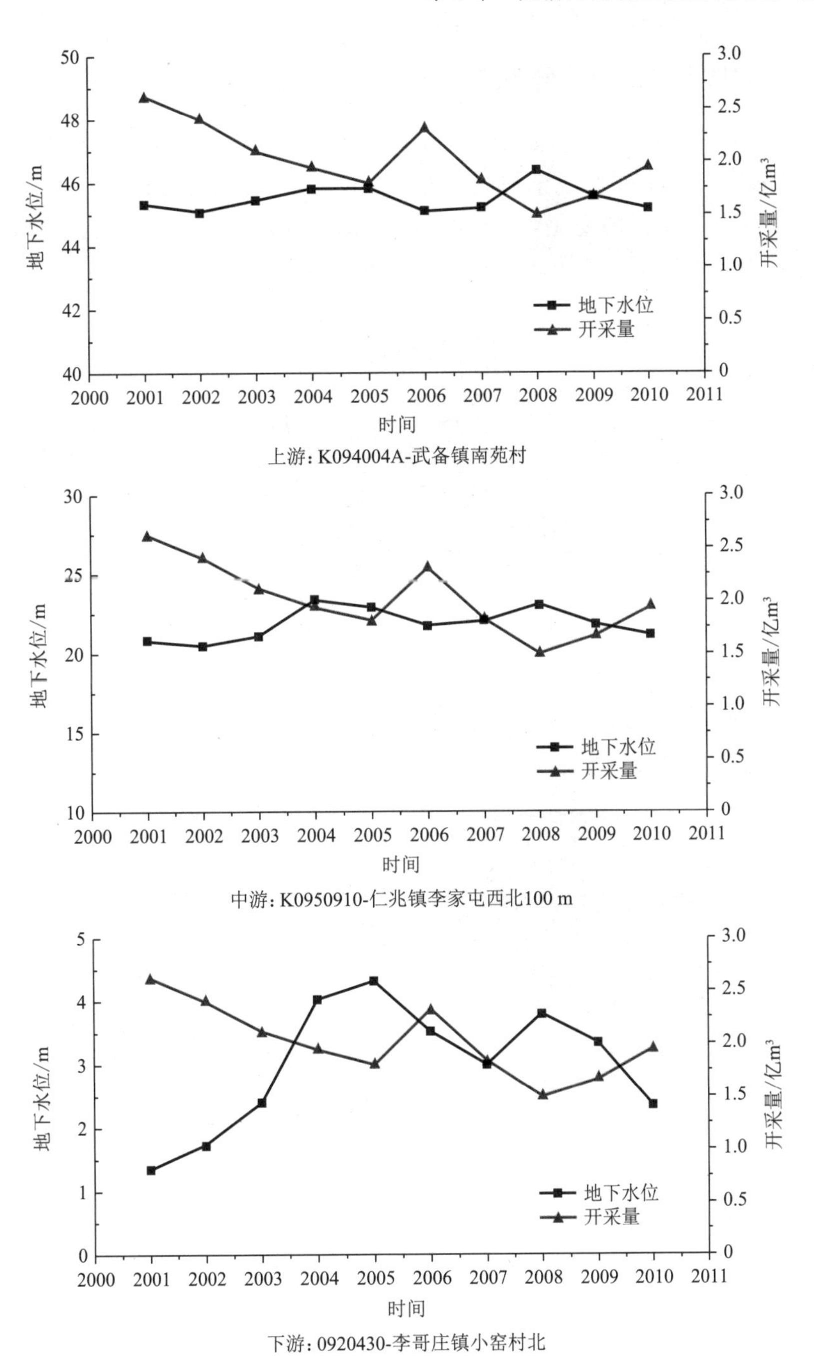


**图 6.24　地下水位与开采量动态关系曲线**

总之，大沽河地下水主要补给来源是降雨入渗，因此地下水位与降雨关系十分密切，变化非常明显，开采强度及开采量大小是影响水位变化的决定性因素，开采强度大，开采量大则地下水位下降幅度大、速度快，反之亦然。同时，地表径流与地下水位变化关系也很密切，地表河流水位的高低、径流持续时间长短、距河床远近等都有影响。降雨、径流、人工开采等因素共同作用使本区地下水动态呈一定变化规律，同时也体现了其埋藏浅、易补易采的特点。

## 6.3.2 地下水空间分布特征

利用流域内45口观测井的地下水监测资料进行Kriging插值。图6.25是2012年1月1日Kriging插值后获得的大沽河流域地下水位等值线图。从图中可以看出，流域内地下水位总体上呈北高南低的变化趋势，由北部大沽河入境处的100 m逐渐降低到南部的10 m左右，其中李哥庄镇的地下水位较周围地区偏低，最低处达2～3 m。

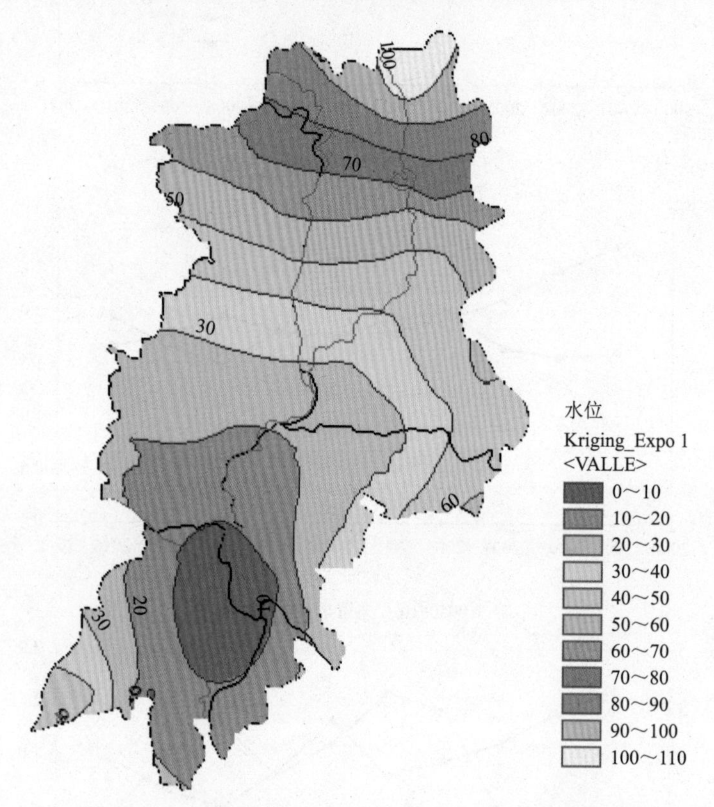


**图6.25 大沽河流域(2012年1月1日)地下水位分布**

# 第7章

# 大沽河流域土壤水资源评价

土壤水泛指贮存于包气带土层孔隙中的水，它是土壤的重要组成部分之一，在土壤形成过程中起着极其重要的作用。土壤学中对土壤水的研究方法主要有数量法和能量法。数量法是按照土壤水受不同力的作用而研究水分的形态、数量、变化和有效性，而能量法主要从土壤水受各种力作用后自由能的变化，去研究土壤水的能态和运动变化规律。

根据土壤水能否被作物吸收利用以及难易程度又可以将其分为无效水、迟效水、速效水和重力水(表7.1)。从表中可以看出，通常将土壤凋萎系数($\theta_{-1\,500\ \mathrm{kPa}}$)看作土壤有效水的下限，此时作物根系无法吸水而发生永久性萎蔫，而把田间持水量($\theta_{-30\ \mathrm{kPa}}$)视为土壤有效水的上限，因此能被作物根系吸收利用的是处于凋萎系数和田间持水量之间的那部分土壤水，即最大有效水含量。一般情况下，土壤含水量往往低于田间持水量，所以有效水含量就不是最大值，而是瞬时土壤含水量与凋萎系数之差。在有效水范围内，其有效程度也不同。当土壤含水量在田间持水量至毛管断裂含水量之间，由于含水多，土水势高，水分运动迅速，容易被作物吸收利用，称为"速效水"，当含水量低于毛管断裂含水量，粗毛管中的水分已不连续，随着土水势逐渐降低，毛管水移动变慢，根吸水困难增加，这一部分水属"迟效水"。

**表7.1　土壤水的有效性分级**

| | 土壤持水量范围 | 土壤水吸力/kPa | 水分运移能力 | 作物生长 |
|---|---|---|---|---|
| 无效水 | 低于凋萎系数 | $>1\,500$ | 不能运移 | 不能存活 |
| 迟效水 | 凋萎系数～毛管断裂含水量(约为田间持水量的70%) | 80～1 500 | 缓慢运移 | 吸水较困难，甚至暂时萎蔫 |
| 速效水 | 毛管断裂含水量～田间持水量 | 30～80 | 快速运移 | 正常生长 |
| 重力水 | 大于田间持水量 | $<30$ | 向下淋失 | 过多则对生长不利 |

## 7.1 土壤水资源特性及评价指标

土壤水作为水循环过程中的一个重要环节，提供作物生长的特性是被普遍公认的。但是，长期以来，由于土壤水对降水的过分依赖性和易于耗散性等自然特征使人们未能将其与狭义水资源(地表水资源和地下水资源)相提并论。然而，随着水资源范畴的扩展对土壤水认识的加深，从资源角度认识土壤水显得尤为重要。

自20世纪70年代M. Nputotulu首次提出"土壤水资源"的概念以来，国内外许多学者从不同层面对此做了论证。目前，土壤水作为一种自然资源已被普遍认同，然而关于土壤水资源的范畴迄今仍未得到统一，在此基础上的土壤水资源评价的内容和方法也不尽相同。现今国内大多数学者对土壤水资源的研究是从农业角度出发，认为土壤水资源应该是可被作物根系吸收利用的浅层土壤孔隙中的水，气象条件、降水分布、包气带岩性、土地利用方式等均会影响土壤水资源的时空分布。土壤水资源一般具有以下特性。

(1) 对降水的依赖性。

土壤水资源的时空分布对当地的大气降水具有很强的依赖性，一般来说，降水多的雨季土壤水储存量大，旱季土壤水储存量小。

(2) 循环再生性。

土壤水资源更新较快，具有不断补给与排泄的动态特征。

(3) 不可开采性。

土壤水并不像地表水、地下水那样集中分布或聚集，也不能由人工直接提取、运输，只能被作物就地利用。

(4) 可控性。

土壤水资源虽不可开采，但可以通过适当的工程(设置水平沟、鱼鳞坑、梯田)或非工程(设置地膜、秸秆、砂砾)的技术手段在时空分布上加以调控以适应作物的生长。

评价土层是指植被根系活跃层及其下部一定范围内的影响层。评价土层的影响因素有植被、地下水埋深、土壤质地等。植被的种类决定了根系活跃层的深度；若地下水埋深很小，小于评价土层，则取评价土层为整个包气带。土壤质地对根系活跃层下的影响层有一定的影响。可根据不同生育期时作物根系及其影响层的深度，按日期加权平均的全生育期的深度，即评价土层厚度。

自地表开始至地表以下50 cm深处，这一层由于受大气影响很大，又是作物根系主要分布的层次，所以其水分运动及干湿变化十分活跃。在年周期内，在50 cm以下至150 cm之间其湿度的干湿变化幅度一般仅在5%～10%以内，经常具有凋萎系数以上的含水率，在作物生长后期及旱季干旱无雨时，这一层储存的水分是作物需水的重要保证，所以评价土层的确定对土壤水资源的计算至关重要。

在半干旱的大沽河流域，降水是作物生长所需水分的重要来源，存储于土壤中的土壤水是流域水资源的重要组成部分，尤其面对当前农业用水量大且利用率不高的现实，如何合理而有效地利用土壤水资源就成为保证农作物生长需求、改善生态环境、进而实现农业可持续发展的关键。因此，对大沽河流域土壤水资源评价不仅可以深化和丰富水资源科学的内涵，还可以提升对水资源的全面认识，从而为大沽河流域农业生产提供重要的科学依据。

根据土壤水资源的特性，以土壤水分对作物的有效性为核心，我们提出了大沽河流域土壤水资源数量评价的 4 个指标，包括土壤水实际储存量、土壤水最大储存量、土壤水无效库容和土壤水资源量。由于研究区农田作物主要为冬小麦和夏玉米，玉米的根系主要是分布在 50 cm 以上的土层中，而冬小麦虽然根深通常超过 1 m（最大甚至可达到 2 m），但根系吸水的影响范围主要还是集中在 1.5 m 土层以内，因而最终确定评价土层的厚度为 1.5 m。

### 7.1.1　土壤水实际储存量

土壤水实际储存量（用 $W_s$ 表示，单位 mm）指某一瞬时作物潜在可利用深度以上至地表的浅层土壤孔隙中的水量。它在数值上等于土壤体积含水量分布函数 $\theta(z)$ 在作物潜在可利用深度 $d$ 上的积分，其计算模型为：

$$W_s=\int_0^d \theta(z)\mathrm{d}z \tag{7.1}$$

### 7.1.2　土壤水最大储存量

当土壤含水量超过田间持水量时会因重力作用而下渗，不能为作物持续利用，因而将土壤含水率达到田间持水率时作物潜在可利用深度上单位面积土壤柱体中所含有的水体积称为土壤水最大储存量（用 $W_{max}$ 表示，单位 mm）。它在数值上等于土壤水达到田间持水量时土壤体积含水量分布函数 $\theta_{fc}(z)$ 在作物可利用深度 $d$ 上的积分，其计算模型为

$$W_{max}=\int_0^d \theta_{fc}(z)\mathrm{d}z \tag{7.2}$$

### 7.1.3　土壤水无效库容

当土壤含水量达到凋萎系数时，作物潜在可利用深度上单位面积土壤柱体中所含有的水体积称为土壤水无效库容（用 $W_{wp}$ 表示，单位 mm）。它在数值上等于土壤水达到凋萎系数时土壤体积含水量分布函数 $\theta_{wp}(z)$ 在作物可利用深度 $d$ 上的积分，其计算模型为

$$W_{wp}=\int_0^d \theta_{wp}(z)\mathrm{d}z \tag{7.3}$$

利用上述三个指标还可以计算土壤水最大次调节量和土壤水实际可利用量。土壤水最大次调节量（用 $W_a$ 表示，单位 mm）是处于凋萎系数和田间持水量之间的那部分土壤水，其计算公式为

$$W_a=\int_0^d [\theta_{fc}(z)-\theta_{wp}(z)]\mathrm{d}z \tag{7.4}$$

土壤水实际可利用量（用 $W_c$ 表示，单位 mm）是为了度量某一瞬时土壤中存在的对作物有效的那部分水的多少，它在数值上等于土壤水实际储存量与无效库容之差，其计算公式为

$$W_c=\int_0^d [\theta(z)-\theta_{wp}(z)]\mathrm{d}z \tag{7.5}$$

### 7.1.4 土壤水资源量

从资源的定义出发，若将土壤水作为资源，则仅能计算来自天然降雨的入渗所储存于包气带土层中的水量以及潜水蒸发对包气带土层所带来的水量，由人工灌溉所增加的土壤水不能计入土壤水资源。若土壤水资源按每次降雨进行计算，计算时段为本次降雨开始至下次降雨之前，那么水均衡方程为

$$P + S_1 + G_e = R + G_i + E + S_2 \tag{7.6}$$

式中，$P$ 为本次降水量；$S_1$ 为降雨前土层储水量；$G_e$ 为降雨间歇期的潜水蒸发量；$R$ 为本次降雨所产生的地表径流量；$G_i$ 为本次降雨所产生的深层渗漏量；$E$ 为计算期内地表蒸散发量；$S_2$ 为下次降雨前土层储水量。当计算下边界为部分包气带土层厚度时，$G_e \approx 0$，则有

$$P + S_1 = R + G_i + E + S_2 \tag{7.7}$$

$$\Delta S = S_2 - S_1$$

因此由本次降雨所形成的土壤水资源为

$$W_{ri} = P - (R + G_i) = \Delta S + E \tag{7.8}$$

一个水文年度的土壤水资源量应为各次降雨所求得的 $W_{ri}$ 的总和，即

$$W_r = \sum_{i=1}^{n} W_{ri} \quad i = 1, 2, \cdots, n \tag{7.9}$$

式中，$W_r$ 为一个水文年度的土壤水资源总量；$W_{ri}$ 为第 $i$ 次降雨所求得的土壤水资源量；$n$ 为一个水文年度内降水的次数。

传统的水均衡方法计算土壤水资源量是按降雨过程分次计算，将计算的各项代入式(7.8)中求得每次降雨的 $W_{ri}$ 值，再代入式(7.9)求出一个水文年度的土壤水资源量 $W_r$，该方法的缺点是计算量非常大，而且方程中某些项难以确定，容易造成计算失真。为此我们采用数值方法计算，与水均衡计算方法不同的是，它是按整个水文年度进行连续运算，前提是需要获得长系列的农业、气象、水文地质资料以及土壤水力性质参数，再加上合适的定解条件，利用 Hydrus-1D 软件就能快速方便地进行求解。

## 7.2 基于 GIS 土壤水储存量的计算

根据土壤水垂直分布特征，将 150 cm 土壤剖面划分为 0～20、20～40、40～60、60～100、100～150 cm 等五个层次，然后按照下式计算土壤水实际储存量：

$$W_s = \sum_{i=1}^{n} d_i (\theta_g)_i \rho_i \tag{7.10}$$

式中，$W_s$ 为单位面积土壤水实际储存量(mm)；$d_i$ 为各个土层的厚度(mm)；$(\theta_g)_i$ 为各个土层的重量含水量($g \cdot g^{-1}$)；$\rho_i$ 为各个土层的土壤容重($g \cdot cm^{-3}$)；重量含水量和容重均用烘干法测定。

田间持水率和凋萎系数可利用土壤水分特征曲线间接获取，以 $\theta_{-30\ kPa}$ 和 $\theta_{-1\ 500\ kPa}$ 分别近似等于田间持水率和凋萎系数。同样，将 150 cm 土层划分为 0～50、50～150 cm 两个层次，将各层的厚度乘以相应的田间持水率则得到该层的土壤水最大储存量，然后把两层

数值相加即得到整个评价土层的土壤水最大储存量，同理可求得土壤水无效库容。利用已知的 3 个指标还可以求出土壤水最大次调节量和实际可利用量。由于不同类型土壤的持水能力有差别，在换算成水量单位（$m^3$）的时候，应该考虑各种类型土壤所占的面积比例，即权重。

中国土地利用类型分布依据欧盟联合研究中心（JRC）空间应用研究所（SAI）2000 年全球土地覆盖数据（GLC2000），其中中国部分由中国科学院遥感应用研究所承担（China_gridv3 中国土地覆盖图），把流域内的土地类型划分为耕地和非耕地两类，其中耕地面积 3 461 $km^2$。同时，基于 ArcGIS 强大的空间分析功能，以青岛市土壤图为底图，在 ArcGIS 里对其进行矢量化使之具有一定的空间信息，且在图中以不同的颜色代表不同的土壤类型，从而可以很容易地统计出不同类型土壤所占的面积，见图 7.1，将不同土壤类型的面积减去相应土壤类型中的非耕地面积即为不同土壤类型所占的耕地面积。将试验点的坐标导入 ArcGIS，在得知每个点的土壤水储存量（mm）的基础上，按各类型耕地土壤面积求加权平均值，对于同种土壤类型的连续性区域上的多个点则取算术平均值，然后将所得的值乘以相应的耕地面积即可求得各值（表 7.2）。

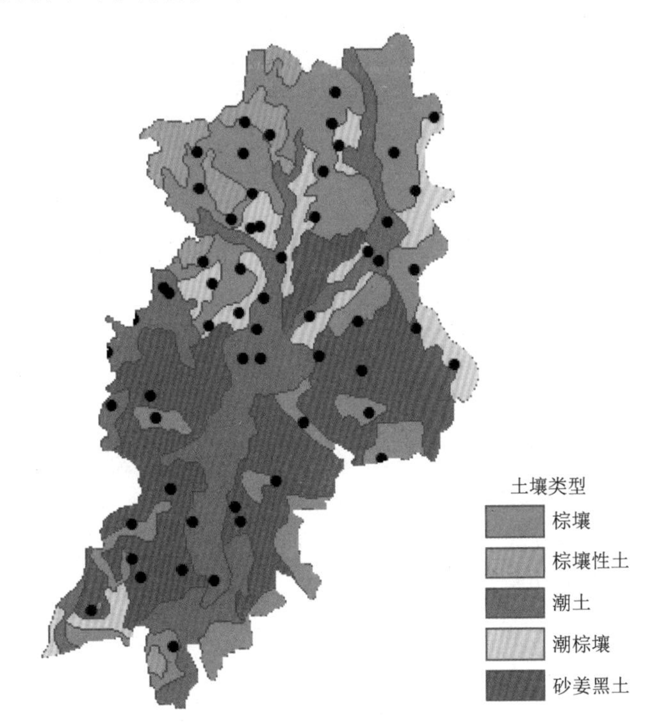


**图 7.1　大沽河流域土壤类型分布图**

**表 7.2　大沽河流域各地区 0～150 cm 土层储水量计算结果（单位：亿立方米）**

| | 耕地面积 /$10^8$ $m^2$ | 实际储存量 | 最大储存量 | 无效库容 | 最大次调节量 | 实际可利用量 |
|---|---|---|---|---|---|---|
| 平　度 | 13.09 | 3.18 | 4.44 | 2.40 | 2.00 | 0.78 |
| 莱　西 | 8.57 | 2.70 | 3.48 | 2.08 | 1.39 | 0.62 |
| 即　墨 | 7.41 | 2.51 | 2.76 | 1.31 | 1.45 | 1.20 |

续表

| | 耕地面积 /$10^8$ $m^2$ | 实际储存量 | 最大储存量 | 无效库容 | 最大次调节量 | 实际可利用量 |
|---|---|---|---|---|---|---|
| 胶　州 | 5.54 | 1.65 | 2.73 | 1.21 | 1.52 | 0.44 |
| 全流域 | 34.61 | 10.04 | 13.41 | 7.00 | 6.36 | 3.04 |

注:土壤水实际储存量为 2013 年 4 月 8 日的实测值。

# 7.3 基于 Hydrus-1D 土壤水资源量的计算

## 7.3.1 Hydrus-1D 软件简介

Hydrus-1D 软件是 1991 年由美国盐土实验室在 Worm 软件的基础上合开发的,作者是 Šimůnek J.、M. Th. van Genuchten 和 M. Šejna。它可用于模拟变饱和土壤中垂向一维水、热、溶质运移,其中水流方程采用经典的 Richards 方程,考虑了作物根系吸水和土壤持水能力的滞后影响,适用于恒定或非恒定的边界条件,具有灵活的输入输出功能,模型中方程解法采用 Galerkin 有限元法。

## 7.3.2 作物生长条件下土壤水分运动模型

### 7.3.2.1 土壤水分运动基本方程及定解条件

忽略土壤水平和侧向水流运动,仅考虑一维垂向运移,有根系吸水项的土壤水分运动方程为

$$C(h)\frac{\partial h}{\partial t}=\frac{\partial}{\partial z}\left[K(h)\frac{\partial h}{\partial z}-K(h)\right]-S(z,t) \tag{7.11}$$

式中,$C(h)$为比水容量($cm^{-1}$),$C(h)=d\theta/dh$,$\theta$ 为土壤体积含水量($cm^3 \cdot cm^{-3}$);$h$ 为压力水头(mm);$K(h)$为非饱和土壤导水率($cm \cdot d^{-1}$);$S(z,t)$为 $t$ 时刻 $z$ 深度处耗水速率,取该处作物根系吸水率($cm^3 \cdot d^{-1}$);$t$ 为时间(d);$z$ 为土壤深度(cm),坐标向下为正。

初始条件以模拟时段开始时的实测土壤体积含水量线性插值产生。

$$\theta=\theta_0(z) \quad 0\leqslant z\leqslant L \quad t=0 \tag{7.12}$$

式中,$L$ 为土体深度(cm)。

上边界采用通量已知的第二类边界条件,在模拟时段内逐日输入通过上界面的变量值,包括降水量、作物潜在蒸散发率和叶面积指数,叶面拦截雨量忽略不计。

$$\begin{cases}|K(h)(\partial h/\partial z)-K(h)|\leqslant E(t) & h_a\leqslant h\leqslant 0 \quad z=0 \quad t>0\\ h=h_a & h<h_a \quad z=0 \quad t>0\end{cases} \tag{7.13}$$

式中,$E(t)$表示土壤水分最大蒸发或最大入渗强度($cm \cdot d^{-1}$);$h_a$为地表最小的压力水头,我们设定为 16 000 cm。

下边界为自由排水边界,假设土体 150 cm 处基质势梯度为零。

$$\left.\frac{\partial h}{\partial z}\right|_{z=L}=0 \tag{7.14}$$

#### 7.3.2.2 土壤水力特征方程

描述土壤水力学特性的参数包括土壤水分特征曲线 $\theta(h)$，饱和导水率 $K_s$ 和非饱和导水率 $K(h)$。van Genuchten 在 1980 年将其导出的水分特征曲线函数形式与 Mualem(1976)模型相结合，给出特定解析表达式如下：

$$\theta=\theta_r+\frac{\theta_s-\theta_r}{[1+(\alpha h)^n]^m} \tag{7.15}$$

$$K(h)=\frac{K_s\{1-(\alpha h)^{mn}[1+(\alpha h)^n]^{-m}\}^2}{[1+(\alpha h)^n]^{m/2}} \tag{7.16}$$

式中，$\theta$ 是体积水分含量($cm^3\cdot cm^{-3}$)，$\theta_r$ 和 $\theta_s$ 分别为残余体积含水量和饱和体积含水量($cm^3\cdot cm^{-3}$)；$h$ 是压力水头(cm)；$\alpha(cm^{-1})$、$n$ 和 $m$ 为曲线形状参数，$m=1-1/n$。

#### 7.3.2.3 作物根系吸水模型

根系吸水率表示由于根系吸水而在单位时间内从单位体积土壤中流失的水分体积，本报告采用 van Genuchten 宏观根系吸水模型计算：

$$S(z,t)=\alpha(h,\pi)b(z)T_p \tag{7.17}$$

$$\alpha(h,\pi)=\frac{1}{1+\left(\frac{h+\pi}{h_{50}}\right)^p} \tag{7.18}$$

式中，$\alpha(h,\pi)$为土壤水分胁迫函数(S-Shape 模型)；$b(z)$为根系吸水率分布函数($cm^{-1}$)；$T_p$ 为作物潜在蒸腾率($cm\cdot d^{-1}$)；$\pi$ 是土壤溶质势(cm)，与根层中溶质浓度有关，当不考虑土壤盐分作用时，$\pi=0$；$h$ 是土壤基质势(cm)；$p$ 是经验常数，对冬小麦和夏玉米而言，$p\approx3$；$h_{50}$是作物潜在蒸腾率减少 50%时相应的土壤基质势(cm)，该值与作物生理特性有关，$h_{50}$的绝对值越大，作物耐旱吸水能力越强，我们设定冬小麦和夏玉米的 $h_{50}=-5\ 000$ cm。

根系吸水率分布函数 $b(z)$描述的是根区内根系吸水的空间变异，其表达式如下：

$$b(z)=\frac{b'(z)}{\int_0^{L_r}b'(z)\mathrm{d}z} \tag{7.19}$$

式中，$L_r$ 为根层深度(cm)；$b'(z)$是作物根系分布函数。

当模拟时段内作物根层深度随时间不断变化，在 Hydrus-1D 软件里面默认使用 Hoffman-van Genuchten(1983)函数来求解 $b(z)$：

$$b(z)=\begin{cases}1.666\ 67/L_r & z>L-0.2L_r\\ 2.083\ 3[1-(z_0-z)/L_r]/L_r & z\in(L-L_r,L-0.2L_r)\\ 0 & z<L-L_r\end{cases} \tag{7.20}$$

式中，$L$ 是土体深度(cm)。模拟时段内每天的 $L_r$ 值可以利用几个典型时期作物的 $L_r$ 值在 Hydrus-1D 软件中自动线性插值得出。

在模拟过程中，作物实际蒸腾率 $T_a$ 由根系吸水函数 $S(z,t)$在根层剖面上积分求出，作物潜在蒸腾率 $T_p$ 作为实际蒸腾率 $T_a$ 的上限：

$$T_a=\int_0^{L_r}S(h,z)\mathrm{d}z=T_p\int_0^{L_r}\alpha(h,z)b(z)\mathrm{d}z \tag{7.21}$$

#### 7.3.2.4 作物潜在蒸散发率的计算及划分

冬小麦和夏玉米的潜在蒸散发率 $ET_p$ 可以通过作物系数法来确定，但前提是要知道参照作物蒸散发率 $ET_0$。参照作物蒸散发率是一种假想的参照作物冠层的蒸散发速率。参照作物定义为生长一致，水分充足，作物高度 12 cm，固定的叶面阻力为 70 s · m$^{-1}$，反射率为 0.23，完全覆盖地面的绿色草地。目前一般采用联合国粮农组织(FAO)推荐 Penman-Monteith 方法进行计算，但由于这种方法需要较多的气象资料，包括气温、湿度、风速、日照时数等。在不具备完整的气象资料的情况下，我们可以采用 FAO 推荐的另一种计算方法——Hargreaves 公式来求解：

$$ET_0 = 0.002\,3R_a(T + 17.8)\sqrt{T_{max} - T_{min}} \tag{7.22}$$

式中，$ET_0$ 为参照作物蒸散发率(mm · d$^{-1}$)；$R_a$ 是外空辐射(MJ · m$^{-2}$ · d$^{-1}$)；$T$ 是日平均气温(℃)；$T_{max}$ 和 $T_{min}$ 分别为日最高和最低气温(℃)。

从上式可以看出，该方法只需要每天的气温资料，公式中日平均气温的计算公式为

$$T = \frac{T_{max} + T_{min}}{2} \tag{7.23}$$

外空辐射 $R_a$ 根据下式计算：

$$R_a = \frac{G_{sc}}{\pi} d_r [W_s \sin(\varphi)\sin(\delta) + \cos(\varphi)\cos(\delta)\sin(W_s)] \tag{7.24}$$

式中，$G_{sc}$ 为太阳常数(J · m$^{-2}$ · s$^{-1}$，1 360 w · m$^{-2}$)；$d_r$ 为日地相对距离的倒数(—)；$W_s$ 为日照时数角(rad)；$\varphi$ 为地理纬度(rad)；$\delta$ 为日倾角(rad)。

日地相对距离的倒数 $d_r$ 按下式计算：

$$d_r = 1 + 0.033\cos(2\pi J/365) \tag{7.25}$$

式中，$J$ 为日序数(d)，如果为 1 月 1 日，$J = 1$，此后逐日累加。

日照对数角的计算公式为

$$W_s = \arccos[-\tan(\varphi)\tan(\delta)] \tag{7.26}$$

其中：

$$\delta = 0.409\sin(2\pi J/365 - 1.39) \tag{7.27}$$

由公式(7.22)~(7.27)可以求出参照作物蒸散发率 $ET_0$，然后将计算的 $ET_0$ 乘以冬小麦和夏玉米生育期各个阶段的作物系数 $K_c$，可以得到作物潜在蒸散发率 $ET_p$：

$$ET_p = K_c \times ET_0 \tag{7.28}$$

作物潜在蒸散发率 $ET_p$ 又可以通过 Ritchie 公式(1972)划分为作物潜在蒸腾率 $T_p$ 和棵间潜在土壤蒸发率 $E_p$：

$$\begin{cases} T_p = (1 - e^{-k\times LAI})ET_p \\ E_p = ET_p - T_p \end{cases} \tag{7.29}$$

式中，$LAI$ 是叶面积指数；$k$ 为经验常数，是 Hydrus-1D 软件中需要输入的参数，我们设定 $k = 0.438$。

### 7.3.3 模型离散化

#### 7.3.3.1 空间离散

模拟土层深度为 0~150 cm，土壤剖面质地均匀取为 1 层，按 1.5 cm 等间隔剖分成

100 个单元，101 个节点。

#### 7.3.3.2　时间离散

模拟时段从 2013 年 1 月 1 日至 2013 年 12 月 31 日共 365 d。采用变时间步长剖分计算，初始时间步长 0.001 d，最小和最大时间步长分别为 $1\times10^{-5}$ d 和 5 d。

### 7.3.4　模型相关参数的确定

以大沽河流域 3 种典型土壤类型的冬小麦—夏玉米连作农田为研究对象，土壤基本理化性质见表 7.3，利用本报告第 4 章中构建的 $PTF_s$ 估算 van Genuchten 方程中的参数 $\theta_s$、$\alpha$ 和 $n$，$K_s$ 则由圆盘渗透仪田间直接测定，从而得到全部土壤水力性质参数(表 7.4)。根据冬小麦和夏玉米生育期内若干典型时期的根层深度 $L_r$(表 7.5)，在 Hydrus-1D 软件中线性插值可以得到每天的 $L_r$ 值。作物系数 $K_c$ 值很难确定，本报告采用“华北平原作物水分胁迫与干旱研究”课题组(1991)所提供的冬小麦和夏玉米的 $K_c$ 值(表 7.6～7.7)。作物叶面积指数($LAI$)则参照董艳慧(2007)在华北平原研究中的实测数据(表 7.8)，同样根据典型日期作物的叶面积指数，通过线性插值可以得到每天的 $LAI$ 值。

**表 7.3　供试土壤理化性质**

| 土壤类型 | 质　地 | 砂　粒 | 粉　粒 | 黏　粒 | 有机质/(g·kg$^{-1}$) | 容重/(g·cm$^{-3}$) |
|---|---|---|---|---|---|---|
| 棕　壤 | 壤　土 | 0.487 | 0.375 | 0.138 | 14.98 | 1.45 |
| 潮　土 | 砂质壤土 | 0.626 | 0.255 | 0.119 | 10.14 | 1.49 |
| 砂姜黑土 | 黏壤土 | 0.233 | 0.455 | 0.312 | 11.79 | 1.51 |

**表 7.4　供试土壤水力性质参数**

| 土壤类型 | $\theta_r$ | $\theta_s$ | $\alpha$ | $n$ | $K_s$/(cm·d$^{-1}$) |
|---|---|---|---|---|---|
| 棕　壤 | 0 | 0.393 | 0.013 2 | 1.464 | 17.53 |
| 潮　土 | 0 | 0.386 | 0.027 6 | 1.396 | 33.47 |
| 砂姜黑土 | 0 | 0.451 | 0.008 8 | 1.484 | 12.24 |

**表 7.5　冬小麦和夏玉米不同生育期的根层深度**

| | 冬小麦 | | | 夏玉米 | |
|---|---|---|---|---|---|
| | 播种期 | 拔节期 | 成熟期 | 播种期 | 成熟期 |
| $L_r$/cm | 0 | 70 | 150 | 0 | 80 |

**表 7.6　冬小麦不同生育期的 $K_c$ 值**

| | 播种～冬前 | 越冬期 | 返青～拔节 | 拔节～抽穗 | 抽穗～灌浆 | 灌浆～成熟 |
|---|---|---|---|---|---|---|
| $K_c$ | 0.76 | 0.60 | 0.91 | 1.23 | 1.22 | 0.88 |

**表 7.7　夏玉米不同生育期的 $K_c$ 值**

| | 播种～拔节 | 拔节～抽穗 | 抽穗～灌浆 | 灌浆～成熟 |
|---|---|---|---|---|
| $K_c$ | 0.90 | 1.25 | 1.26 | 1.05 |

表 7.8　冬小麦和夏玉米不同生育期的叶面积指数

| | 冬小麦 | | | | 夏玉米 | | | |
|---|---|---|---|---|---|---|---|---|
| | 拔　节 | 抽　穗 | 灌　浆 | 成　熟 | 拔　节 | 抽　穗 | 灌　浆 | 成　熟 |
| *LAI* | 3.3 | 4.5 | 4.6 | 3.5 | 2.5 | 4.0 | 4.5 | 3.5 |

## 7.3.5　结果分析

根据2013年1月1日至12月31日大沽河流域的水文气象资料，气温数据用来计算参照作物蒸散发率 $ET_0$，降水量作为模型的上边界条件则需要在模型中逐日输入，由于研究区范围较大，降水时空分布很不均匀，这里以莱西市的降水数据为例进行计算。当所有参数以及初边值条件设定完成后就可以进行数值模拟，模拟结果见表7.9。

表 7.9　水均衡各项模拟结果(单位:mm)

| | 降水量 | 地表径流 | 根系吸水 | 棵间蒸发 | 深层渗漏 | 蓄水变化 |
|---|---|---|---|---|---|---|
| 棕壤农田 | 639.9 | 0 | 351.2 | 183.5 | 168.7 | −63.5 |
| 潮土农田 | 639.9 | 0 | 352.4 | 172.6 | 185.6 | −70.7 |
| 砂姜黑土农田 | 639.9 | 0 | 360.1 | 154.2 | 153.1 | −27.5 |

从表7.9可知，2013年研究区全年降水总量为639.9 mm，每次降雨后均难以形成有效的地表径流，水分都会很快下渗到下层土壤中。不同土壤类型农田的蒸散量(根系吸水与棵间蒸发之和)相差不大，平均524.7 mm，其中作物蒸腾量明显大于棵间蒸发量，前者约为后者的2倍。由于不同土壤类型农田的 $K_s$ 不同，因而模拟计算深层渗漏量的差异也较大，一般 $K_s$ 越大，土壤水渗漏的也越多，潮土的 $K_s$ 约为砂姜黑土的3倍，一年中潮土农田的渗漏量比砂姜黑土农田要高出32.5 mm。从蓄水变化量来看，全年始末砂姜黑土农田土壤水实际储存量稍有所减少，而棕壤和潮土农田土壤的储水量平均减少了67.1 mm。

根据式(7.8)，土壤水资源量实为农田蒸散量与土层蓄水变化量之和，因此很容易计算出棕壤、潮土和砂姜黑土农田的土壤水资源量分别为471.2 mm、454.3 mm和486.8 mm。同样，根据不同土壤类型农田所占的面积比例，可加权求得全年平均土壤水资源量为445.3 mm，也就是说，这一年中降水总量的69.6%转化成为土壤水资源，然后将该值乘以流域耕地面积34.61万公顷，即得出2013年度大沽河流域土壤水资源量为15.41亿立方米。

# 第8章

# 田块尺度土壤水/地下水运动的数值模拟

土壤水是地表水、地下水以及大气降水相互联系的纽带，既是大气水的主要储存转换场所，也接受地表水与地下水的部分补给，尤其是在地下水位埋藏较浅的区域或季节，地下水与土壤水之间交换频繁。当地下水埋深小于极限深度时，地下水可通过毛细作用上升补给土壤水，地下水的作用对土壤水含水量的时空分布及其运移规律产生很大影响，地下水的向上补给增大了土壤中水分含量。地下水极限埋深系指地下水不能上升至土壤上层，由潜水面上移流量为0时的地下水埋深。地下水极限埋深与土壤质地、气候、植被等因素有关。大量研究表明，在华北地区地下水极限埋深为3.0～4.0 m。土壤水与地下水转化过程如图8.1所示。

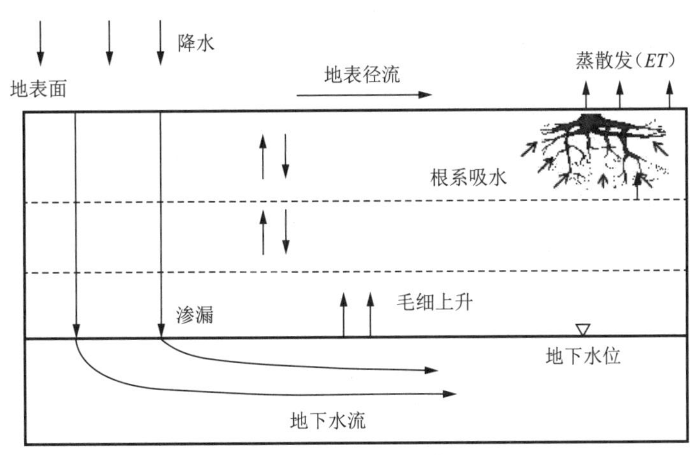


图8.1　土壤水与地下水转化过程示意

大沽河流域中南部地区，分布着大面积的地下水浅埋区，地下水埋深常常小于其极限埋深，土壤水带与地下水位上部的毛细水带水力交换频繁。受季节性降雨以及强烈蒸发的影响，降水、土壤水和地下水之间的关系非常密切，降水入渗补给地下水，地下水通过毛细作用上升补给土壤，供植物生长需要。本书选择即墨市移风店镇的一块农田作为大沽河流域地下水浅埋区的典型代表点，建立土壤水/地下水运动的耦合模型。

## 8.1 土壤水/地下水运动耦合模型

土壤水/地下水运动模型的建立参照Šimůnek的Hydrus package for MODFLOW，把对土壤水分运动的模拟作为一个子程序耦合到地下水运动模型MODFLOW中。土壤水/地下水耦合模型包含两大部分：Hydrus子模块和MODFLOW主模块。Hydrus子模块基于Šimůnek等编译的Hydrus-1D源程序，考虑了土壤水分运动的主要过程和影响因素，如降水、蒸发、渗透、再分配、毛细上升、植物根系吸水、地表积水和径流、土壤水储量等。MODFLOW模块基于Harbaugh等编译的MODFLOW-2000源程序，主要用来模拟各种条件下水流在地下含水层中的运动。耦合模型把土壤水流简化为垂向一维流动，用有限个土壤柱来代表整个区域内的土壤变化，把地下水流简化为平面二维流动，这样整个饱和非饱和系统被简化为准三维流动，其中土壤柱的个数由土壤的空间变异程度来决定。

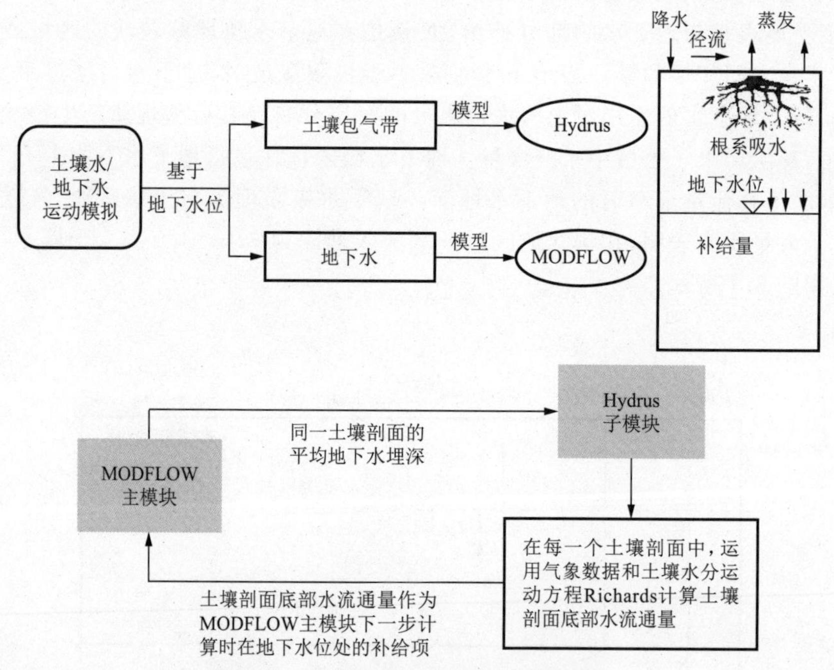


图8.2 土壤水/地下水耦合模型示意图

Hydrus-MODFLOW耦合模型中，水分在土壤和地下水中的流动分别采用不同的方程，土壤中水分的运动采用修正的Richards方程，具体形式同7.3.2节，方程求解采用伽辽金线性有限元法。根系吸水同样采用van Genuchten宏观吸水模型计算：

$$S(z,t)=\alpha(h,\pi)b(z)T_{p} \tag{8.1}$$

此时，$\alpha(h,\pi)$水分胁迫函数选择Fedds模型，Feddes模型是一个梯形函数，只需要知道$h$值。

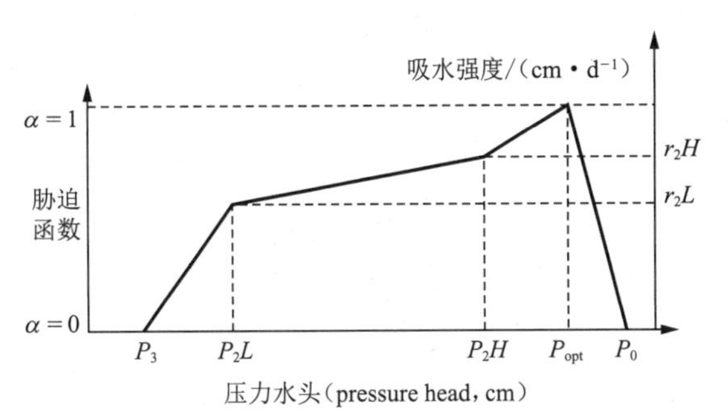


**图 8.3　Fedds 水分胁迫函数**

式中，$P_0$ 为根系开始吸水的最高土壤基质势；$P_{opt}$ 为根系吸水最大可能速率临界土壤基质势；$P_2H$ 为蒸腾速率为 $r_2H$ 时的临界土壤水势；$P_2L$ 为蒸腾速率为 $r_2L$ 时的临界土壤水势；$P_3$ 为根系吸水萎蔫点土壤基质势；$r_2H$ 为最高潜在蒸腾速率；$r_2L$ 为最低潜在蒸腾速率。

地下水流动数值模拟的理论基础是孔隙介质中地下水二维运移方程、定解条件及数值计算方法。运动方程根据质量守恒定律导出，定解条件由模拟计算区域地下水的初始条件与计算区域的边界条件给定，地下潜水非稳定流的二维运动偏微分方程为

$$
\begin{aligned}
&\frac{\partial}{\partial x}\left(Kh\frac{\partial H}{\partial x}\right)+\frac{\partial}{\partial y}\left(Kh\frac{\partial H}{\partial y}\right)+W=\mu\frac{\partial H}{\partial t}\\
&H(x,y,0)=H_0(x,y)\quad (x,y)\in D;\quad t=0\\
&H(x,y,t)|_{\Gamma_{2-1}}=\varphi(x,y,t)\quad (x,y)\in\Gamma_{2-1};\quad t>0\\
&Kh\frac{\partial H}{\partial n}\bigg|_{\Gamma_{2-2}}=q(x,y,t)\quad (x,y)\in\Gamma_{2-2};\quad t>0\\
&\frac{\partial H}{\partial n}\bigg|_{\Gamma_{2-3}}=0\quad (x,y)\in\Gamma_{2-3};\quad t>0
\end{aligned}
\tag{8.2}
$$

式中，$K$ 为渗透系数($m\cdot d^{-1}$)；$h$ 为潜水流的厚度(m)；$H$ 为含水层任一点的水头标高(m)；$W$ 为单位时间单位面积上的垂直水量交换($m\cdot d^{-1}$)；$\mu$ 为给水度；$t$ 为时间(d)；$q(x,y,t)$ 为侧向补给量；$\varphi$ 为 $\Gamma_{2-1}$ 上的已知函数；$\Gamma_{2-1}$ 为一类边界，定水头边界；$\Gamma_{2-2}$ 为二类边界，隔水边界；$\Gamma_{2-3}$ 为二类边界，侧向补给边界。

## 8.1.1　模型空间离散

土壤水/地下水耦合模型的运行效率很大程度上依赖于相互作用的两个模块的空间和时间离散。MODFLOW 模块通过对质量守恒方程的有限差分来求解，从而得到偏微分方程的解在离散点上的近似值。地下水流区域的空间离散参照 Harbaugh 等的离散方法，含水层被离散成许多网格，含水层上部的土壤剖面数量最多可与网格数相同。根据土壤的水力学性质、地形特征及该区地下水埋深等的不同，土壤包气带层被划分为不同区域，每个区域可包含一个或多个网格单元，如图 8.4 所示，该分区内包气带中水分的运动可以用一维的 Hydrus 模块来求解。

把每个土壤分区的土壤剖面离散为有限个单元，每个单元在节点处相互连接，在模拟过程中有限单元网格大小不变。根据土壤质地的不同赋予每个单元不同的水力学参数，并保证模型运算过程中土壤剖面的底部边界始终处于地下水位以下，土壤剖面底部边界

的水头值为该分区内所有单元网格的地下水位平均值，即

$$土壤剖面底部水头值 = 地表高程 - 地下水埋深 - 土壤剖面底部高程$$

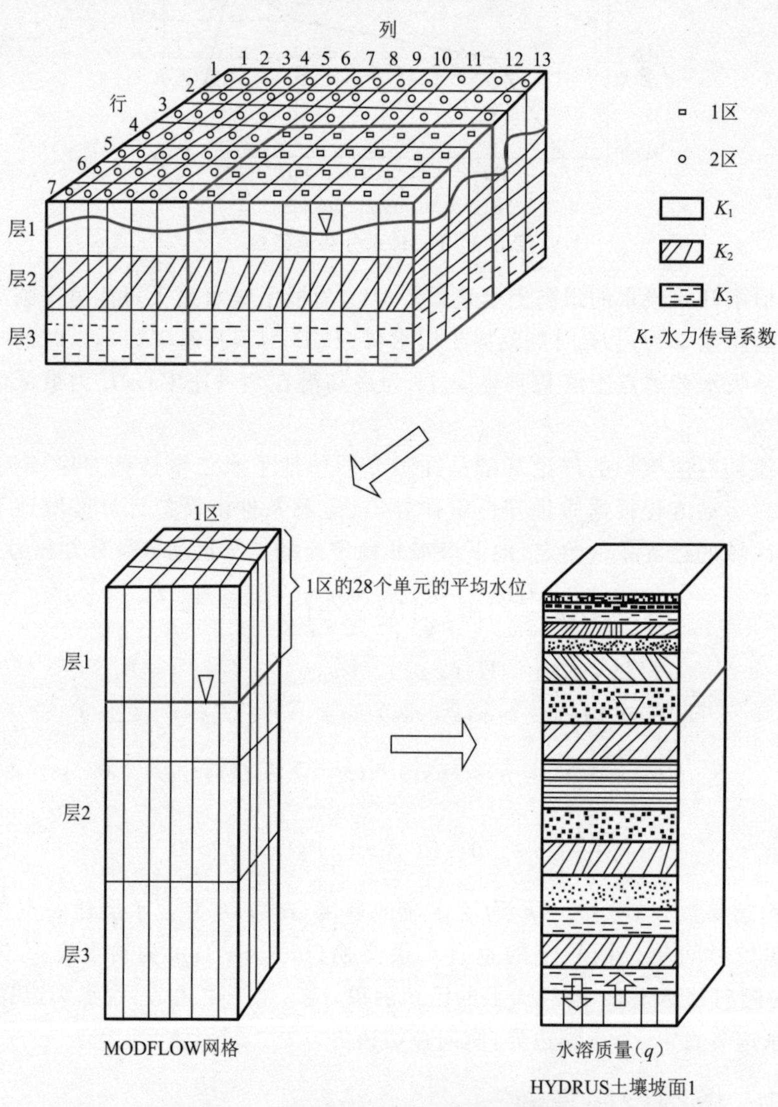


**图 8.4　含水层和土壤剖面的空间离散**

## 8.1.2　模型时间离散

Hydrus 和 MODFLOW 模块在求解水分运动过程中可以选用不同的时间步长，这在一定程度上提高了模型的运行效率。与地下水流运动模拟的时间步长相比，运用伽辽金有限元法对 Richards 方程进行求解时，往往需要比较小的时间步长。图 8.5 显示了两个模块的耦合计算过程，在 MODFLOW 的每一个时间步长内，Hydrus 模块通过多次迭代求解 Richards 方程得到土壤剖面底部流量，MODFLOW 获得该流量经计算得到一个新的水位，作为下一计算步长内土壤剖面底部边界的水头值。

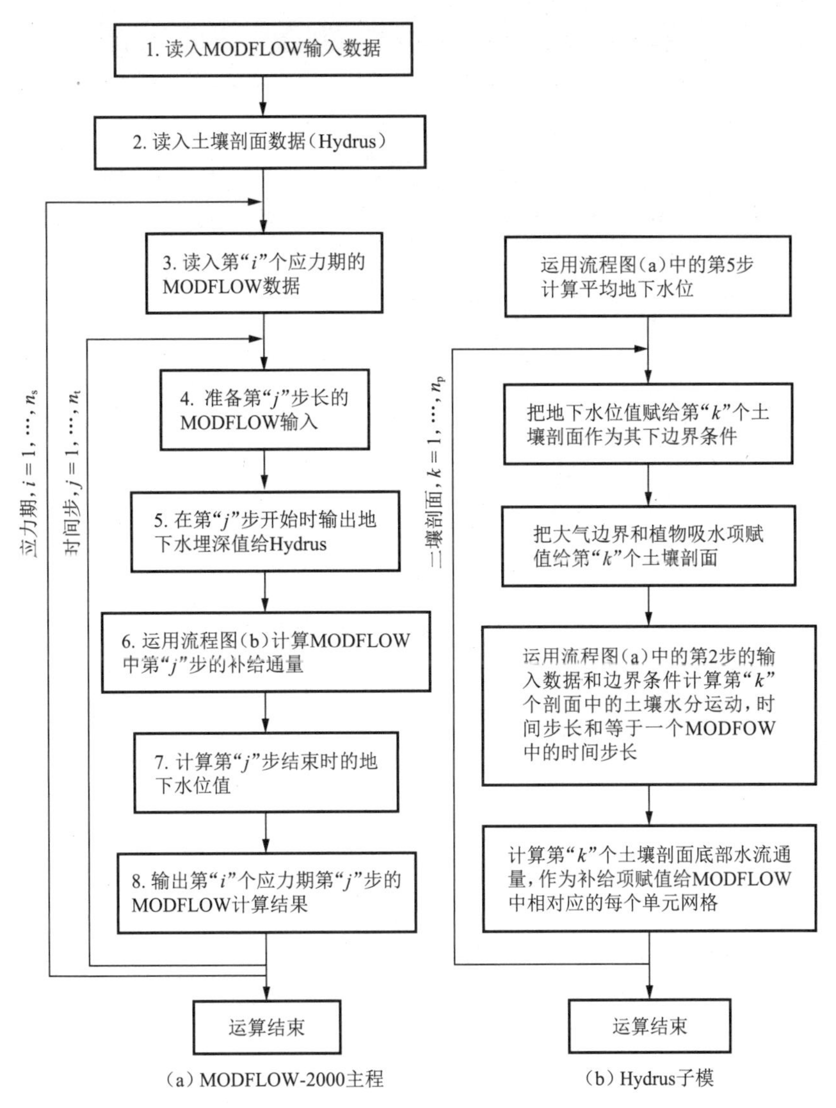


**图 8.5　土壤水/地下水耦合模型流程图**

(a) MODFLOW 运算过程；(b) 一个 MODFLOW 运算步长内 Hydrus 的计算过程

($i$，应力期；$j$，时间步；$k$，剖面号；$n_t$，时间步数；$n_s$，应力期数；$n_p$，土壤剖面数)

## 8.1.3　输入输出文件

一个完整的土壤水/地下水模拟过程包含三个部分：输入、核心计算和输出。模型的输入信息按照描述模型的功能分为不同的文件，各个文件单独记录有关土壤水/地下水模型建立所需的参数，如确定模型结构的离散文件(DIS)、描述含水层性质的含水层特性水流文件(LPF)、包气带土壤水分运动文件(UNS)、包含各类外应力信息的子程序包文件(即源汇项文件，WEL 等)、输出控制文件(OC)、计算方法文件(PCG)、输出文件(.SHD)等。所有文件及其所在磁盘路径存放于一个文件名文件(NAME)中，核心计算程序通过调用该文件，读取模型数据利用迭代法计算，达到收敛后输出数据结果。

```
E:\专业软件\HYDRUS package for modowflo...
----+----1----+----2----+----3----+----4----+----5----+---
 1  # daguhe
 2  #
 3  # Output files
 4  global          11      daguhe.glo
 5  list            12      daguhe.lst
 6  #
 7  # Global input files
 8  dis             21      daguhe.dis
 9  zone            23      daguhe.zon
10  #
11  # Flow process input files
12  bas6            31      daguhe.ba6
13  lpf             32      daguhe.lpf
14  pcg             33      daguhe.pcg
15  oc              34      daguhe.oc
16  unsf            35      daguhe.uns
17  data           42     daguhe.shd
18
```

图 8.6 NAME 文件

# 8.2 示范区的基本情况

## 8.2.1 试验区概况

试验区域地处青岛市即墨市移风店镇上泊村(36°33′N,120°12′E),位于胶东半岛西部(图 8.7),地处大沽河下游河谷冲积平原,海拔高度 18 m 左右,试验用地面积约 120 亩,东

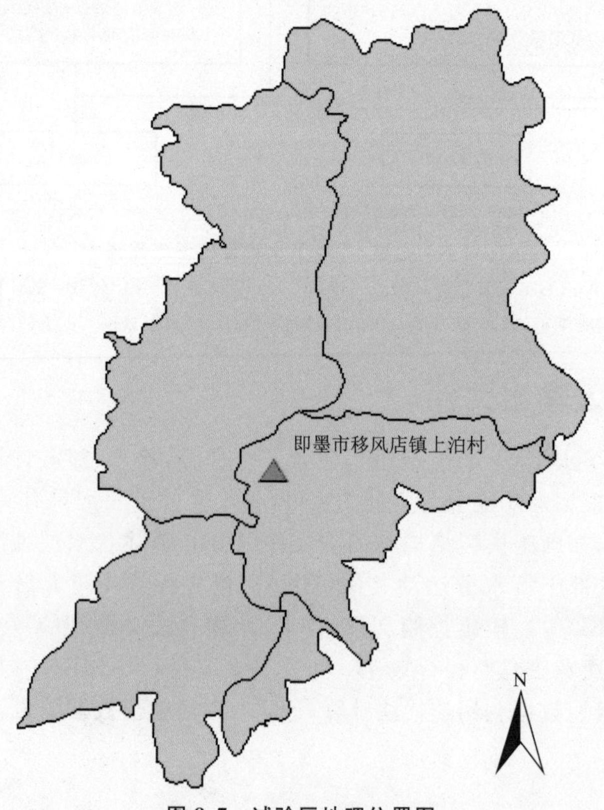


图 8.7 试验区地理位置图

西长 275.0 m，南北长 290.0 m，地处大沽河流域下游含砂层内。试验区农作物主要为小麦—玉米轮作。

为了获取地表到地下水含水层的岩土分布情况及水流在含水砂层中的渗透系数，在试验区内进行了打井抽水试验。在试验区的南、北两面各打 3 个地下水观测孔，在示范区沿东西向中轴线上布设 2 个抽水试验孔，孔口直径 127 mm，观测井与抽水井分布情况见图 8.8。钻探深度要打穿整个第四系松散层，并记录地层情况，下图仅给出了 1 号和 8 号井的钻孔柱状图。

根据勘探测试成果及野外调查，试验区场地勘探深度范围内的土壤主要由第四系全新统松散堆积物、洪冲积物组成，下伏基岩为中生界白垩系王氏群泥岩，其地层结构简单、层序清晰。按地质成因类型、岩性及工程地质特性将其划分为 4 个主要地层，第一层为耕土，层厚 0.8～1.1 m，以黏性土为主，含大量植物根系及少量砂粒，为第四系全新统人工填土；第二层为粉质黏土，层厚 0.8～2.0 m，局部夹有薄砂层；第 3 层为细中砂，层厚 2.0～4.0 m，试验区内均匀分布，砂粒为石英、长石为主，含少量黏粒，局部相变为粗砂粒，颗粒呈次棱角状，富水性强，导水性好，第二层与第三层均为第四系全新统冲洪积物；第四层强风化泥岩，层厚 0.2～0.7 m，为基岩，钻探揭示场区基岩为中生界白垩系王氏群泥岩，基岩面埋深中等，基岩面平缓，场内均有分布。

研究区勘探深度范围内的地下水均为第四系浅层地下水，主要含水层为第三层细中砂，实测稳定水位埋深为 4.02～4.55 m，标高为 13.05～13.93 m。主要补给来源是大气降水，除此之外还有临区补给，降水量、降水强度、土壤带性质、植被覆盖、地下水埋藏情况等是影响降雨对地下水补给的主要影响，排泄以地下径流和植物蒸腾、土面蒸发为主。地下水与土壤水之间关系密切，尤其是雨季，降雨量大，地下水埋藏浅，两者之间具有相互补排关系，地下水可通过毛细作用，进入土壤包气带，土壤水也可渗漏到地下水当中，试验区地下水位年变化幅度在 2.0 m 左右。

## 8.2.2　抽水试验及渗透系数的求取

### 8.2.2.1　稳定流完整井抽水试验法

钻探结束后，进行洗井和稳定流多孔抽水试验，对两个抽水井分别进行抽水，当一个抽水井抽水时，另一个抽水井作为观测井，记录 8 口井的地下水位变化及堰箱的变化，以求取含水层的渗透系数。抽水试验结束后，两个抽水井作为观测孔，继续观测地下水位的变化情况。

渗透系数 $K$ 的计算采用稳定流潜水完整井多孔抽水试验法：

$$K=\frac{0.732Q}{(2H-S_1-S_2)(S_1-S_2)}\lg\frac{r_2}{r_1} \tag{8.3}$$

影响半径 $R$ 的计算公式为

$$\lg R=\frac{S_1(2H-S_1)\lg r_2-S_2(2H-S_2)\lg r_1}{(2H-S_1-S_2)(S_1-S_2)} \tag{8.4}$$

式中，$K$ 为含水层渗透系数($\mathrm{m\cdot d^{-1}}$)；$R$ 为影响半径(m)；$Q$ 为抽水井出水量($\mathrm{m^3}$)；$H$ 为潜水层厚度(m)；$S_1$、$S_2$为观测孔水位下降值(m)；$r_1$、$r_2$为观测孔至抽水井距离(m)。

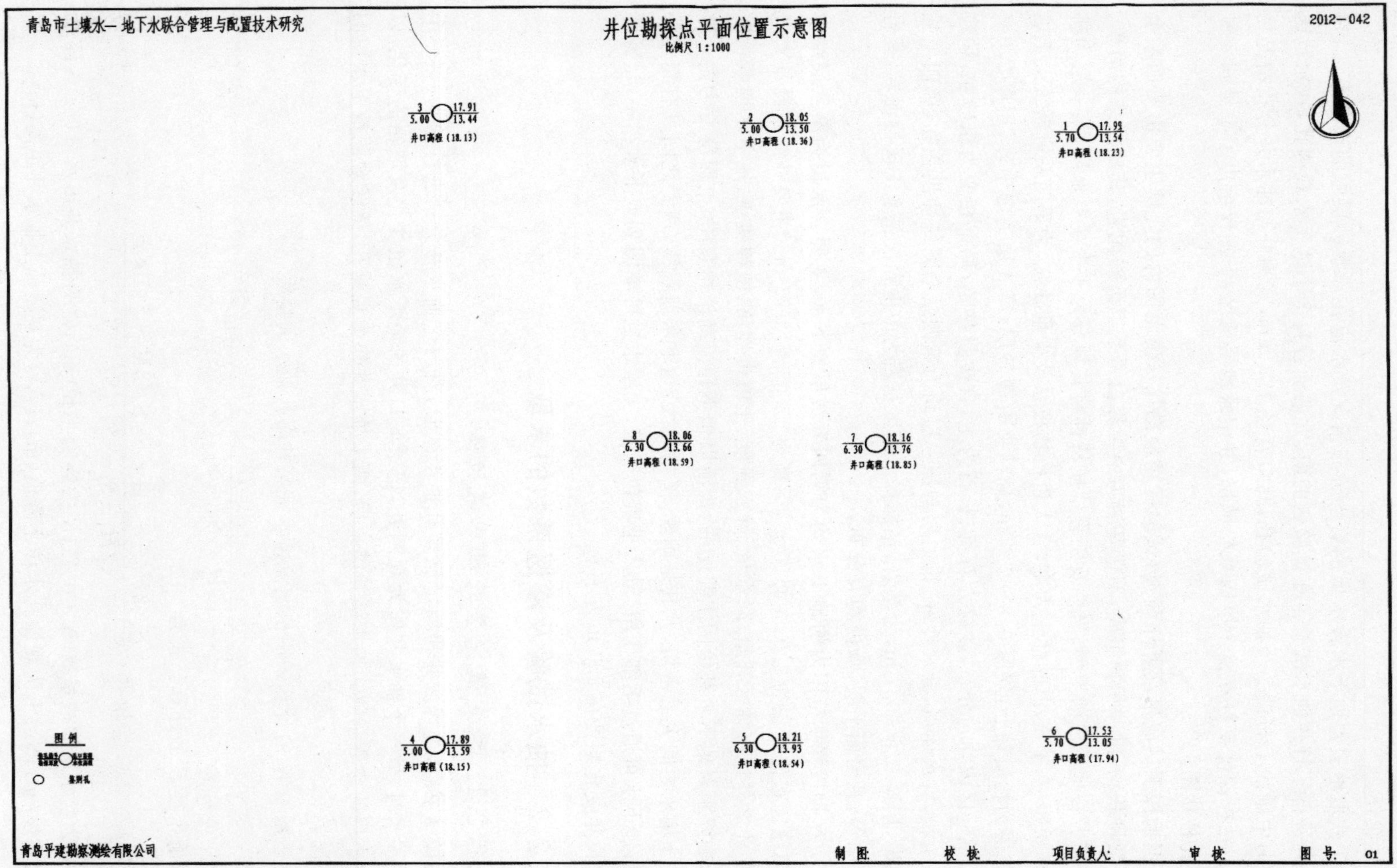

青岛市土壤水—地下水联合管理与配置技术研究

井位勘探点平面位置示意图

比例尺 1:1000

2012—042

3 5.00 17.91 13.44 井口高程（18.13）

2 5.00 18.05 13.50 井口高程（18.36）

1 5.70 17.99 13.54 井口高程（18.23）

8 6.30 18.06 13.66 井口高程（18.59）

7 6.30 18.16 13.76 井口高程（18.85）

图例

4 5.00 17.89 13.59 井口高程（18.15）

5 6.30 18.21 13.93 井口高程（18.54）

6 5.70 17.53 13.05 井口高程（17.94）

青岛平建勘察测绘有限公司　制图:　校核:　项目负责人:　审核:　图号: 01

图 8.8　各观测孔与抽水井分布平面图

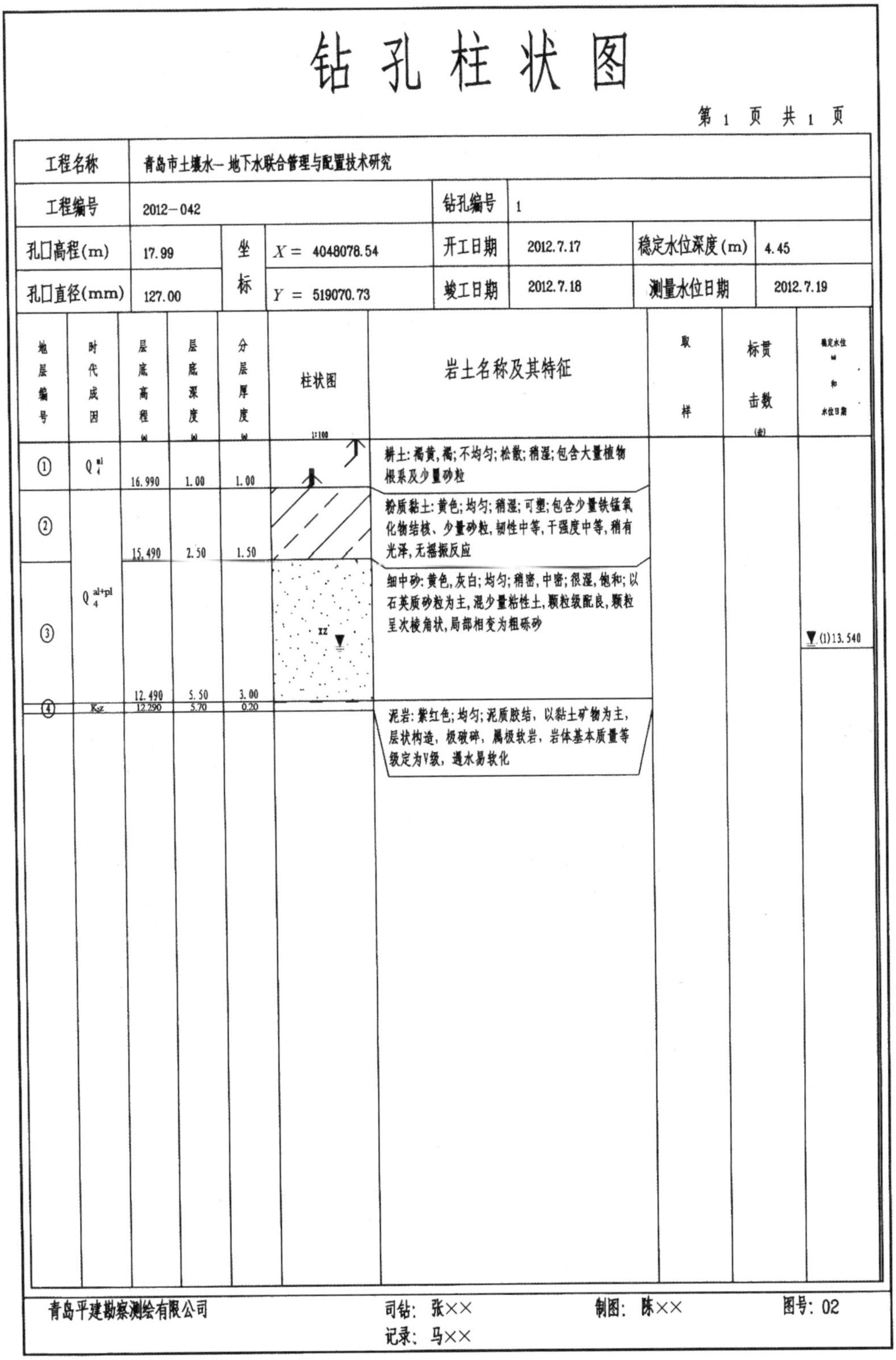

# 钻孔柱状图

第1页 共1页

| 工程名称 | 青岛市土壤水—地下水联合管理与配置技术研究 | | | | | | |
|---|---|---|---|---|---|---|---|
| 工程编号 | 2012—042 | | | 钻孔编号 | 1 | | |
| 孔口高程(m) | 17.99 | 坐标 | X＝ 4048078.54 | 开工日期 | 2012.7.17 | 稳定水位深度(m) | 4.45 |
| 孔口直径(mm) | 127.00 | | Y ＝ 519070.73 | 竣工日期 | 2012.7.18 | 测量水位日期 | 2012.7.19 |

| 地层编号 | 时代成因 | 层底高程(m) | 层底深度(m) | 分层厚度(m) | 柱状图 1:100 | 岩土名称及其特征 | 取样 | 标贯击数(击) | 稳定水位(m)和水位日期 |
|---|---|---|---|---|---|---|---|---|---|
| ① | $Q_4^{ml}$ | 16.990 | 1.00 | 1.00 | | 耕土：褐黄，褐；不均匀；松散；稍湿；包含大量植物根系及少量砂粒 | | | |
| ② | $Q_4^{al+pl}$ | 15.490 | 2.50 | 1.50 | | 粉质黏土：黄色；均匀；稍湿；可塑；包含少量铁锰氧化物结核、少量砂粒，韧性中等，干强度中等，稍有光泽，无摇振反应 | | | |
| ③ | | 12.490 | 5.50 | 3.00 | xz | 细中砂：黄色，灰白；均匀；稍密，中密；很湿，饱和；以石英质砂粒为主，混少量粘性土，颗粒级配良，颗粒呈次棱角状，局部相变为粗砾砂 | | | (1)13.540 |
| ④ | Kz | 12.290 | 5.70 | 0.20 | | 泥岩：紫红色；均匀；泥质胶结，以黏土矿物为主，层状构造，极破碎，属极软岩，岩体基本质量等级定为V级，遇水易软化 | | | |

青岛平建勘察测绘有限公司　司钻：张××　记录：马××　制图：陈××　图号：02

图8.9　示范区钻孔柱状图

# 钻孔柱状图

第 1 页 共 1 页

| 工程名称 | 青岛市土壤水—地下水联合管理与配置技术研究 | | | | | | |
|---|---|---|---|---|---|---|---|
| 工程编号 | 2012—042 | | | 钻孔编号 | 8 | | |
| 孔口高程(m) | 18.06 | 坐标 | $X=$ 4047933.39 | 开工日期 | 2012.7.15 | 稳定水位深度(m) | 4.40 |
| 孔口直径(mm) | 127.00 | | $Y=$ 518893.94 | 竣工日期 | 2012.7.16 | 测量水位日期 | 2012.7.17 |

| 地层编号 | 时代成因 | 层底高程(m) | 层底深度(m) | 分层厚度(m) | 柱状图 1:100 | 岩土名称及其特征 | 取样 | 标贯击数(击) | 稳定水位(m)和水位日期 |
|---|---|---|---|---|---|---|---|---|---|
| ① | $Q_4^{ml}$ | 17.060 | 1.00 | 1.00 | | 耕土：褐黄，褐；不均匀；松散；稍湿；包含大量植物根系及少量砂粒 | | | |
| ② | | 16.060 | 2.00 | 1.00 | | 粉质黏土：黄色；均匀；稍湿；可塑；包含少量铁锰氧化物结核、少量砂粒，韧性中等，干强度中等，稍有光泽，无摇振反应 | | | |
| ③ | $Q_4^{al+pl}$ | 12.060 | 6.00 | 4.00 | xz ▼ | 细中砂：黄色，灰白；均匀；稍密，中密；很湿，饱和；以石英质砂粒为主，混少量粘性土，颗粒级配良，颗粒呈次棱角状，局部相变为粗砾砂 | | | ▼(1)13.660 |
| ④ | $K_2z$ | 11.760 | 6.30 | 0.30 | | 泥岩：紫红色；均匀；泥质胶结，以黏土矿物为主，层状构造，极破碎，属极软岩，岩体基本质量等级定为V级，遇水易软化 | | | |

青岛平建勘察测绘有限公司　　司钻：张××　记录：马××　　制图：陈××　　图号：09

图 8.9(续)　示范区钻孔柱状图

由现场抽水试验数据，根据公式(8.3)和(8.4)按照每两个观测孔不同的排列方式进行计算，渗透系数 $K$ 和影响半径 $R$ 的计算结果如表8.1所示。

**表8.1 渗透系数 K 与影响半径 R 的计算值**

| 水文参数 | 根据不同观测孔水位降深资料的计算值 | | | | | | | | 平均值 |
|---|---|---|---|---|---|---|---|---|---|
| 渗透系数 $K$ /$(\mathrm{m\cdot d^{-1}})$ | 28.36 | 49.20 | 27.74 | 37.24 | 55.29 | 24.26 | 16.77 | 34.92 | 34.23 |
| 影响半径 $R$/m | 105.00 | 110.00 | 95.00 | 101.00 | 118.00 | 97.00 | 96.00 | 107.00 | 104.00 |

#### 8.2.2.2 电阻率法推求含水层渗透系数初探

近年来利用地球物理方法间接推求含水层的渗透系数、刻画其非均质性逐渐引起重视。地球物理方法的测量过程快速、高效，通过处理测量所得的地球物理数据，可推求含水层的渗透系数值及其在空间上的分布。

虽然水流和电流在相同地下含水介质中运动存在物理机制上的本质差异，但二者的基本控制方程却有极大的相似性。正是这种相似性，为利用电阻率数据来推求含水介质的渗透系数提供了理论基础。水流和电流在地下介质中运动的基本控制方程分别为 Darcy 定律和 Ohm's 定律，其微分形式为

$$V=-K\frac{\mathrm{d}H}{\mathrm{d}S} \tag{8.5}$$

$$j=-\sigma\frac{\mathrm{d}u}{\mathrm{d}R} \tag{8.6}$$

式中，$V$ 为渗透流速；$K$ 为渗透系数；$H$ 为地下水水位；$S$ 为沿水流方向的距离；$j$ 为电流密度；$\sigma$ 为电导率，$\sigma=1/\rho$($\rho$ 为电阻率)；$u$ 为电位；$R$ 为沿电场方向的距离。

水流和电流在地下介质中运动的基本控制方程间接地说明了其相对应的物理量之间存在的相关性，这种相关性表现在这两个物理量主要影响因素上的类同；另外，这种统一也说明了地下介质中渗流场和电流场在反映客观物理实质上是统一的。

水流和电流在地下介质中运动，分别通过 $K$ 和 $\sigma$ 来反映介质特征，而介质的物理条件既控制了水流的运动，同样也控制着电流的运动。结合方程的统一性，其表征条件的 $K$ 和 $\sigma$ 在物理意义上也应能够实现统一，这两个物理量都描述了介质对某种流体(水)或场的传导能力。

根据赫伯特(1965)的研究，流体的黏滞系数 $\mu$、密度 $r$ 与渗透系数 $K$ 的关系为

$$K=\frac{Rr}{\mu} \tag{8.7}$$

式中，$R$ 为渗透率。岩石的渗透率 $R$ 与孔隙度 $\varphi$ 之间的关系极为复杂，阿尔奇得出的经验公式为

$$R=a_1\Phi^{b_1} \tag{8.8}$$

若将充填于岩石孔隙中水的电阻率 $\rho_0$、水的黏滞系数 $\mu$ 和水的密度 $r$ 近似看成常数，由上式和达西定律可得渗透系数与含水层相对电阻率的关系式：

$$K=a_2\rho_r^{b_2} \tag{8.9}$$

式中，$a_2$，$b_2$ 为常数，相对电阻率 $\rho_r=\left(\dfrac{\rho}{\rho_0}\right)$ 来表示，以便消除水的矿化度对含水层电阻率 $\rho$

的影响。

图 8.10 为用 E60M 高密度电法仪测得的示范区 5 m 左右深度处含水层的电阻率。

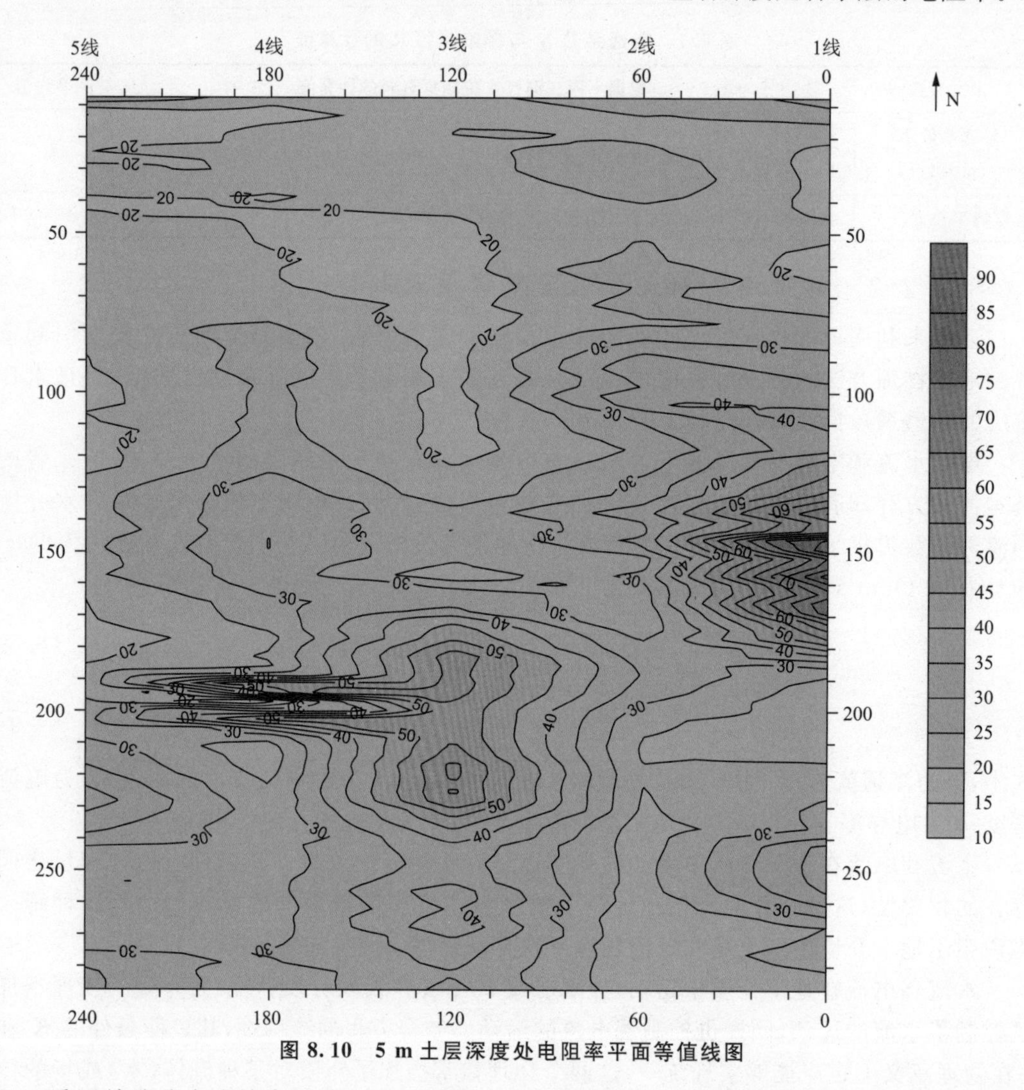


**图 8.10　5 m 土层深度处电阻率平面等值线图**

采用单孔稳定流抽水试验方法，根据以下公式求得 8 口井所在位置含水层的渗透系数 $K$：

$$Q = 1.366K(2H_0 - S_W)S_W/\lg\frac{R}{r_W} \tag{8.10}$$

$$R = 2S_W\sqrt{KH_0}$$

式中，$H_0$ 为潜水含水层的初始厚度(m)；$S_w$ 为抽水井中水位降深(m)；$r_w$ 为井孔半径；$R$ 为影响半径(m)。

通过公式(8.9)可以根据实测数据模拟出电阻率和相应渗透系数 $K$ 的关系式。两次抽水试验所得的每个井的平均渗透系数及其所在位置含水层的电阻率值如表 8.2 所示。

表 8.2　8 个井位置处电阻率、渗透系数的实测值

| 电阻率 | 1 | 2 | 3 | 4 | 5 | 6 | 7 | 8 |
|---|---|---|---|---|---|---|---|---|
| | 31.63 | 24.41 | 29.6 | 36.08 | 25.01 | 24.01 | 32.6 | 31.9 |
| 渗透系数 /(m·d$^{-1}$) | 44.77 | 45.16 | 44.92 | 44.54 | 45.22 | 43.99 | | 46.45 |
| | 48.05 | 48.15 | 47.97 | 47.9 | 48.25 | 49.08 | 46.38 | |
| 平均值 /(m·d$^{-1}$) | 46.41 | 46.66 | 46.46 | 46.22 | 46.74 | 46.54 | 46.38 | 46.45 |

利用 Origin 拟合软件所得参数为：$a=46.7$，$b=-0.02$，$\rho_0=23.1\ \Omega\text{m}$，所以最终所得关系式为

$$K=46.7\left(\frac{\rho}{23.1}\right)^{-0.02} \tag{8.11}$$

式中，渗透系数 $K$ 和电阻率 $\rho$ 的相关性较强，$R^2$ 为 0.83，故用电阻率来推求含水层渗透系数是可行的，应用该方法能在野外尺度上经济、无损、快速、高效地获得较为可靠的渗透系数值，可为电阻率法在该方面的应用提供数据支持。

### 8.2.3　土样采集及处理

研究区土壤类型主要为棕壤，土壤结构分层明显，根据土壤结构和特征，结合地质工程勘察结果，对试验田 8 个观测孔附近土壤剖面分层情况进行分析，并对每层土壤用圆盘渗透仪(Disc permeameter)进行饱和导水率($K_s$)的原位测定。人工开挖土壤剖面并分别用环刀取各层原状土壤进行土壤水分特征曲线和容重的测定，用铝盒分别取扰动土样，带回实验室进行土壤粒径分析。

## 8.3　示范区水文地质概念模型

根据水文地质调查以及地质钻孔资料，示范区平均地表高程 17.98 m，底板高程 12.69 m，本次研究以埋深 5.29 m 以上的浅层地下水为研究对象，将浅层含水层概化为一层，为均质、各向同性潜水含水层。

试验区地下水的流向大体为从北到南，所以，研究区东、西面概化为隔水边界；而且，研究区地处平原区，面积较小，依据水文观测资料，来自北面的径流补给量和南面的径流排泄量可视为相等，故南北面也概化为隔水边界。上边界为大气边界，下边界为隔水边界。

研究区的补给项主要包括大气降水及农田灌溉，进入土壤的大气降水及农田灌溉水经渗漏补给地下水；排泄项主要包括地面蒸发、植物蒸腾。

## 8.4　示范区模型离散化

### 8.4.1　空间离散

根据模拟期间地下水埋深的变化情况(2.88～4.07 m)，设定模拟土层深度为 0～

4.50 m,按等间隔剖分成50个单元,51个节点,相邻节点间的距离为0.09 m。根据地质勘探结果,将剖面划分为3层,17.98～17.02 m为第一层,17.02～15.82 m为第二层,15.82～13.48 m为第三层,土壤质地类型依次为壤土、粉质黏土、砂土。由于冬小麦—夏玉米生长期内根系主要分布在0～1.00 m的土层内,故模型中土壤剖面0～1.00 m设置根系吸水项,1.00 m以下无根系吸水。

研究区含水层网格剖分为10行×10列,每个单元网格为27.5 m×29 m,共100个单元。垂向上分为一层,为潜水含水层。

### 8.4.2 时间离散

由于模型水分胁迫函数Fedds中冬小麦、夏玉米的根系吸水和潜在蒸腾速率参数不同,模拟时段按冬小麦—夏玉米生长期分别进行模拟,冬小麦从2012年10月22日至2013年6月13日共235 d,夏玉米从2013年6月14日至2013年10月1日共110 d。对土壤水分的模拟采用变时间步长剖分计算,初始时间步长0.01 d,最小和最大时间步长分别为$1\times10^{-3}$ d和5 d。

在对冬小麦—夏玉米生长期分别进行模拟时,有关地下水流模拟的参数未发生变化,故将地下水流的模拟时间离散为一个应力期,经计算和调试,小麦期设47个步长,玉米期设22个步长,每个步长时间为5 d。

## 8.5 模型相关参数及初边值条件的确定

研究区土壤基本理化性质见表8.3,第一层的$K_s$由圆盘渗透仪田间直接测定,取其平均值,其他水力学参数由实测的土壤水分特征曲线反演获得;第二、三层的土壤水分特征曲线参数由前面构建的土壤转换函数PTFs估算,利用Rosetta软件根据土壤理化性质估算土壤饱和导水率$K_s$,不同土壤层水力学性质参数见表8.4。

**表8.3 供试土壤理化性质**

| 土壤分层 | 质地 | 砂粒/% | 粉粒/% | 黏粒/% | 容重/(g·cm$^{-3}$) |
|---|---|---|---|---|---|
| 第一层 | 壤土 | 31.23 | 55.88 | 12.89 | 1.63 |
| 第二层 | 粉质黏土 | 11.13 | 41.27 | 48.60 | 1.49 |
| 第三层 | 砂土 | 86.26 | 8.35 | 5.39 | 1.54 |

**表8.4 供试土壤水力性质参数**

| 土壤分层 | $\theta_r$ | $\theta_s$ | $\alpha$ | $n$ | $K_s$/(cm·d$^{-1}$) |
|---|---|---|---|---|---|
| 第一层 | 0.053 | 0.41 | 0.004 | 1.56 | 24.48 |
| 第二层 | 0 | 0.48 | 0.014 | 1.33 | 17.52 |
| 第三层 | 0 | 0.38 | 0.036 | 2.69 | 106.8 |

冬小麦生长期模拟的初始条件为2012年10月22日实测的土层剖面体积含水量分布,夏玉米生长期模拟的初始条件为冬小麦模拟结束时的土壤含水量。降水、灌溉、田间

蒸散发构成作物生长期内土壤水分运动模型的上边界条件和源汇项，冬小麦—夏玉米轮作期试验区降水量如图 8.11 所示。潜在蒸散发的计算参照 7.3.2 节中的方法(图 8.12)，叶面积指数 LAI 参照表 7.8，根系吸水参数选取 Hydrus-1D 数据库中的玉米(Wesseling，1991)和小麦(Wesseling，1991)经验值，见表 8.5。由于该地区地势平坦，地表导水率较大，且有田埂拦蓄作用，模拟中不考虑地表径流。

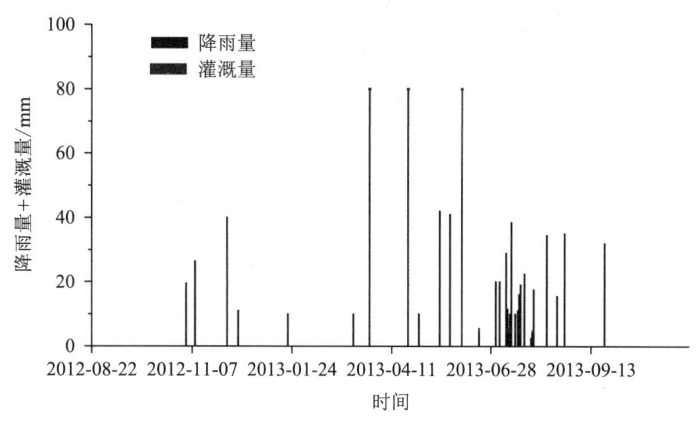


**图 8.11　冬小麦—夏玉米轮作期降水量变化曲线**

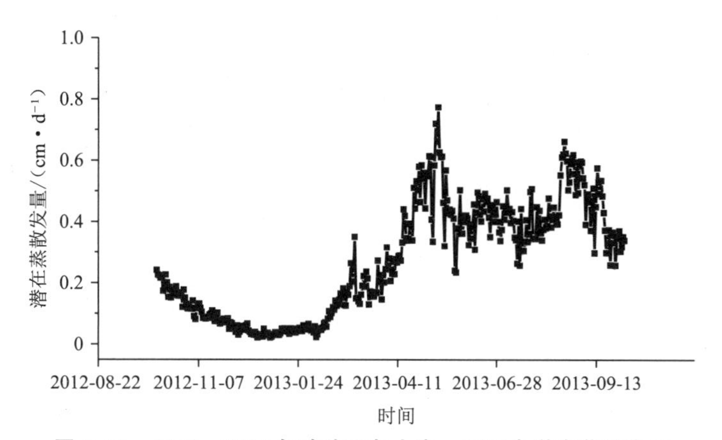


**图 8.12　2012～2013 年试验区冬小麦—夏玉米潜在蒸散发量**

**表 8.5　玉米期和小麦期水分胁迫**

| | $P_0$ /cm | $P_{opt}$ /cm | $P_2H$ /cm | $P_2L$ /cm | $P_3$ /cm | $r_2H$ /(cm·d$^{-1}$) | $r_2L$ /(cm·d$^{-1}$) |
|---|---|---|---|---|---|---|---|
| 玉米期 | −15 | −30 | −325 | −600 | −8 000 | 0.5 | 0.1 |
| 小麦期 | 0 | −1 | −500 | −900 | −16 000 | 0.5 | 0.1 |

由于多孔抽水试验所得的渗透系数的准确性高于单孔抽水试验，故研究区地下水的渗透系数取多孔抽水试验各观测孔所测得的平均值 34.23 m/d，初始给水度为 0.17，小麦期的初始水位为 2012 年 10 月 22 日的实测水位 14.53 m，玉米期的初始水位为小麦期模拟期结束时的水位。

## 8.6 模型的检验

采用均方根误差(RMSE)和确定系数($R^2$)来评价模型的模拟精度。均方根误差(RMSE)反映模拟值与实测值的绝对误差的平均程度,确定系数($R^2$)反映模拟值与实测值的吻合程度。

$$\mathrm{RMSE}=\sqrt{\frac{1}{n}\sum_{i=1}^{n}(p_i-o_i)^2} \tag{8.12}$$

$$R^2=1-\frac{\sum_{i=1}^{n}(p_i-o_i)^2}{\sum_{i=1}^{n}(o_i-\overline{o})^2} \tag{8.13}$$

式中,$n$ 为观测数据个数,$o_i$ 和 $p_i$ 分别为土壤含水量或地下水位的实测值和模拟值,$\overline{o}$ 为各层实测土壤含水量平均值或地下水位实测值的平均值。

分别在土壤深度 20 cm、40 cm、65 cm、100 cm 和 160 cm 处设立监测点,监测时间从 2013 年 4 月 1 日至 10 月 5 日,期间每 7 d 监测 1 次,生育期、雨后或灌溉后加密监测 1 次,试验区主要田间管理(灌溉量、灌溉次数)与当地农民的管理习惯相同,旨在实现传统田间管理模式下模型参数准确性验证和土壤水分转化过程模拟。

图 8.13 为不同土层土壤水含量随时间变化的模拟值和实测值,从图中可以看出,模拟结果基本令人满意。根据土壤水动态分析得知深层土壤水较浅层土壤水稳定,浅层除受到降水、蒸发等外界因素干扰影响较大,土壤水状况的实测值还受到一些不确定因素的影响,加上一些仪器和人为的误差,模拟值和实测值存在一定的偏差。随机选取有水分观测资料的 4 月 11 日和 8 月 16 日分别代表冬小麦和夏玉米生育阶段,将土壤剖面含水量的模拟值与实测值对比,如图 8.14 所示。4 月 11 日土壤含水量的模拟结果要好于 8 月 16 日,主要是因为 4 月份降雨较少,土壤含水量的变化较小,而 8 月份处于汛期,降雨量和玉米蒸散发量都较大,故该期土壤含水量的变化较剧烈,模拟结果较差,不过总体上能表征土壤剖面含水量的垂直变化特征。图中剖面上土壤水含量模型计算值在深度 1.00 m 处出现拐点,这主要是由于介质的非均质性造成,本书模型计算的土壤水力参数在 0.98 m 的深度处突变。图 8.15 为所有深度处土壤含水量的观测值和模拟值在 1∶1 直线两侧的分布情况,$R^2$ 为 0.81,RMSE 为 0.019。总体来看,拟合程度在允许的误差范围之内,模型可以反映一定的土壤水分运动变化趋势。

通过对试验区内 8 口井的地下水位监测,2012～2013 年研究区地下水位实测值与模拟值如图 8.16 所示。小麦期模拟结果好于玉米期,主要是因为小麦期降雨量较少,地下水位波动较小并一直处于下降的趋势;玉米期降雨频繁,降雨可通过大孔隙的优先流动进入地下水,故实测的地下水位波动剧烈,而模型中没有考虑优先流,故模拟结果较实测值变化平缓,而且对雨季地下水位升高的模拟结果稍滞后于实际观测结果,但模拟结果总体上能体现地下水的波动情况。

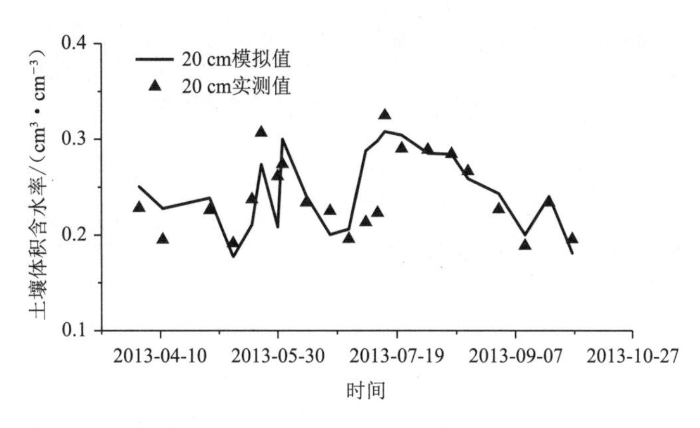


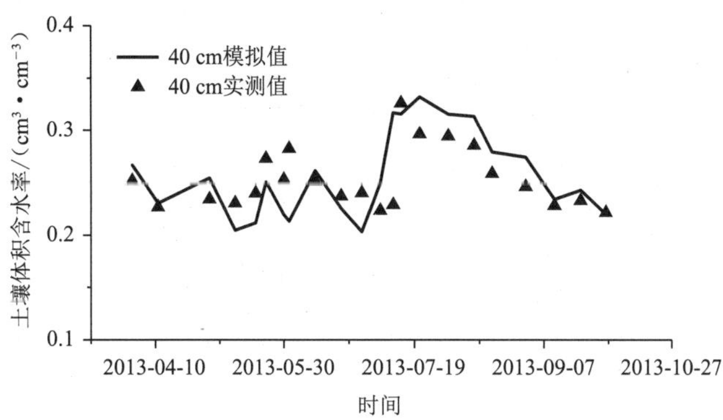


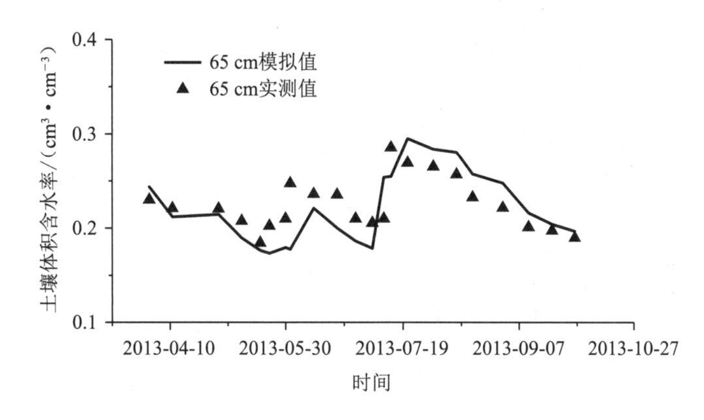


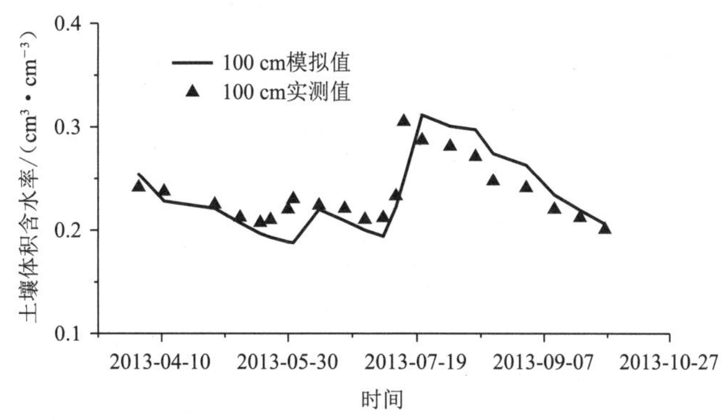


**图 8.13　不同观测深度、不同时期土壤含水量模拟值与实测值**

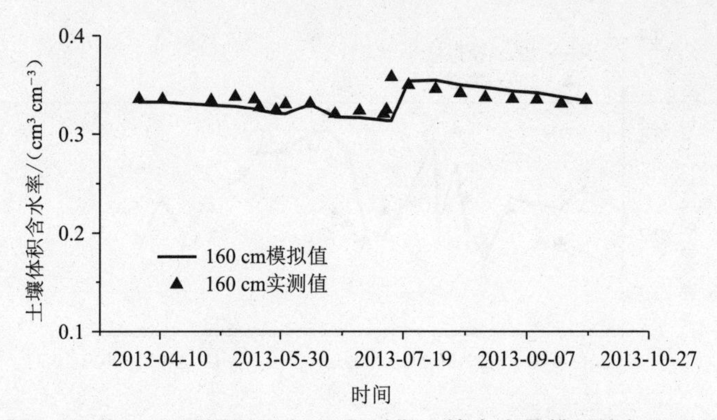


**图 8.13(续)　不同观测深度、不同时期土壤含水量模拟值与实测值**

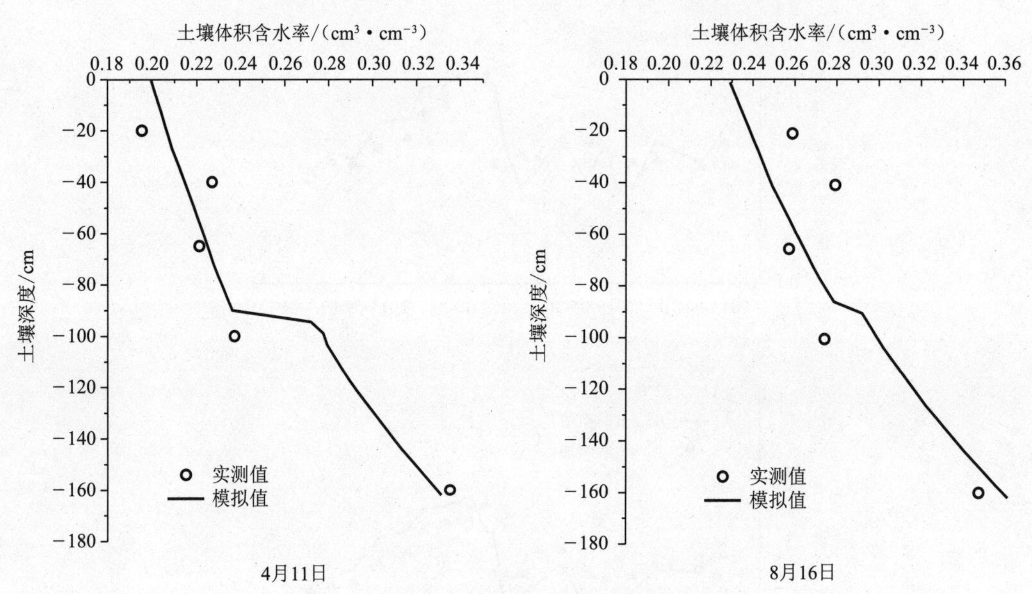


**图 8.14　剖面土壤含水量的实测值和模拟值**

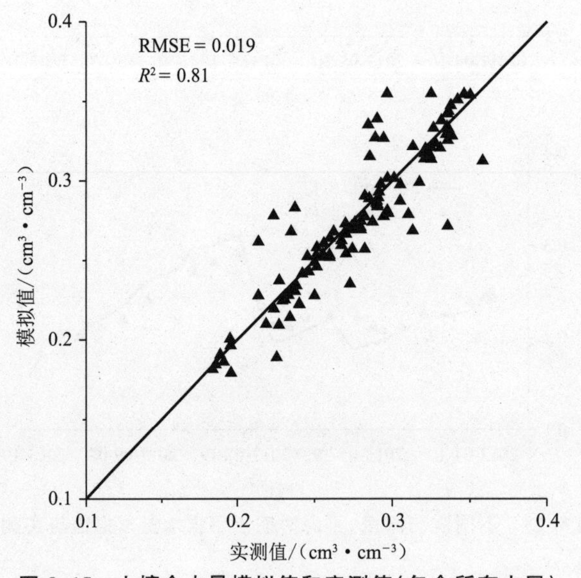


**图 8.15　土壤含水量模拟值和实测值(包含所有土层)**

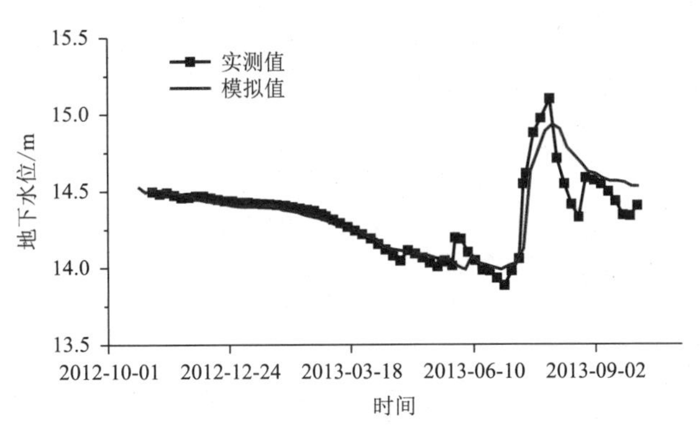


**图 8.16　2012～2013 年地下水位的模拟值和实测值**

地下水位模拟的确定性系数 $R^2$ 为 0.72，RMSE 为 0.121，结果较理想，模型识别后的给水度为 0.16。

# 8.7　结果分析

从试验和模拟结果可以看出，不同深度土壤含水量随时间的变化，深度在 0～100 cm 特别是 0～40 cm 之间的土壤含水量变化频繁，变化幅度剧烈，干时土壤含水量小于 0.20，湿时土壤含水量接近饱和状态，这表明根区土壤含水量极易受到降水、灌溉、作物腾发等作用的影响，同时也说明作物根系所吸收的主要是深度在 0～100 cm 土壤中的水分。根层以下至地下水面以上的区域为水分传输区，水分动态受根区水分状况和地下水作用两方面的影响，除在大的持续降水(或灌溉)后一段时间内水分向下运动以外，地下水分在毛细力的作用下源源不断地通过水分传输区送到根区。

5 个不同深度的土壤水分变化的总体趋势是相同的，土壤含水量在 7 月 19 日左右达到最低值，此时玉米处于出苗期，该时期作物叶面积指数小，蒸散量以土壤蒸发为主，且土壤蒸发强度较大，前期无有效降雨，土壤水分储存量不高。土壤水分的峰值出现在 7 月底到 8 月中旬，该时段处于玉米的抽穗到灌浆阶段，作物水分消耗主要是作物蒸腾，土壤蒸发耗水量较低，降雨非常充沛，维持了较高的土壤含水量。同时，少量的降水(如 5 月 19 日

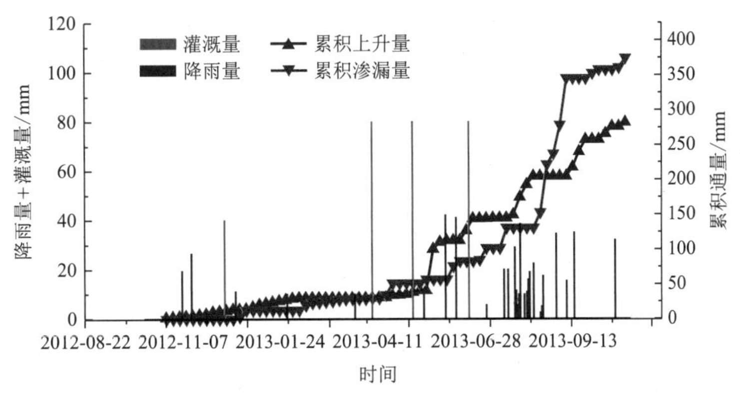


**图 8.17　轮作期土壤降雨量、灌溉量、累计渗漏量及累积上升量**

和5月27日)只补充根区上层的土壤水分不会影响到土壤下层含水量的分布,而连续大的降水则影响到整个土壤剖面,它不仅补充了土壤根区由于腾发作用所消耗的水分,还在减弱和消除地下水对土壤水的补给之后转而补给地下水。

由模拟结果可知,冬小麦生长期内,地下水累积上升补给量为144.01 mm,降雨和灌溉引起的累积渗漏量为84.75 mm;夏玉米生长期内,地下水累积上升补给量为138.08 mm,降雨引起的累积渗漏量为289.75 mm。根据土壤水地下水转化量的变化特征,可将全年分为3个时期,第1期为地下水缓慢消耗期,从冬小麦播种到返青前,这一时期水分转化作用较弱,除了灌溉和降雨引起的短时间内渗漏,在长时间的越冬期不存在界面水分转化作用;第2期为地下水消耗期,从冬小麦返青到收获结束,在此期间天然降水较少,冬小麦生长需要消耗当量的土壤水分,地下水在毛管作用下,上行补充土壤所消耗的部分水分,但在灌溉后的短时间内,根层水分得到充分的补充,多余的水分渗漏补给地下水。第3期为地下水补给期,从夏玉米出苗开始到成熟收获,天然降水主要集中在这个时期,大量降水在补给土壤水分后继续下渗,地下水得到补给,水位上升。但是,在夏玉米成熟后期,由于降水量大大减少,而玉米根系需水量仍较高,此时会出现大量的地下水向上补给土壤水分。

总之,地下水动态对土壤水动态具有很大影响。农田土壤水分转化主要发生在根区深度0～65 cm的土壤,深度65 cm以下的土壤含水量变化缓慢,在地下水埋深较浅时受地下水向上补给的影响。灌溉或较大的降水在使根区深度0～100 cm得到充分水分补充后,在短时间内形成对地下水的深层渗漏补给。尽管灌溉和大的降水影响到整个土壤剖面的水分分布,但是其对根区以下的土壤水分分布只有有限的影响,少量的降水或灌溉只补充根区上层的土壤水分,不会影响到土壤的下层水分含水量。在地下水浅埋条件下,地下水和土壤水联系密切,转化频繁,在制订灌溉计划时,应考虑地下水对土壤水的补给作用,提高灌溉水的利用效率。

# 第9章

# 大沽河流域土壤水/地下水运动的数值模拟

运动土壤水分运移的数值模型从“田块”尺度向“流域”尺度扩展需要解决的第一个问题是土壤性质的空间变异,包括在平面上的横向变异和在剖面上的纵向变异。土壤性质的空间变异已被许多研究所证实。自然地,人们首先把土壤水分运动参数和溶质运移参数的所有空间变异耦合到数值模型中,用三维机理模型准确描述田块尺度土壤水和溶质运移规律。然而,这种方法需要大量的空间数据来反映土壤的空间变异,准确测定这些数据是相当困难的,加上计算过程复杂、计算量大,对计算机性能要求比较高,对于大多数实际问题并不是好的选择。另一种方法是我们第8章中提到的土壤水/地下水耦合模型,其把土壤水流简化为垂向一维流动,用有限个土壤柱来代表整个区域内的土壤变化,把地下水流简化为平面二维流动,这样整个饱和非饱和系统被简化为准三维流动。土壤柱的个数由土壤的空间变异程度来决定。

模型的模拟预测涉及流域土壤质地、水文地质、土地利用、气象因素等多方面因素,由于各因素的时空变化,反映其本身及相互关系的信息量十分庞大,数据的采集、处理和信息的综合及更新对模型是极大的挑战。基于流域系统具有空间分布和动态变化发展的特点,GIS 作为一种多信息源的空间化、动态化技术,成为流域水文系统模拟研究的关键技术。

本章在分析了大沽河流域土壤、植被、地下水埋深及降水特点的基础上,以 ArcGIS 为技术平台,建立了土壤水/地下水耦合模型的输入输出文件和原始数据库之间的转化关系,并用来模拟地下水影响下大沽河流域土壤水分的运动情况。

## 9.1 土壤水/地下水运动模型和 GIS 集成过程

土壤水/地下水耦合模型与 GIS 集成主要是利用插件式程序设计方法,实现原始数据资料与模型需要的各类文件(如 BAS、DIS、LPF、WEL、UNS 等)之间的转化,并对结果数据文件实现可视化表达。

插件式程序设计是近年来逐步发展并流行起来的软件设计方式,它的基本思想是在不修改程序主体框架的情况下对软件功能进行扩展和加强。当插件的接口公开后,可以制作相应的插件来解决操作上的一些不便或增加新的功能,也就实现真正意义上的"即插即用"软件开发。插件式软件结构是将一个待开发的软件分为两部分,一部分为程序的主体,或称为主框架,可定义为平台,另一部分为功能扩展或补充模块,可定义为插件。插件式结构的程序设计框架如图 9.1 所示。

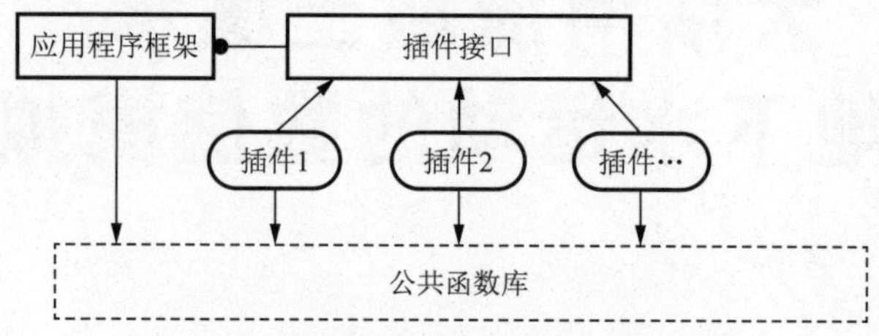


**图 9.1 插件式结构的程序设计框架图**

其中,宿主程序是插件的依附对象,可以独立于插件存在,在不改变宿主程序的情况下,可以通过增减插件或修改插件的方式增加或调整系统功能,它包括 3 个部分:主控程序、插件引擎和通信契约。

主控程序负责关联插件 UI 对象和插件对象事件,并为用户提供交互界面。本系统采用.NET 的委托机制实现 UI 对象与插件对象事件的关联。控件不仅可以是程序界面表现为不同的样式,还能够提供许多.NET Framework 本身没有的特殊类型控件。主控程序的静态界面包括 5 部分:菜单栏、工具栏、状态栏、包含 TOCControl 的图层控制面板、由 MapControl 和 Page Layout Control 组成的地图显示窗口。

插件引擎负责解析插件程序集,提取其中包含的插件类型信息生成相应的插件对象,并将这些插件对象存放在插件集合中转交给主控程序处理。插件引擎包括插件容器和动态加载。插件容器的设计是框架插件技术的关键之一,本系统利用 Dictionary 泛型类来实现插件容器。同时,系统采用.NET 的反射(Re-flection)机制用来实现程序集的动态加载,.NET Framework 提供了 Assembly、Type 和 Activator 等类的相关方法。

通信契约是宿主程序与插件互相认可的一种标准,一般以接口的形式存在。插件是系统功能的承载者,是可独立开发的程序模块,封装了程序的某些功能,可以被宿主程序动态加载并使用。本系统中,插件通过 IApplication 接口访问框架的各种要素;框架通过 IPlugin 接口实现对插件的加载管理及调用它的功能函数。大沽河土壤水/地下水模拟系统中开发的插件存在与地图控件交互,因此必须实现 ESRI、ArcGIS、SystemUI、ICommand 接口和 ESRI、ArcGIS、SystemUI、ITool 接口。根据不同插件在宿主程序上表现形式的不同。本系统定义的各扩展插件接口分别为:插件接口(IPlugin)、命令接口(ICommand)、工具接口(ITool)、命令条接口(IToolBarDef)、菜单接口(IMenuDef)和浮动窗体接口(IDockable WindowDef)。

在模型系统中给定模型的结构、模型的参数(渗透系数、给水度等)、模型计算的方法以及输出文件格式(该格式便于在结果显示中提取信息),即分别确定了模型所需的数据文件:UNS、BAS、DIS、LPF、PCG 和 OC 文件,按固定格式写入文件。这部分文件主要包括点文件(如初始水位)和面文件(如参数分区图)向文本文件的转化。点数据文件通过在 ArcGIS 软件中插值得到每个栅格点数值,然后导入集成模型中,再次进行插值得到每个计算网格点的数值,按照模型单元格存放的顺序,写入文本文件(图 9.2)。有关参数的面文件直接在 Arcinfo 中进行分区,然后把每个分区导入集成模型中进行网格剖分,得到每个网格点的数值,写入文本文件(图 9.3)。

| Shape * | 东经 | 西经 | 地下水类 | c |
|---|---|---|---|---|
| Point | 120.016667 | 36.266667 | 潜　水 | K092 |
| Point | 120.033333 | 36.266667 | 潜　水 | K092 |
| Point | 120.533333 | 36.95 | 潜　水 | K094 |
| Point | 120.283333 | 36.816667 | 潜　水 | K094 |
| Point | 120.3 | 36.666667 | 潜　水 | K094 |
| Point | 120.366667 | 36.733333 | 潜　水 | K094 |
| Point | 120.583333 | 36.666667 | 潜　水 | K094 |
| Point | 120.5 | 36.933333 | 潜　水 | K094 |
| Point | 120.466667 | 36.9 | 潜　水 | K094 |
| Point | 120.316667 | 36.616667 | 潜　水 | K094 |
| Point | 120.283333 | 36.616667 | 潜　水 | K094 |
| Point | 120.366667 | 37.016667 | 潜　水 | K094 |
| Point | 120.433333 | 37.066667 | 潜　水 | K094 |
| Point | 120.533333 | 36.9 | 潜　水 | K094 |
| Point | 120.516667 | 36.85 | 潜　水 | K094 |
| Point | 120.266667 | 36.8 | 潜　水 | K094 |
| Point | 120.45 | 36.65 | 潜　水 | K094 |
| Point | 120.4 | 36.85 | 潜　水 | K094 |
| Point | 120.283333 | 36.683333 | 潜　水 | K094 |

DGH.

文件(F)　编辑(E)　格式(O)　查看(V)　帮助(H)

```
6666.00 6666.00 6666.00 6666.00 6666.00 666
6666.00 6666.00 6666.00 6666.00 6666.00 666
6666.00 6666.00 6666.00 6666.00 6666.00 666
6666.00 6666.00 6666.00 6666.00 6666.00 666
6666.00 6666.00 6666.00 6666.00 6666.00 666
6666.00 6666.00 6666.00 6666.00    6.54
6666.00 6666.00 6666.00    6.57    6.63
6666.00 6666.00 6666.00    6.64    6.70
6666.00 6666.00    6.64    6.70    6.76
6666.00 6666.00    6.69    6.75    6.82
6666.00    6.67    6.73    6.80    6.87
6666.00    6.71    6.77    6.84    6.91
6666.00    6.74    6.80    6.87    6.94
6666.00    6.76    6.83    6.90    6.96
6666.00    6.79    6.85    6.91    6.98
   6.74    6.80    6.86    6.93    6.99
   6.75    6.81    6.87    6.93 6666.00 666
6666.00 6666.00 6666.00 6666.00 6666.00 666
6666.00 6666.00 6666.00 6666.00 6666.00 666
6666.00 6666.00 6666.00 6666.00 6666.00 666
6666.00 6666.00 6666.00 6666.00 6666.00 666
6666.00 6666.00 6666.00 6666.00 6666.00 666
```

图 9.2　点—网格—模型输入文件

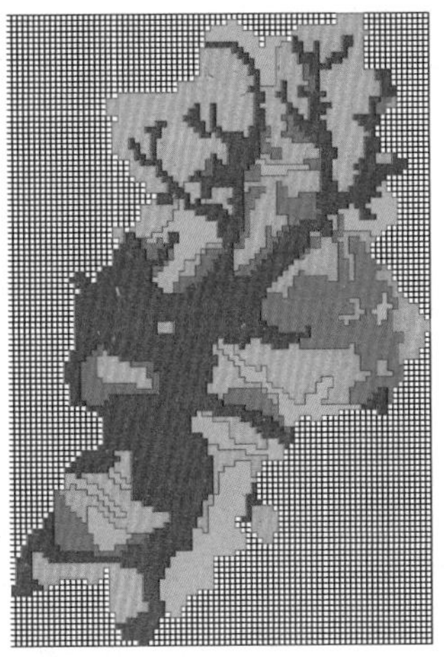

DGH

文件(F)　编辑(E)　格式(O)　查看(V)　帮助(H)

```
0.00  0.00  0.00  0.00  0.00
0.00  0.00  0.00  0.00  0.00
0.00  0.00  0.00  0.00  0.00
0.00  0.00  0.00  0.00  0.00
0.00  0.00  0.00  0.00  0.00
0.00  0.00  0.00  0.00  0.00
0.00  0.00  0.00  0.00  0.00
0.00  0.00  0.00  0.00  0.00
0.00  0.00  0.00  0.00  0.00
0.00  0.00  0.00  0.00  0.20
0.00  0.00  0.00  0.20  0.20
0.00  0.00  0.00  0.20  0.20
0.00  0.00  0.20  0.20  0.20
0.00  0.00  0.20  0.20  0.15
0.00  0.20  0.20  0.20  0.15
0.00  0.20  0.20  0.20  0.15
0.00  0.20  0.20  0.20  0.15
0.00  0.20  0.20  0.20  0.15
0.00  0.20  0.20  0.20  0.20
0.20  0.20  0.20  0.20  0.20
0.20  0.20  0.20  0.20  0.00
0.00  0.00  0.00  0.00  0.00
```

图 9.3　面—网格—模型输入文件

“大沽河流域土壤水/地下水模拟系统”运用 GIS 技术和三维可视化技术,再现了大沽河流域土壤水/地下水运移扩散的时空分布特征与动态演进过程。本系统具有如下特点:

(1) 模型模拟功能强大。“大沽河流域土壤水/地下水模拟系统”的模型提供多种模拟功能。

(2) 操作界面友好。“大沽河流域土壤水/地下水模拟系统”拥有友好的操作界面和提示信息,用户可以在系统的提示下友好地完成模型模拟工作。

(3) 可视化效果好。“大沽河流域土壤水/地下水模拟系统”自身拥有友好而强大的可视化表达效果。

(4) 可扩展性强。“大沽河流域土壤水/地下水模拟系统”基于插件机制,提供了丰富的可扩展接口,用户只需要继承插件接口,就可以自由定制属于自己的功能插件。

# 9.2 大沽河流域水文地质概念模型

大沽河流域地下水大多为第四系中的浅层地下水，局部为少量脉状构造基岩裂隙水，均属于浅埋藏的潜水类型，大气降水为其主要补给来源，地下水的运动方向与地形坡降、地表水系基本一致，由山区流向平原，由陆地流向海洋，大气降水、地表水、地下水三者联系密切，转化关系明显。

大沽河流域地区含水砂层埋深3～7 m，砂层厚度4～8 m，主要由中粗砂砾石组成，上部或两侧为中细砂，地下水位埋深一般1～5 m，类型为潜水。含水层主要沿大沽河东西侧呈带状分布，为含水层的自然边界，含水层在边界处尖灭。在大部分含水层尖灭部位，砂层直接与白垩系黏土岩接触，东西两侧视为隔水边界。北部的大、小沽河入境处，与外含水层相连通，视为透水边界，按定水头边界处理。南部边界根据多年的地下水位观测情况，取多年平均水位为南部边界的定水头边界。大沽河含水层的下伏地层胶结好，岩层透水性差，没有地下水的越流补给，组成区域性隔水底板。

# 9.3 模型离散化

## 9.3.1 空间离散

研究区总渗流面积为4 781 $km^2$，将其剖分为113行×77列(图9.4)，每个单元格为1 000 m×1 000 m，共划分为8 701个正方形单元，其中有效单元4 750个，非活动单元3 951个。

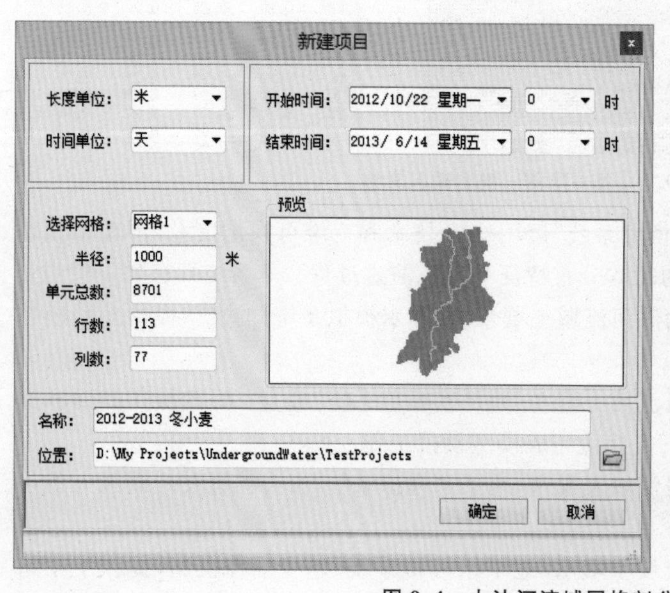

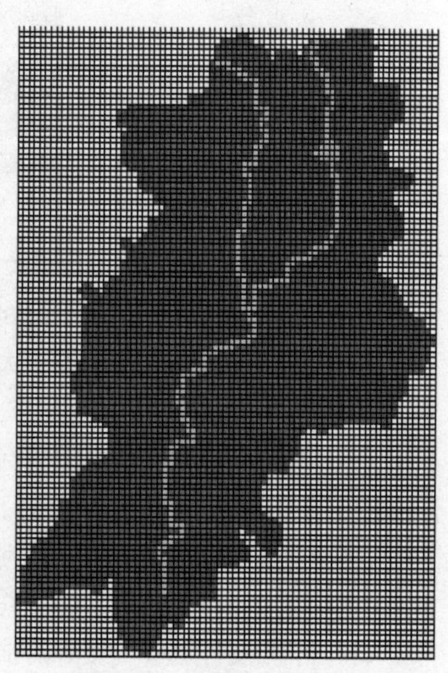

图9.4 大沽河流域网格剖分

流域内土壤类型依照流域内土壤的分布特点，主要划分为棕壤、潮土和砂姜黑土三大类；植被类型简化为耕地(3 461 km$^2$)和非耕地(1 289 km$^2$)；根据研究区地下水埋深的具体情况，将地下水埋深划分为4个等级：0～2 m、2～4 m、4～6 m和>6 m，从图9.7中可以看出，大沽河流域地下水水位埋深大都小于6 m；考虑到流域内降雨量空间分布的不一致性，根据研究区内蓝村、凤西头、郭庄等8个气象站，采用泰森多边形方法进行分区，每一分区内的降雨条件视为均一，分区内的降雨由所属气象站数据代表。根据土壤类型、植被、地下水埋深及降雨量的不同，整个流域被划分为不同区域(图9.9)，每个区域包含一个或多个网格单元，区域内土壤中的水流视为垂向一维流动。

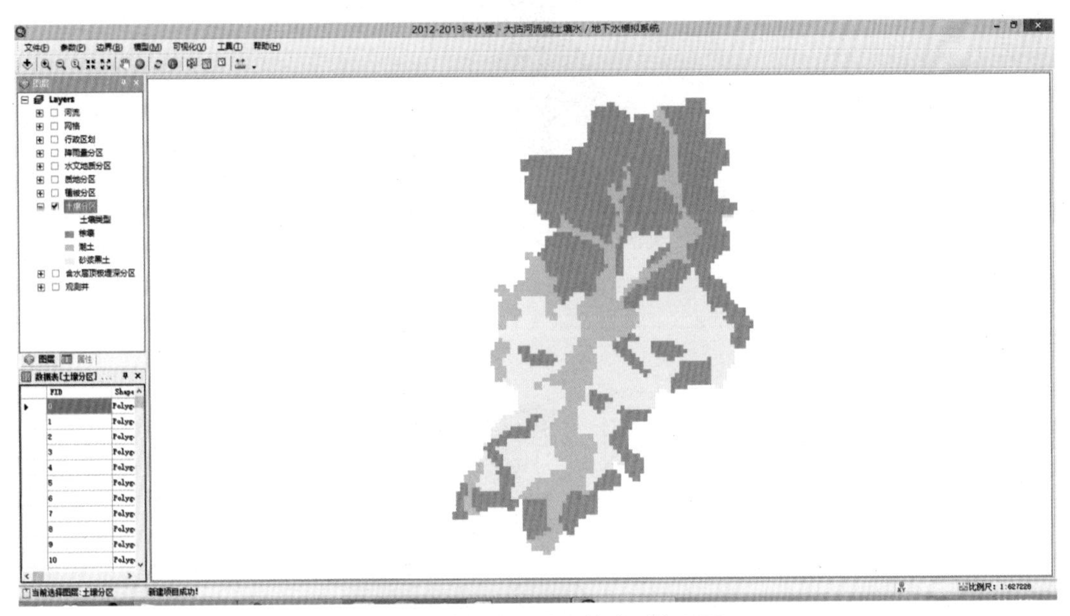


图9.5　大沽河流域土壤类型分区图

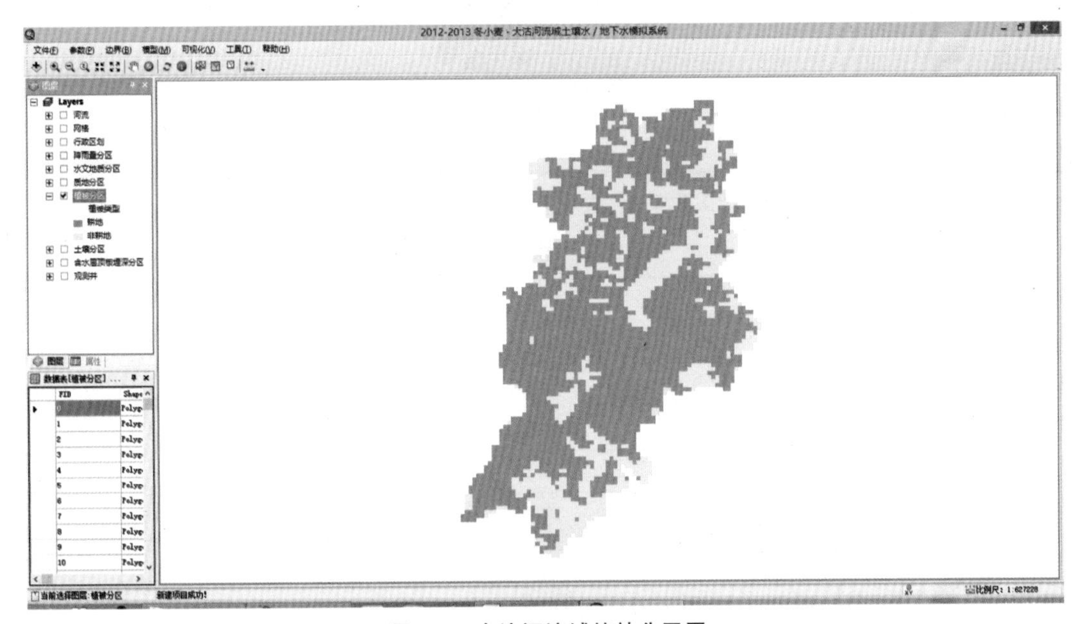


图9.6　大沽河流域植被分区图

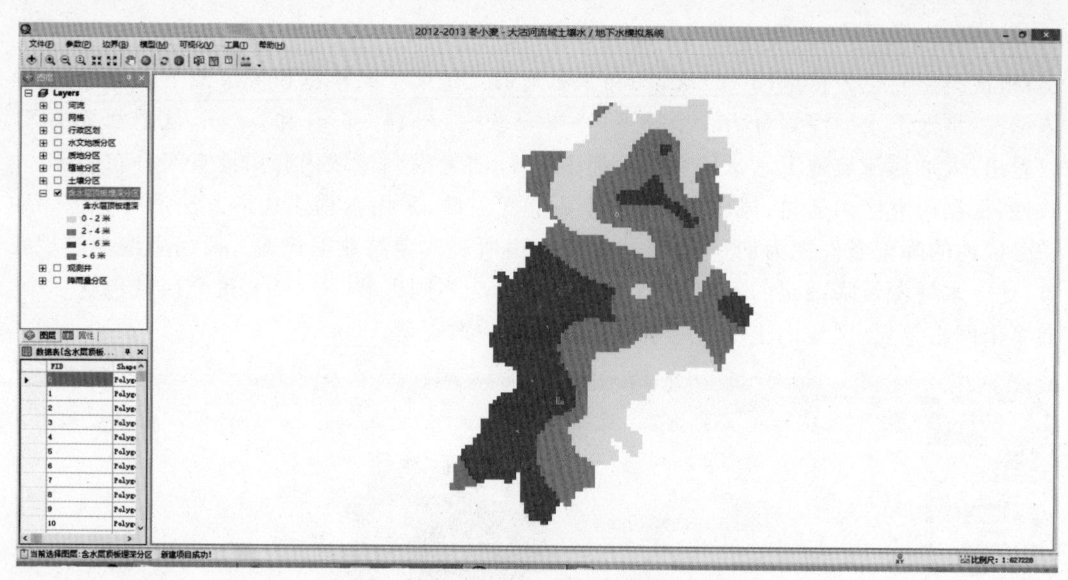


图 9.7 大沽河流域含水层顶板埋深分区图

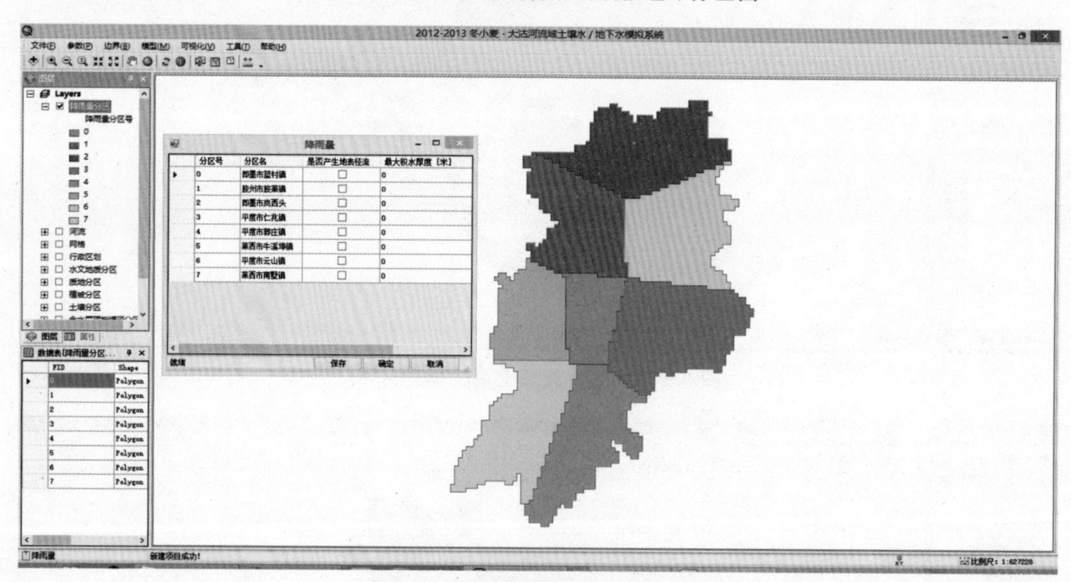


图 9.8 大沽河流域降雨量分区图

表 9.1 雨量站坐标

| 雨量站 | 经 度 | 纬 度 |
| --- | --- | --- |
| 胶州市胶莱镇 | 120.07 | 36.43 |
| 平度市仁兆镇 | 120.19 | 36.64 |
| 莱西市牛溪埠镇 | 120.42 | 36.84 |
| 平度市云山镇 | 120.20 | 36.83 |
| 平度市郭庄镇 | 120.08 | 36.63 |
| 即墨市蓝村镇 | 120.18 | 36.40 |
| 即墨市岚西头 | 120.38 | 36.60 |
| 莱西市南墅 | 120.32 | 37.02 |

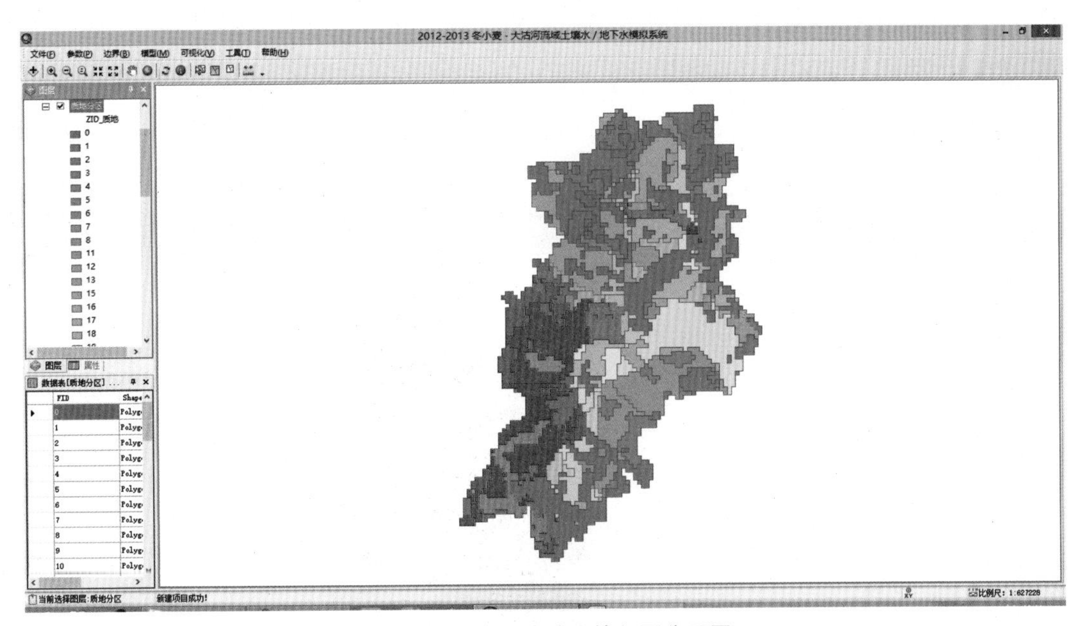


图 9.9　大沽河流域土壤剖面分区图

根据模拟期间地下水埋深的变化情况，为使不同分区土壤剖面的底部边界在模拟期间始终处于地下水位以下，这里以含水层的隔水底板作为土壤剖面的底部边界。土壤剖面按等间隔离散成多个单元，相邻单元通过节点相连。以地下含水砂层顶板为界，将土壤剖面简化为 2 层，上层为该区域对应的土壤类型，下层为砂土层。由于冬小麦—夏玉米生长期内，大约 91.6%的根系分布在 0～1 m 的土壤层内，故模型中只在 0～1 m 的土层设置根系吸水项。如图 9.10 所示，根系吸水项为 1，表示该土壤层内发生根系吸水作用，0 表示该深度土层中未发生根系吸水作用。

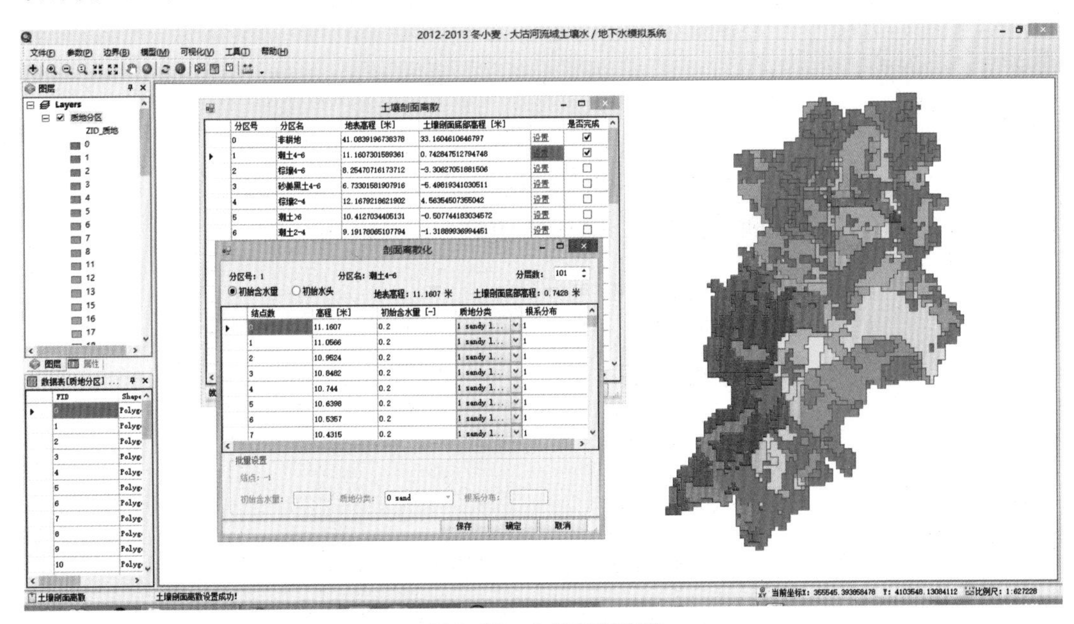


图 9.10　土壤剖面离散

地下含水层根据流域内含水层性质(渗透系数 $K$ 与给水度 $\mu$)的不同划分为不同的区域,$K$ 和 $\mu$ 参考了《青岛市大沽河地下水库勘察报告》所取得的参数,并结合本次工作取得的资料以及研究区不同岩性的经验值进行综合选定。给水度和渗透系数分区一致,如图 9.11 所示。含水层垂向上简化为一层,为潜水含水层。

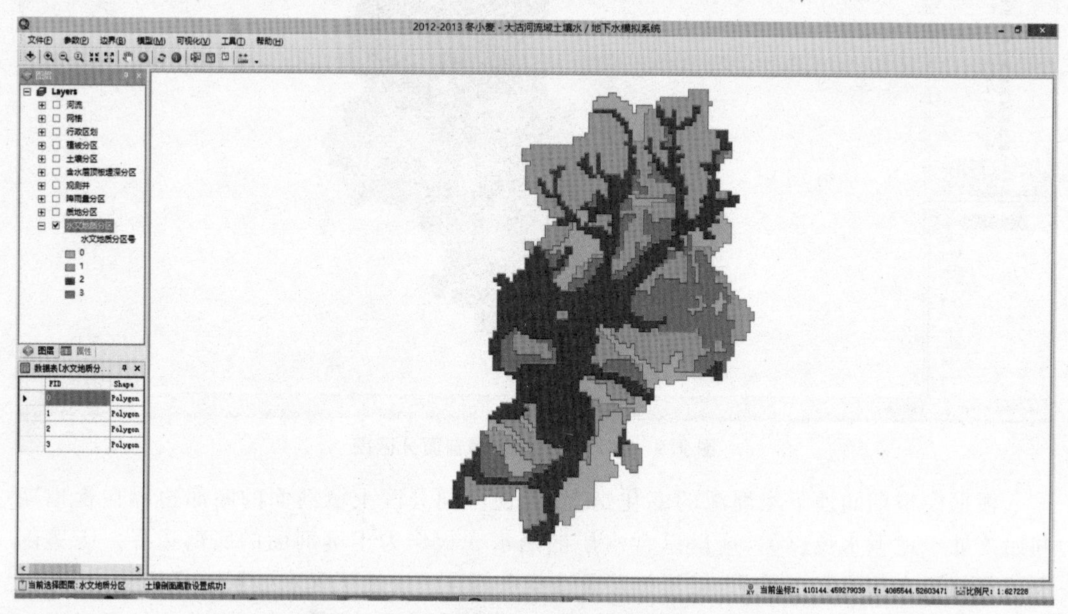


图 9.11　大沽河流域给水度和渗透系数分区图

## 9.3.2　时间离散

模拟时段按冬小麦—夏玉米生长期分别进行模拟,冬小麦从 2012 年 10 月 22 日至 2013 年 6 月 13 日共 235 d,夏玉米从 2013 年 6 月 14 日至 2013 年 10 月 1 日共 110 d。对土壤水分的模拟采用变时间步长剖分计算,初始时间步长 0.01 d,最小和最大时间步长分别为 $1\times10^{-3}$ d 和 1 d。

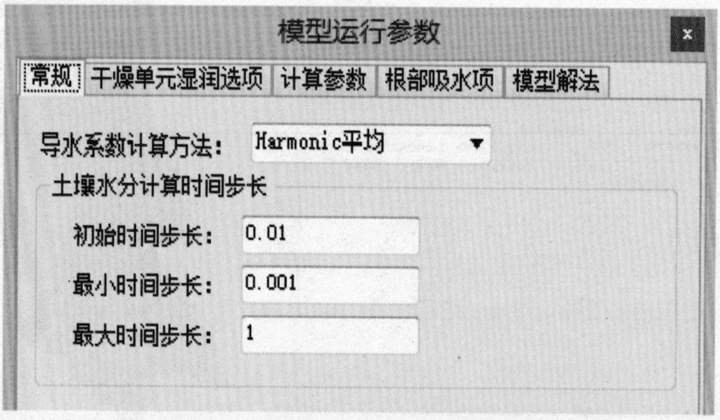

模型运行参数
常规 | 干燥单元湿润选项 | 计算参数 | 根部吸水项 | 模型解法
导水系数计算方法: Harmonic平均
土壤水分计算时间步长
初始时间步长: 0.01
最小时间步长: 0.001
最大时间步长: 1

图 9.12　土壤水分运动计算时间步长

在对冬小麦—夏玉米生长期分别进行模拟时,有关地下水流模拟的参数未发生变化,故将地下水流的模拟时间离散为一个应力期,经计算和调试,小麦期设置 47 个步长,每个时间步长为 5 d,玉米期设置 22 个步长,每个时间步长为 5 d。

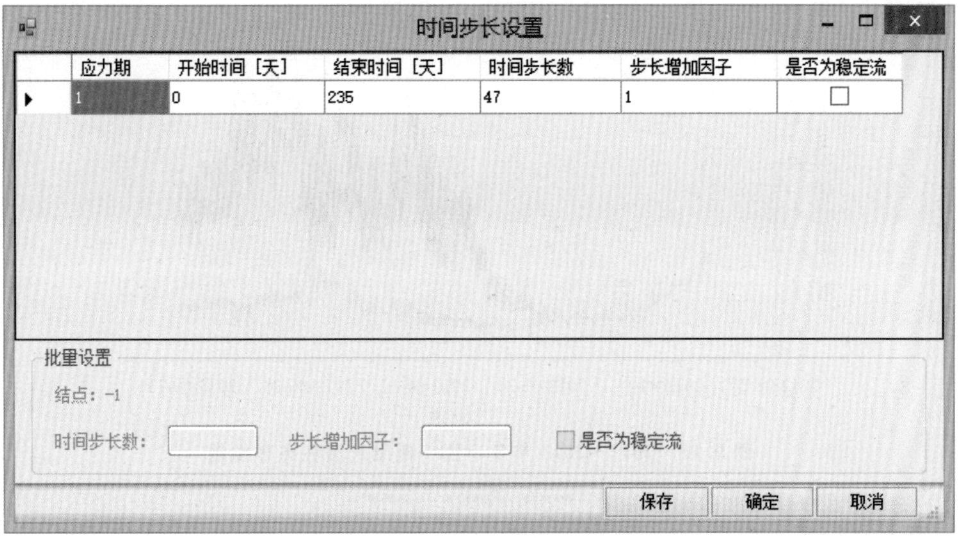

时间步长设置

| 应力期 | 开始时间 [天] | 结束时间 [天] | 时间步长数 | 步长增加因子 | 是否为稳定流 |
|---|---|---|---|---|---|
| 1 | 0 | 235 | 47 | 1 | ☐ |

批量设置

结点：-1

时间步长数：　步长增加因子：　☐是否为稳定流

保存　确定　取消

图 9.13　模拟期时间离散

# 9.4　模型相关参数及初边值条件的确定

研究区不同类型土壤水力学参数见表 9.14，在模型土壤水力学参数界面输入，以备后续不同土壤类型的选择，其中砂土代表地下水位波动带含水层土壤的水力学参数。为保证模型运算过程收敛，土壤初始含水量以压力水头的形式输入模型中，地下水位处压力水头为 0，往上为正，往下为负，通过线性差值获得。

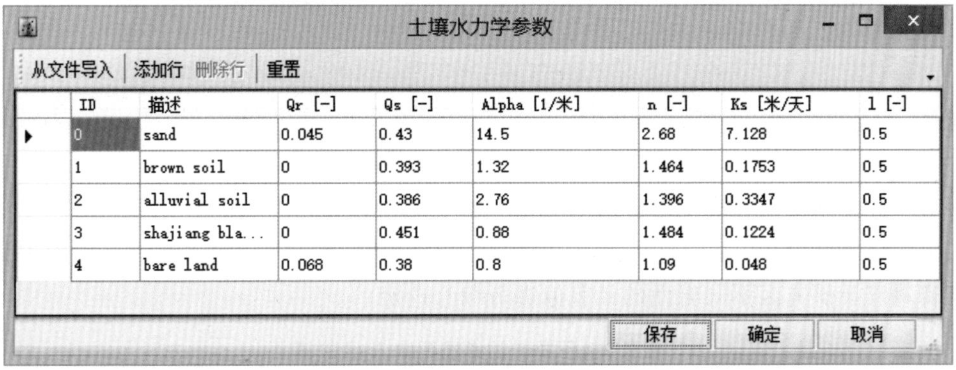

土壤水力学参数

从文件导入　添加行　删除行　重置

| ID | 描述 | Qr [-] | Qs [-] | Alpha [1/米] | n [-] | Ks [米/天] | l [-] |
|---|---|---|---|---|---|---|---|
| 0 | sand | 0.045 | 0.43 | 14.5 | 2.68 | 7.128 | 0.5 |
| 1 | brown soil | 0 | 0.393 | 1.32 | 1.464 | 0.1753 | 0.5 |
| 2 | alluvial soil | 0 | 0.386 | 2.76 | 1.396 | 0.3347 | 0.5 |
| 3 | shajiang bla... | 0 | 0.451 | 0.88 | 1.484 | 0.1224 | 0.5 |
| 4 | bare land | 0.068 | 0.38 | 0.8 | 1.09 | 0.048 | 0.5 |

保存　确定　取消

图 9.14　不同类型土壤水力学参数

根据 2012 年 10 月 21 日的水位监测资料，选取流域内 35 口井的监测数据，采用内插法形成地下水流场，作为模型识别的初始流场。

降水、灌水、田间蒸散发构成作物生长期内土壤水分运动模型的上边界条件和源汇项，农业灌溉量根据实际灌溉时间和强度以降雨的方式加入到模型中。由于流域内地势平坦，地表导水率较大，且有田埂拦蓄作用，故模拟中不考虑地表径流。流域内作物的潜在蒸散发量根据模拟期大沽河流域的平均气温，参照 7.3.2 中的方法计算，叶面积指数 LAI 参照表 7.8。

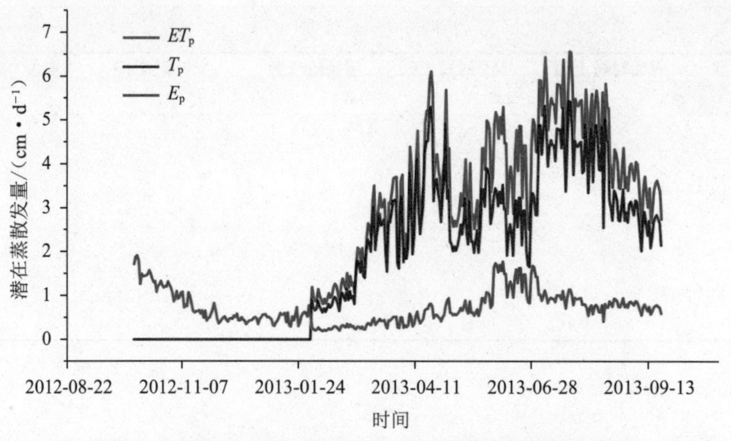


**图 9.15　2012～2013 年冬小麦—夏玉米潜在蒸散发量**

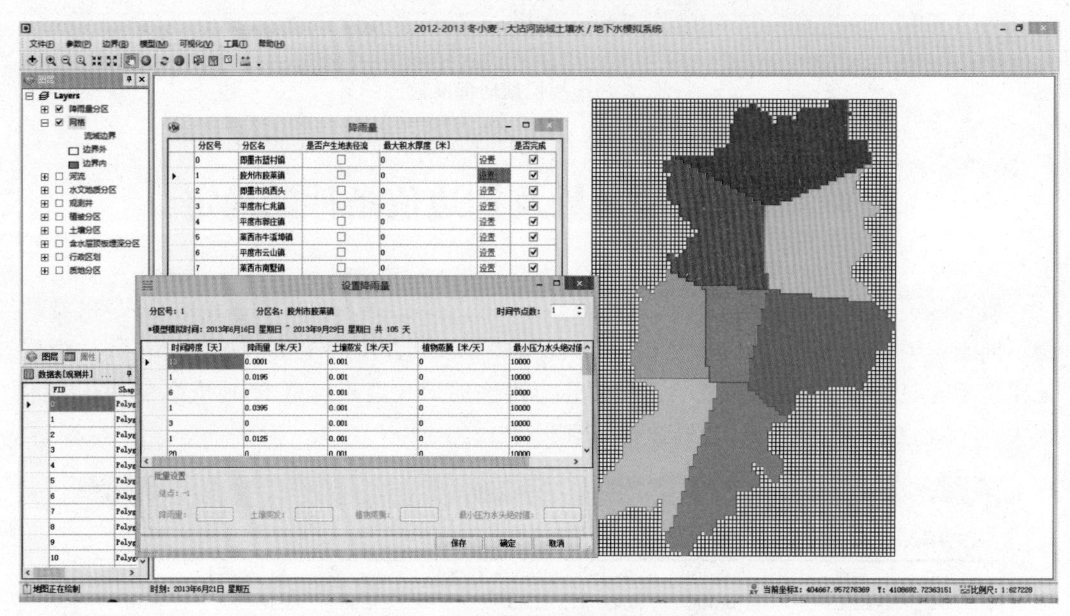


**图 9.16　降雨量和蒸散发量输入界面**

冬小麦夏玉米根系吸水参数参照表 7.7,输入界面如图 9.17 所示。

$K$ 和 $\mu$ 参考了《青岛市大沽河地下水库勘察报告》所取得的参数,并结合本次工作取得的资料以及研究区不同岩性的经验值进行综合选定。

**表 9.2　不同岩性渗透系数 K 经验值**

| 岩　性 | 粗砂砾石 | 粗中砂、中粗砂、粗砂 | 中细砂、细中砂、中砂 | 粉砂、粉细砂、细砂 |
| --- | --- | --- | --- | --- |
| 渗透系数 $K/(\mathrm{m}\cdot\mathrm{d}^{-1})$ | ＞150 | 100～150 | 20～50 | 5～20 |

**表 9.3　不同分区给水度 μ 值**

| 岩　性 | A | B | C | D |
| --- | --- | --- | --- | --- |
| 给水度 $\mu$ | 0.2 | 0.18 | 0.17 | 0.16 |

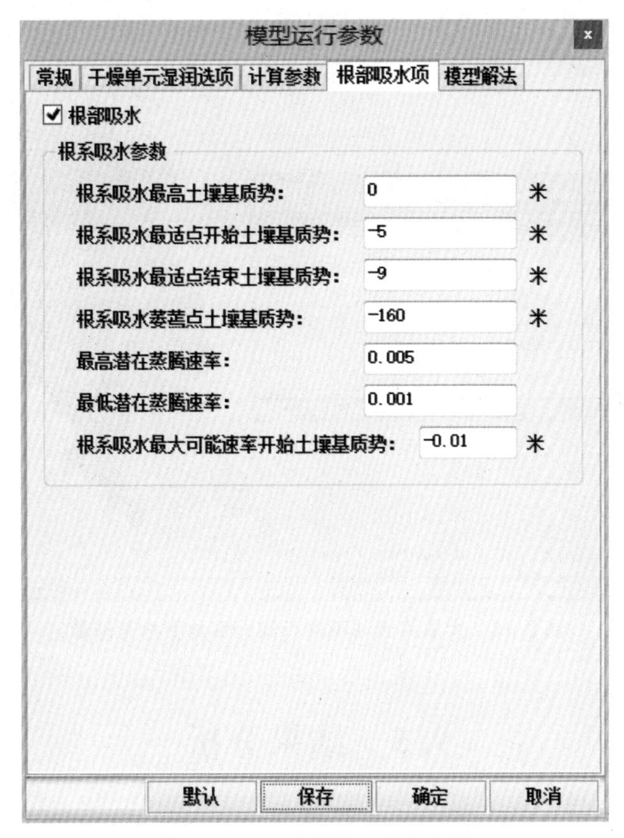


**图 9.17　小麦期根系吸水参数**

研究区地下水开采量参照 2010 年大沽河流域现状年供水量统计结果，如表 9.4 所示，根据不同行政区浅层淡水的开采量求得不同行政区每平方千米开采量作为模型中每个单元格的开采量，以井的方式加入到模型中。模型模拟期间，大沽河流域降水量偏小，河流大部分时间处于断流，故不考虑河流入渗对地下水的补给。

**表 9.4　大沽河流域现状年供水量统计结果**　　单位：万 $m^3$

| 行政分区 | 地表水工程 | | | | 地下水工程 | | 合　计 |
|---|---|---|---|---|---|---|---|
| | 蓄水工程 | 引水工程 | 提水工程 | 小　计 | 浅层淡水 | 小　计 | |
| 莱西市 | 5 920 | 0 | 1 102 | 7 022 | 2 917 | 2 917 | 9 939 |
| 平度市 | 1 646 | 507 | 538 | 2 691 | 7 470 | 7 470 | 10 161 |
| 即墨市 | 1 570 | 0 | 292 | 1 862 | 2 554 | 2 554 | 4 416 |
| 胶州市 | 4 028 | 0 | 82 | 4 110 | 3 080 | 3 080 | 7 190 |
| 胶南市 | 876 | 97 | 128 | 1 101 | 321 | 321 | 1 422 |
| 合　计 | 14 040 | 604 | 2 142 | 16 786 | 16 342 | 16 342 | 33 128 |

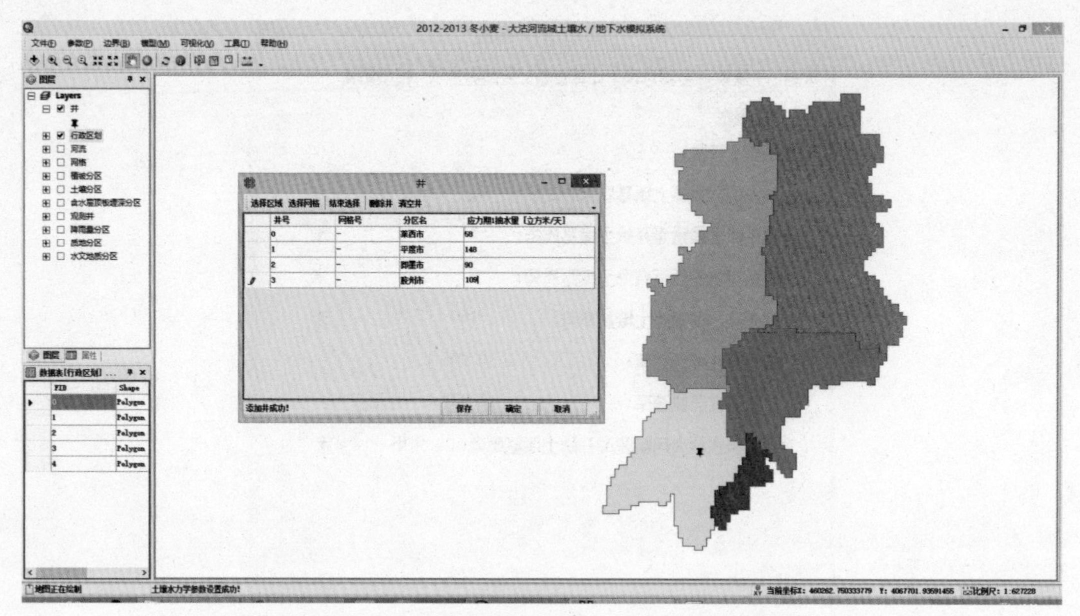


图 9.18 大沽河流域不同行政分区地下水开采量

## 9.5 结果分析

利用上述模型及参数模拟了 2012 年 10 月 22 日～2013 年 10 月 1 日冬小麦—夏玉米轮作期共 345 d 的土壤水分运动,计算所得的土壤剖面含水量和地下水水位与 10 个长期观测点相对比。除个别点外,土壤含水量的 $R^2$ 在 0.68～0.88 之间,RMSE 在 0.029～0.051 之间,图9.19给出了有水分观测资料的4月19日和经历较强降雨后的7月12日的大沽

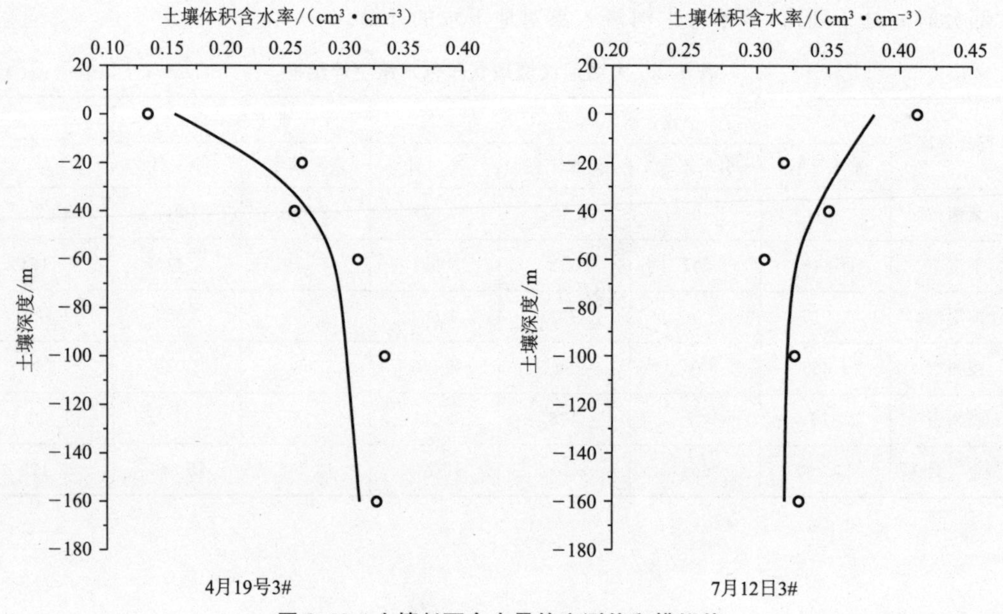


图 9.19 土壤剖面含水量的实测值和模拟值

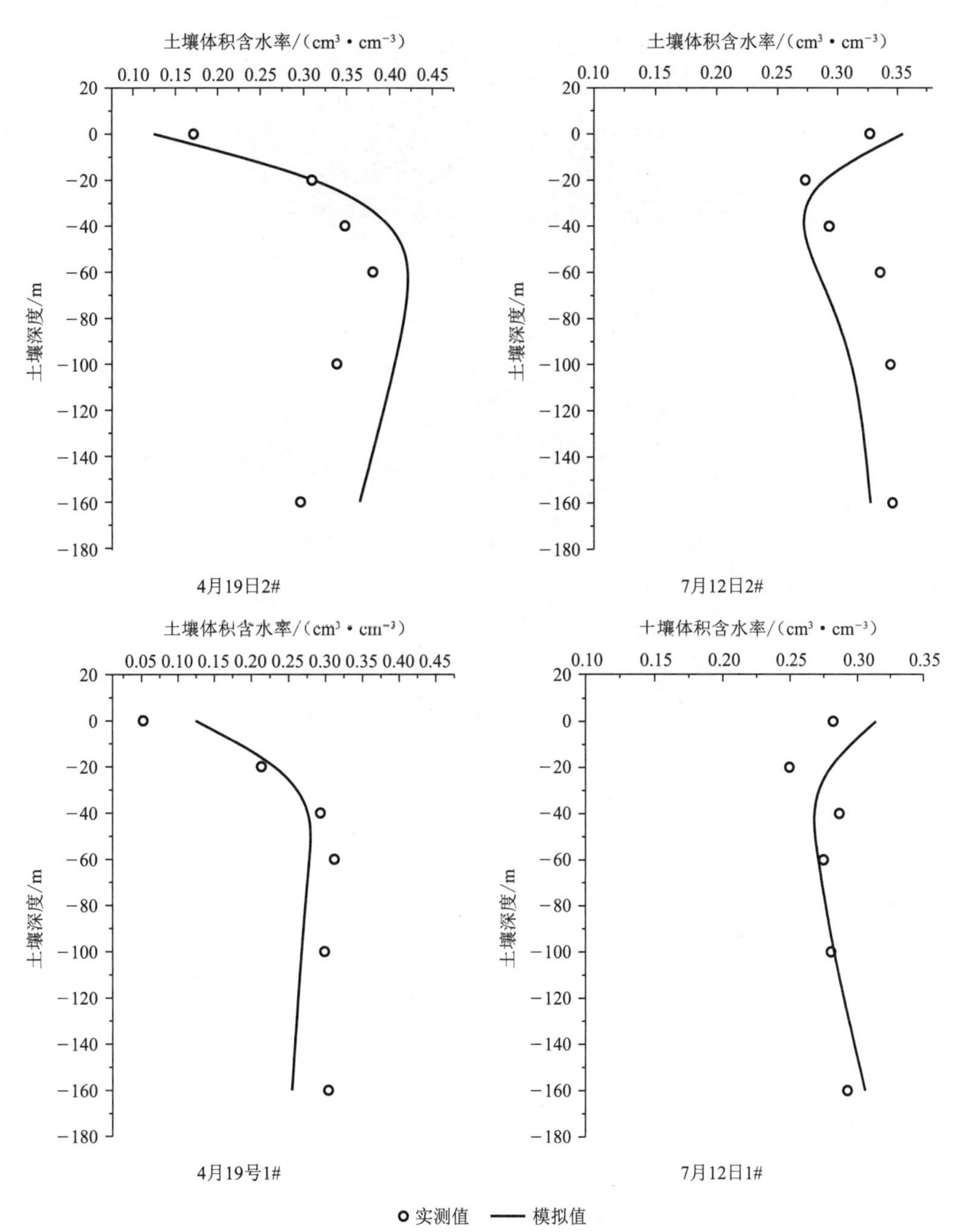


**图 9.19(续)　土壤剖面含水量的实测值和模拟值**

河流域上中下游的三个观测点(3＃、2＃、1＃)的土层剖面含水量的实测值与模拟值。从图中可以看出,各试验点土壤体积含水率的模拟值与实测值吻合较好。

图 9.20 为玉米生长期某一时刻地下水等值线图,随机地选取大沽河上中下游有地下水位观测井的三个网格上的地下水模拟值与实测值相比较,如图 9.21 所示,$R^2$ 为 0.63～0.86,RMSE 为 0.115～0.331,拟合程度在允许的误差范围之内,可以反映一定的地下水运动变化趋势。识别后的渗透系数 $K$ 和给水度 $\mu$ 如表 9.5 所示。

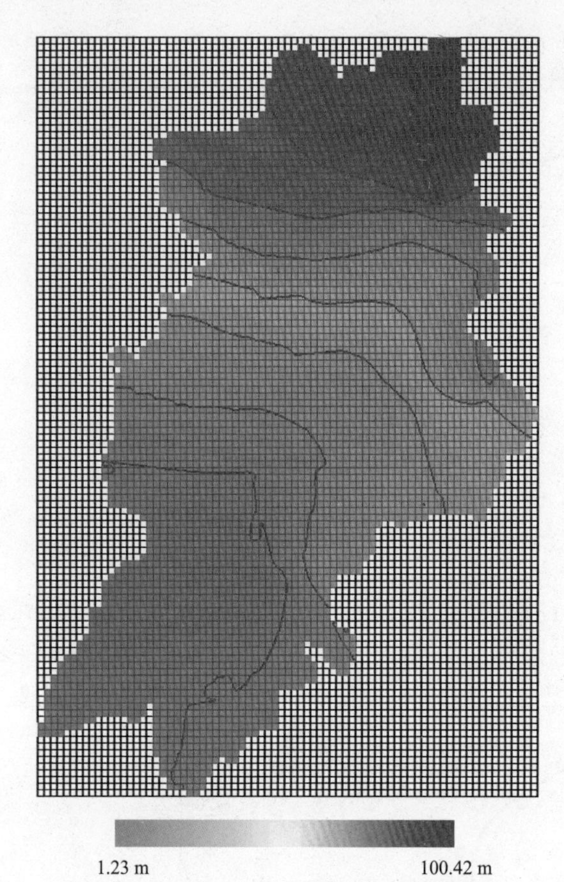


图 9.20　2013 年 8 月 26 日地下水位模拟值

表 9.5　不同分区给水度 $\mu$ 和 $K$ 值表

| 岩　性 | A | B | C | D |
|---|---|---|---|---|
| 给水度 $\mu$ | 0.18 | 0.17 | 0.17 | 0.16 |
| 渗透系数 $K/(\mathrm{m\cdot d^{-1}})$ | 124 | 82 | 45 | 36 |

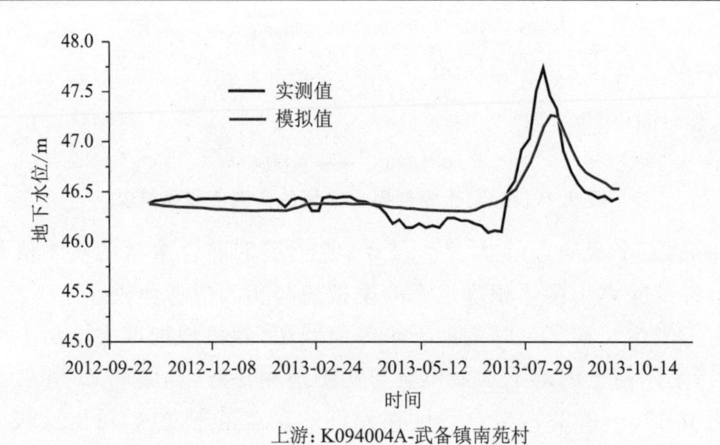


图 9.21　大沽河流域地下水位的观测值与模拟值

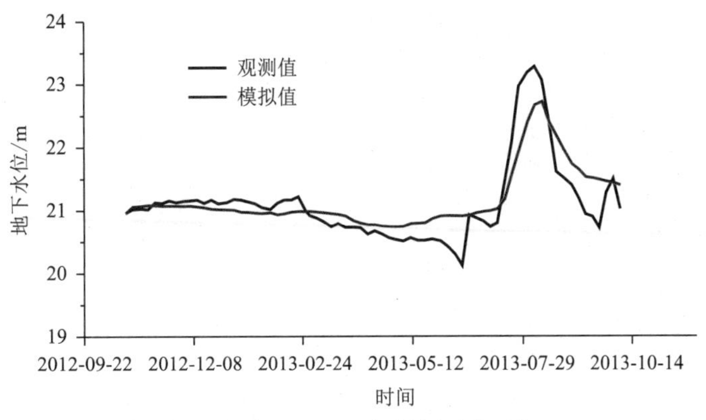


中游: K0950910-仁兆镇李家屯西北100 m

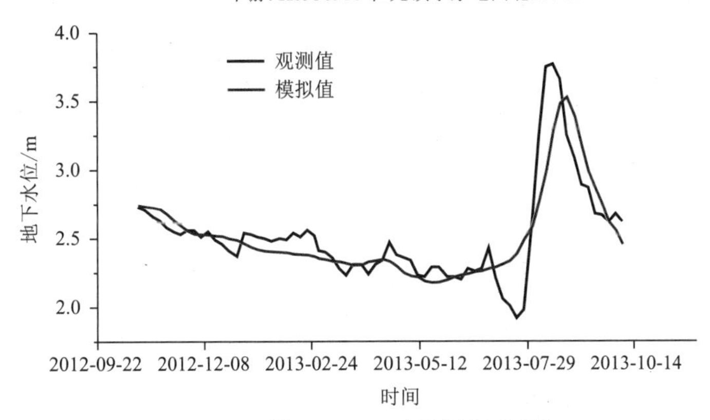


下游: K0920430-李哥庄镇小窑村北

**图 9.21(续)　大沽河流域地下水位的观测值与模拟值**

土壤含水量和地下水位的模拟结果表明模型的概化及选取的土壤水力学参数和水文地质参数是合理的,所建立的土壤水/地下水耦合模型,能够真实地反映土壤水、地下水的运动特征,对于模拟灌溉条件下大沽河流域农田水分转化过程是可行的。

# 第10章

# 大沽河流域土壤水/地下水转化研究及优化配置

农田土壤水分转化过程主要包括大气降水、灌溉水的入渗，地表和地下径流，土壤水与地下水的水量交换以及农田蒸散等(图 10.1)。大沽河流域作物生长所需水分主要来源于大气降水和灌溉水，一定时期也能接受潜水的补给。汛期(6～9 月份)雨水较多的时候，超过包气带土层持水能力的土壤水下渗进入潜水层，非汛期潜水经蒸发也可反过来补给土壤水而为作物所利用。土壤水的消耗则主要是以农田蒸散和深层渗漏为主。大量研究表明，在华北地区地下水极限埋深为 3.0～4.0 m，即地下水埋深大于 4.0 m 时，地下潜水不能上升补给土壤水。

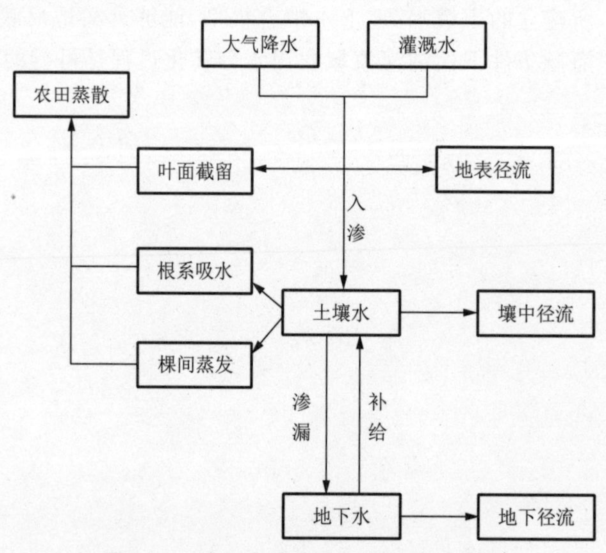


**图 10.1　农田土壤水分转化过程示意图**

目前，国内外学者对农田土壤水分运动研究所采用的方法主要有水量平衡方法和数值模拟方法。其中，数值模拟方法由于其高效、经济、简便的优点而被广泛应用，且随着计算机科学的迅猛发展,数值计算已基本上不存在技术难题,如 SWAP、Hydrus-1D 等软件均能很好地求解一维土壤水分运动问题。本章基于 Hydrus-1D 软件利用数值模拟方法研究了农田土壤水分转化以及作物需水规律;其次,分别用数值模拟(土壤水/地下水耦合模型)和水量平衡法探讨了地下水浅埋区地下水影响下土壤水/地下水的转化规律,旨在为决策者制定合理灌溉制度提供科学的依据。

# 10.1 农田土壤水分转化的数值模拟(地下水深埋区)

尽管农田水分转化过程十分复杂,但只需给出准确的参数以及合适的初边值条件,利用 Hydrus-1D 软件就能很好地对土壤水分转化这一过程进行数值模拟。

## 10.1.1 试验点布置

为了能真实地反映研究区的实际情况,我们在大沽河流域地下水埋深大于 4 m 的区域共设置了 3 个土壤水分定位观测点,分别位于莱西前沙湾庄、莱西吴家屯和平度曲坊,涵盖了流域内最主要的 3 种土壤类型的农田。野外试验时,分别在土层剖面的 10 cm、30 cm、50 cm、100 cm、150 cm 处设立土壤水分观测点,观测时间从 2008 年 4 月 3 日冬小麦拔节开始,到 9 月 19 日夏玉米收割结束,一般每 10 d 观测 1 次(夏玉米播种至抽穗期内无观测),降雨或灌溉后加密观测,共获得 16 次观测资料,这些资料将用于土壤水分运动模型的检验。试验期间按照当地的灌溉制度分别于冬小麦拔节期(4 月 5 日)、灌浆期(5 月 12 日)和夏玉米拔节期(7 月 9 日)各进行 1 次灌溉,净灌水定额 80 mm。

## 10.1.2 模型相关参数及初边值条件

土壤水分运动模型仍采用经典的 Richards 方程(7.11)式来描述,方程中源汇项的计算方法同 7.3.2 节,土壤水分特征曲线则根据 3 个试验点的土壤理化性质数据,利用构建的人工神经网络模型间接估算,$K_s$ 由圆盘渗透仪田间直接测定,得到土壤水力性质参数见表 10.1,模型中其余参数仍采用 7.3.4 节中的数值。模型初始条件为 2008 年 4 月 3 日实测的土层剖面体积含水量分布,降水、灌水、田间蒸散发计算构成作物生长期土壤水分运动模型的上边界条件和源汇项,由于采样点地下水位埋深大于 4.0 m,故下边界设为自由排水边界。

**表 10.1 试验点土壤水力性质参数**

| 试验点位置 | 土壤类型 | $\theta_r$ | $\theta_s$ | $\alpha$ | $n$ | $K_s/(\mathrm{cm \cdot d^{-1}})$ |
|---|---|---|---|---|---|---|
| 莱西前沙湾庄 | 潮　土 | 0 | 0.451 | 0.008 8 | 1.484 | 33.47 |
| 莱西吴家屯 | 棕　壤 | 0 | 0.392 | 0.016 8 | 1.427 | 18.02 |
| 平度曲坊 | 砂姜黑土 | 0 | 0.408 | 0.014 7 | 1.419 | 8.27 |

## 10.1.3 模型校验

利用以上模型及参数模拟了 3 个试验点 2008 年 4 月 3 日～9 月 19 日共 170 d 的土壤

水分运动，整个模拟时段内以日为时间步长的各试验点土层剖面的 10 cm、50 cm 和 150 cm 处含水率模拟值与实测值进行比较(图 10.2)，同时随机选取有水分观测资料的 6 月 10 日和 9 月 19 日分别代表冬小麦和夏玉米生育阶段，将土层剖面含水率的模拟值与实测值对比如图 10.3 所示。可以看出，各试验点土壤体积含水率的模拟值与实测值吻合较好，且随时间变化的趋势比较一致，因此建立的土壤水分运动模型对于模拟灌溉条件下大沽河流域农田水分转化过程是可行的。

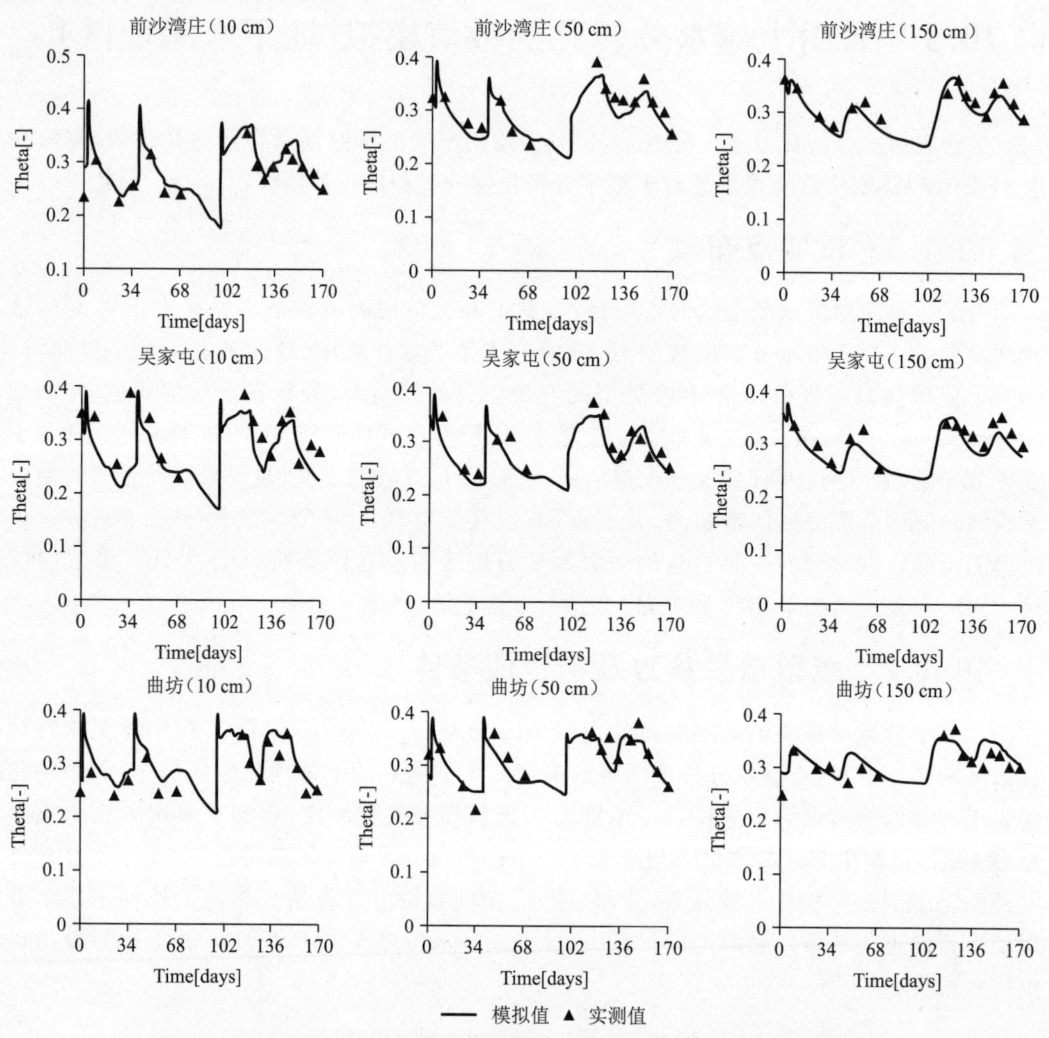


**图 10.2　各试验点土层剖面不同深度处土壤体积含水率模拟值与实测值**

图中 10 cm 和 50 cm 处土壤体积含水量随时间变化的幅度较大，而 150 cm 处土壤体积含水量的变化曲线则显得比较平缓，这一点是符合客观实际的，土壤水分的变化主要受降水和灌溉的影响，通过棵间蒸发、根系吸水而达到动态的平衡，而降雨和蒸发对表层土壤含水量的影响非常大，再加上 0～50 cm 土层正是作物根系分布最密集的区域，根系吸水十分活跃，因而导致表层土壤含水量的变化很明显，而下层土壤含水量受降雨和蒸发的影响远不如上层土壤强烈，且超过 1 m 土深后作物根系吸水的作用也已经很小，所以土壤含水量相对稳定一些。

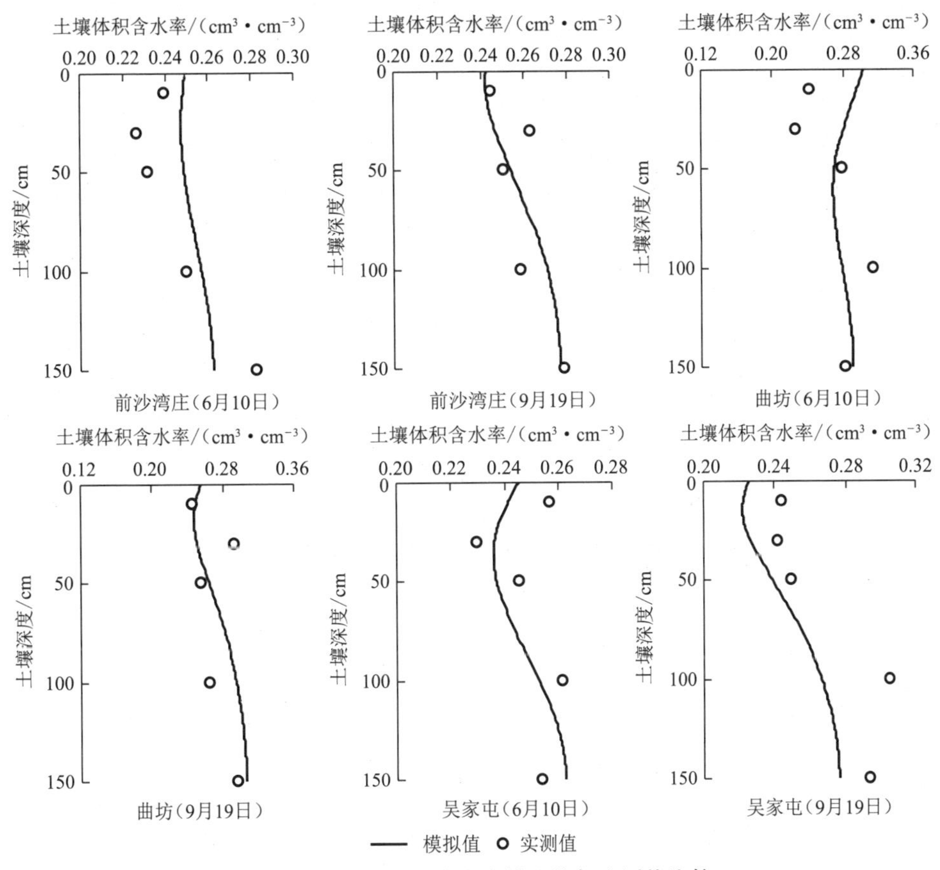


图 10.3　土壤剖面含水率模拟值与实测值比较

## 10.1.4　结果分析

### 10.1.4.1　农田水分转化模拟

各试验点农田水均衡各项模拟结果见表 10.2，整个模拟时段内降水总量为 758.2 mm，灌水量 240 mm(3 次灌溉，每次 80 mm)。不同土壤类型农田的蒸散量相差不大，其中作物蒸腾量要远大于棵间蒸发量，平均占到农田蒸散量的 84%。深层渗漏量差异比较明显，砂姜黑土农田的深层渗漏量比棕壤和潮土农田分别少 79.7 mm 和 102.9 mm。模拟时段前后，棕壤和潮土农田 0～150 cm 土层蓄水量分别减少了 12.7 mm 和 32.5 mm，而砂姜黑土农田则增加了 66.8 mm。

表 10.2　农田水分转化模拟结果(单位:mm)

| 土壤类型 | 降水量 | 灌水量 | 根系吸水 | 棵间蒸发 | 深层渗漏 | 蓄水变化 |
| --- | --- | --- | --- | --- | --- | --- |
| 棕　壤 | 758.2 | 240 | 458.1 | 87.9 | 464.9 | −12.7 |
| 潮　土 | 758.2 | 240 | 457.6 | 85.0 | 488.1 | −32.5 |
| 砂姜黑土 | 758.2 | 240 | 458.1 | 88.1 | 385.2 | 66.8 |

降水和灌溉量主要消耗于根系吸水和深层渗漏，棕壤、潮土和砂姜黑土农田的作物根系吸水量分别占总支出的 45.3%、44.4%和 49.2%，深层渗漏量分别占总支出的 46.0%、

47.4%和41.4%。通过对比7.3.5节中的表7.9可以发现，按照当地的灌溉制度，分别在冬小麦拔节期、灌浆期和夏玉米拔节抽穗期进行了灌溉，同时消耗于深层渗漏的水量也明显增加，可见灌水量并没有得到最大程度的利用，尚有较大节水潜力。土层蓄水变化是水均衡各项综合作用的结果，由于砂姜黑土黏粒含量高，土壤持水能力强，饱和导水率 $K_s$ 小于潮土和棕壤，所以砂姜黑土农田土层蓄水量有所增加的模拟结果是符合土壤水分运移规律的。

#### 10.1.4.2 降水和灌溉对土壤深层渗漏量的影响

图10.4为模拟时段内降水灌溉量与3种土壤类型农田的水分渗漏动态分布情况。从图中可以看出，3种土壤类型农田的深层渗漏量变化趋势较为一致，且与降水和灌溉的关系密切，每当大的降雨或灌溉后，1.5 m土体通常会出现较强的土壤水分渗漏，而且略滞后于降雨或灌溉发生的时刻。一般来说，降水或灌溉量越大，土壤水分渗漏也越多，反之亦然。这一点可从图中得到印证，从6月26日开始出现连续几次小降雨，土壤水渗漏量缓慢增加，7月9日的一次灌溉后土壤水渗漏量突然跳跃性的增大，且在随后一段时间里一直保持稳定的增长，直到7月19日、7月20日和7月23日发生的3次大的降雨后(降水量分别为46.3 mm、55.3 mm和88.9 mm)，3种土壤类型的农田土壤水渗漏量均在7月24日达到了最高值，棕壤、潮土和砂姜黑土农田的水分渗漏量分别为33.8 mm、37.5 mm和28.9 mm，之后逐渐减少直至稳定在较低的水平值。可见，产生土壤水渗漏的主要原因是大量降雨和灌溉。

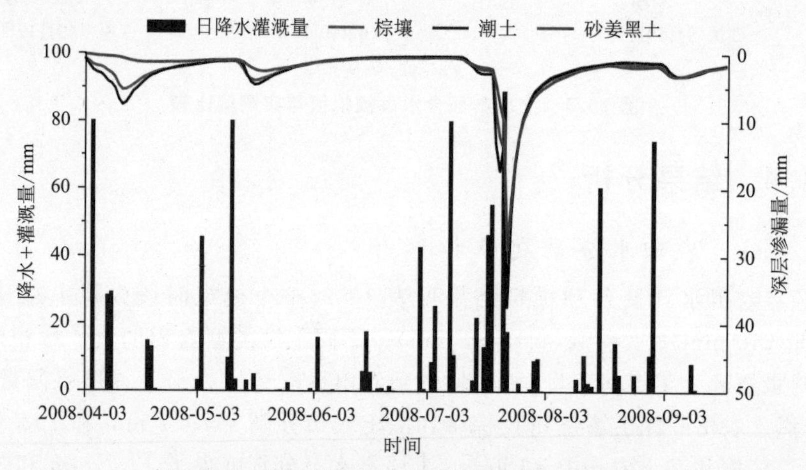


**图10.4 模拟时段内土壤水渗漏量日变化曲线**

另外，深层渗漏量还与前期土层储水量有关。如果降雨或灌溉前土层储水量少，即使发生了大的降水或灌溉过程，也不会导致明显的水分渗漏，因为大部分的水分填蓄了土壤库容，只有当超过土层持水能力时土壤水才会产生渗漏。

#### 10.1.4.3 作物蒸腾与棵间蒸发

模拟得到的冬小麦和夏玉米蒸发量的日变化情况如图10.5至图10.7所示。从图中可以看出，3种土壤类型的农田蒸散发变化规律大致相同，绝大多数时间内作物蒸腾量要大于棵间蒸发量，仅仅是在6月16日(冬小麦收割日)至6月24日(夏玉米出苗后3 d)棵间蒸发量大于作物蒸腾量，因为该时期作物叶面积指数很小，叶面蒸腾对蒸散量的贡献已不占优势，而以土壤蒸发为主，蒸发量峰值同样也是出现在该时期，其他生育期的棵间蒸发量均较小且变化不明显。作物蒸腾量在模拟时段内呈“W”形变化趋势，冬小麦拔节初期和成熟期、夏玉米出苗、灌浆和成熟期的蒸腾量相对较小，最高值分别出现在冬小麦拔节—灌浆期(4～5 月份)和夏玉米拔节—抽穗期(7～8 月份)，该时期正值小麦和玉米生长旺盛阶段，作物叶面积指数也最大，蒸腾作用强烈，消耗了大量水分。农田蒸散量是由作物蒸腾量和棵间蒸发量构成，本研究中作物蒸腾量所占的比例很高，因此农田蒸散量与作物蒸腾量的变化趋势是基本一致的，故不再赘述。

另外值得注意的是，作物蒸腾和棵间蒸发量曲线总是不定期的出现峰值，经过与降水和灌溉资料进行比较分析后，发现作物蒸腾和棵间蒸发量的峰值大多都出现在降雨或灌溉后 1～2 d，且降水或灌溉量越大曲线在该处的波动也越大，在这之后逐渐下降直至下次降雨或灌溉。由于绝大多数时间内棵间蒸发量相对作物蒸腾量值较小，图中表现的不是很明显，但从作物蒸腾曲线中可清楚地看到这一点。这充分说明降水和灌溉量对农田蒸散量的影响很大，降雨或灌溉后导致作物冠层下表层土壤含水量升高，从而加大棵间蒸发量，在土层持水能力范围内，土壤含水量越高作物根系吸水速率也越快，蒸腾量越大。

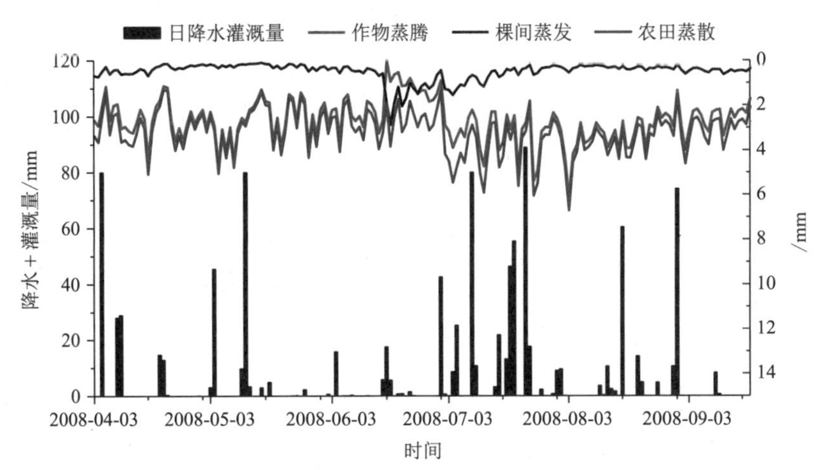


图 10.5　棕壤农田模拟时段内作物蒸腾与棵间蒸发日变化曲线

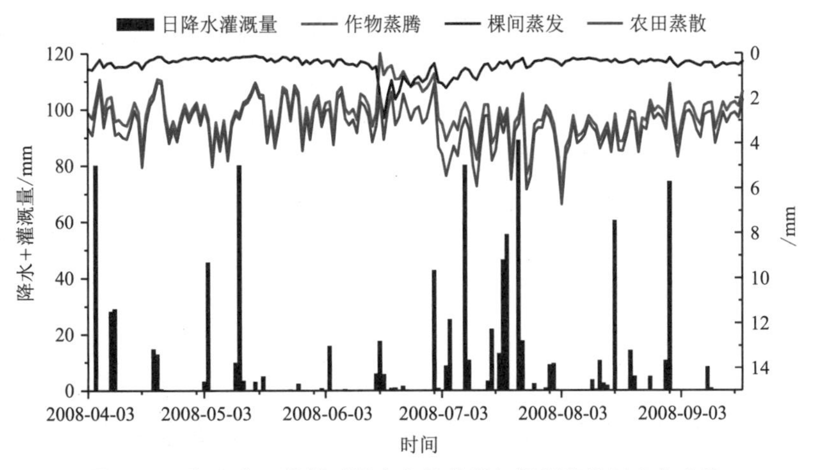


图 10.6　潮土农田模拟时段内作物蒸腾与棵间蒸发日变化曲线

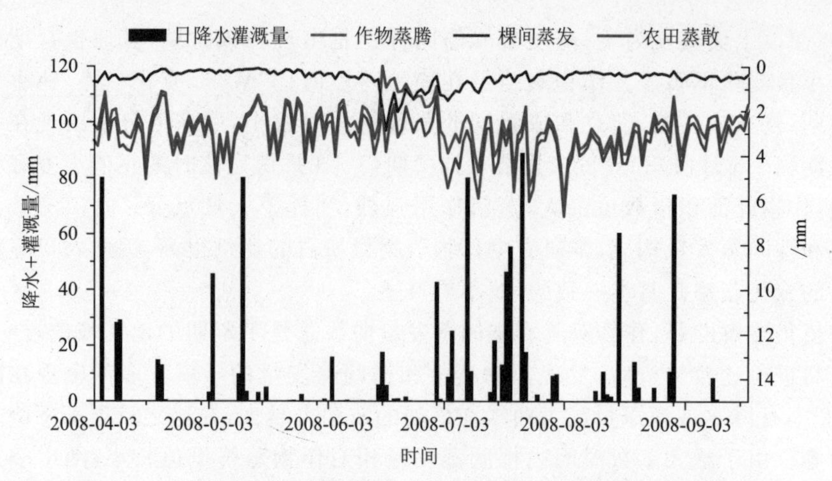


**图 10.7　砂姜黑土农田模拟时段内作物蒸腾与棵间蒸发日变化曲线**

#### 10.1.4.4　土层储水量的变化

从图 10.8 中可以看出,3 种土壤类型农田的土层储水量随时间变化的趋势一致,砂姜黑土农田的土壤水储存量在各个时期都要高于棕壤和潮土农田,这是因为砂姜黑土黏粒含量较高,土壤的持水能力最强。

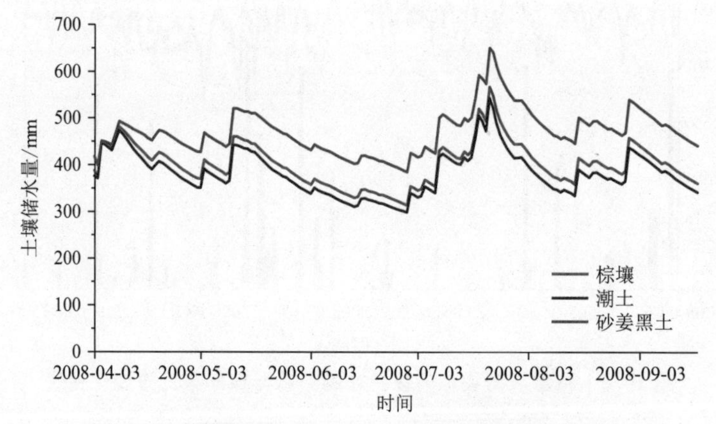


**图 10.8　模拟时段内 150 cm 土层储水量日变化曲线**

模拟时段内土层储水量出现的若干次峰值均是降雨或灌溉的结果,在无降水或灌溉的时候,由于作物蒸腾蒸发,储水量是持续下降的。可以看到,冬小麦灌浆结实期间,随着小麦对水分需求的加大,储水量的下降幅度特别明显。由于此前小麦生长消耗了大量的土壤水,加之降雨较少,夏玉米生长初期的土层储水量降至最低,进入 7 月份后,随着降水量的增多,储水量迅速增大且一直保持在较高的值,7 月 23 日的一次大降雨(降水量 88.9 mm)更使土层储水量达到最大,在这之后夏玉米生长发育进入抽穗—灌浆期,储水量随之大幅度减少。

## 10.2　地下水位影响下土壤水与地下水转化关系研究

一般来说,地下水和土壤水的交换作用分为 3 种类型:当地下水埋深高于极限埋深时，土壤水自始至终渗漏到地下含水层，而地下水对土壤水补给作用几乎不明显，此时建立模型时可以忽略地下水的作用(10.1 节的模拟研究)；当地下水埋深小于极限埋深且大于土壤作物根系深度时，地下水和土壤水存在频繁的相互交换关系，浅埋区地下水变化对土层的含水量和水势有明显影响，此时，土壤水分模型在建立时应考虑地下水的作用；当地下水埋深小于作物根系深度时，土壤水与地下水相互补给作用强烈，土壤水分近乎饱和，湿地或沼泽属于此种情况，此时不易评价土壤水和地下水之间的交换量。大沽河流域地下水浅埋区土壤水与地下水关系属于上述的第二种类型，而且近年来该领域的研究也逐渐增多，因此计算评价地下水与土壤水交换量对于农业水资源的合理利用有重大意义。

大沽河流域不同区域地下水埋深存在差异，一般流域中下游埋深比上游埋深浅，流域地下水埋深主要集中在两个范围，分别是 1～2 m，3～6 m。由于地下水埋深对土壤水与地下水转化关系有重要的影响，因此有必要选取不同地下水埋深条件的区域来研究土壤水与地下水的相互关系。

选取图 6.1 中长期取样观测点中的 3 号取样点和 8 号取样点作为研究不同埋深情况下土壤水和地下水转化关系的研究区域，试验时间分别选取夏玉米和冬小麦一个完整的生长周期，时间由 2012 年 6 月 8 日至 2013 年 6 月 1 日。研究区分别处于莱西市和平度市，海拔高程分别约 55 m 和 31 m，含水层上覆土层为 2～3 m。3 号点埋深相对较深，介于 4.8～5.6 m，较为稳定；8 号点地下水埋藏较浅，埋深在 0.7～3.5 m 之间波动。两个观测点地下水主要以潜水形式存在。3 号点与 8 号点在垂直剖面上可划分为三种不同质地的土壤，其基本理化性质见表 10.3 与 10.4。

**表 10.3　3 号点土壤理化性质**

| 土壤层次/cm | 土壤质地 | 砂粒/% | 粉粒/% | 黏粒/% | 容重/($g \cdot cm^{-3}$) |
|---|---|---|---|---|---|
| 0～30 | 壤　土 | 31.44 | 41.81 | 26.75 | 1.55 |
| 30～90 | 黏壤土 | 30.64 | 38.86 | 30.50 | 1.60 |
| 90～160 | 砂质黏壤土 | 43.24 | 28.29 | 28.47 | 1.66 |

**表 10.4　8 号点土壤理化性质**

| 土壤层次/cm | 土壤质地 | 砂粒/% | 粉粒/% | 黏粒/% | 容重/($g \cdot cm^{-3}$) |
|---|---|---|---|---|---|
| 0～40 | 壤　土 | 45.31 | 32.25 | 22.44 | 1.46 |
| 40～100 | 砂质黏壤土 | 46.86 | 28.09 | 25.05 | 1.48 |
| 100～160 | 砂质壤土 | 51.53 | 27.65 | 20.82 | 1.51 |

### 10.2.1　土壤水储量变化情况

土壤水储量是评价土壤湿度的指标之一，其便于与降水量、农田蒸散发量、灌溉量等进行比较，且土壤水储量的变化情况可以准确反映农田在不同时期的需水规律。根据流域土壤水分分布特征以及农田作物耗水特征，将 160 cm 土壤剖面分为 5 层，分别为 0～20 cm、20～40 cm、40～60 cm、60～100 cm 以及 100～160 cm，根据 7.1.1 节中的土壤水储量计算公式获得研究区土壤水储量。

土壤水储量出现的若干次峰值均是降雨或灌溉的结果，在无降水或灌溉的时候，由于作为蒸腾蒸发,储水量是持续下降的。图 10.9 为 3 号点与 8 号点玉米生长期内土壤水储量的变化情况。可以看出,玉米生长期内的土壤水储量波动剧烈,3 号点最大值达 530.8 mm,最小值为 302.6 mm;8 号点最大值达 483.6 mm,最小值为 351.7 mm,主要原因是该时期处于汛期,降雨量大;其次,夏季温度较高,太阳辐射强度较大,农田蒸散发强烈,土壤水储量变化处于极为不稳定状态,变差系数分别为 14.90%和 9.97%。而 3 号点的波动幅度相对 8 号点较为剧烈,这是因为 8 号点地下水埋深比 3 号点浅,地下水对农田耕作层土壤的补给作用更为明显,而 3 号点地下水的补给作用由于埋深较高的缘故相对微弱,因此在降雨量、蒸散量波动剧烈的情况下,地下水补给对土壤水储量的缓冲作用很低。

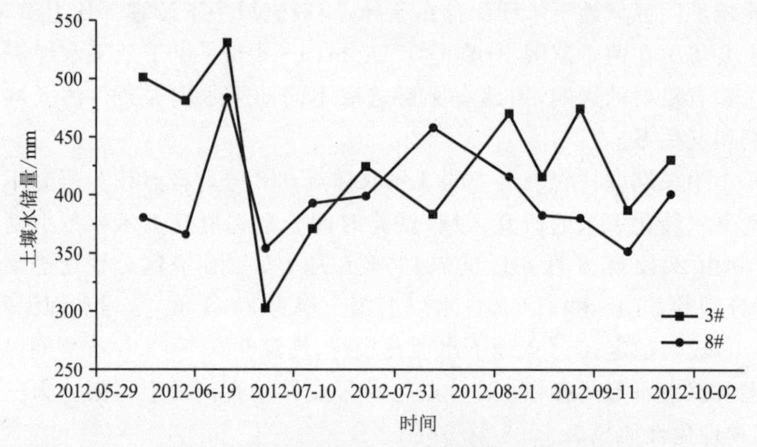


**图 10.9　玉米生长期内土壤水储量变化情况**

图 10.10 为 3 号点与 8 号点小麦生长期内土壤水储量的变化情况。相对玉米生长期而言,小麦生长期内,降雨量稀少,温度偏低,农田蒸散值不高,地下水位埋深较大且变化幅度较小,因此土壤水储量波动较为平稳,3 号点最大值为 482.9 mm,最小值为 313.3 mm,变差系数为 12.58%,8 号点最大值为 382.8 mm,最小值为 313.2 mm,变差系数为 6.55%,这进一步说明土壤水分的变化与降雨,农田蒸散以及地下水位有密切的联系。3 号点由于地下水补给作用微弱,土壤水储量波动相对剧烈。总体来说,整个计算期内 3 号点土壤水储量高于 8 号点,这是由于该点土壤的黏性较高,持水能力稍强,因此在降雨量明显减少的情况下,土壤质地是决定土壤水储量大小的主要因素。

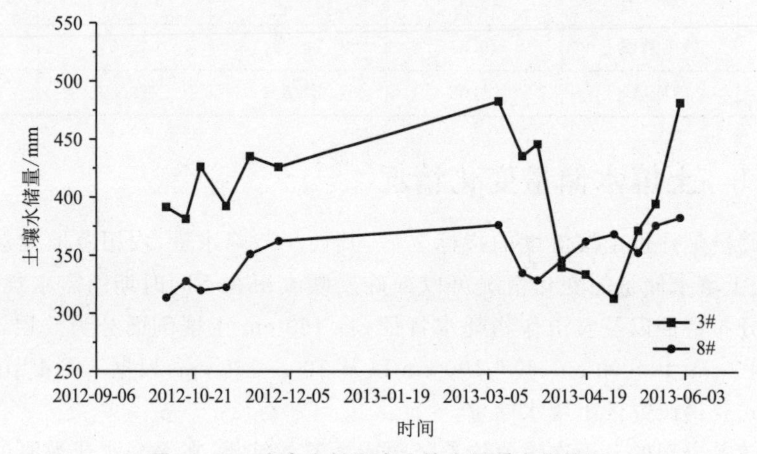


**图 10.10　小麦生长期内土壤水储量变化情况**

## 10.2.2　土壤剖面水分含量与地下水动态分析

3 号点和 8 号点分别处于大沽河流域的上游和中游，图 10.11 为两个观测点夏玉米—冬小麦轮作期内地下水位的动态变化情况。可以看出，两点的地下水位变化呈明显的季节性，这与大气降水的规律是一致的。进入汛期后，地下水位逐渐升高并于 8 月底达到年最高值；汛期过后，伴随大气降水的减少，水位逐渐下降，于 5 月份降至年最低值。尽管两个观测点地下水位的动态变化规律存在一定的相似性，但由于影响降雨入渗补给地下水过程的因素很多，因此，3 号点与 8 号点的地下水位波动差异较大。

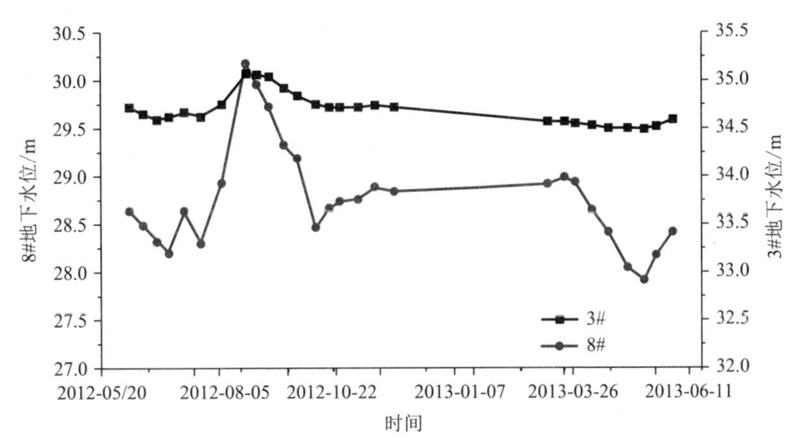


**图 10.11　夏玉米—冬小麦轮作期地下水位变化情况**

8 号点地处中游河谷平原，土层含砂量较高，有利于降水入渗补给地下含水层，而且该点地下水埋深较浅，与土壤层的关系更为密切，因此地下水位对降水、农田蒸散以及人工开采的响应较快，因此波动较剧烈。3 号点地下水位波动相对平稳，这是因为降雨入渗补给不仅取决于降水本身，而且也受包气带的土质以及厚度影响。该点地处流域上游，地下水埋深较深，包气带相对厚度大，汛期以前，地下水位低，包气带土壤水分也很低，因此，大部分降水都被包气带土层吸收，补充土壤水分的亏缺，很难对地下含水层产生补给；而进入汛期后，降雨频次增多，雨强也增大，补足土壤水分亏缺后，降雨开始入渗补给地下含水层，水位有明显的上升。根据该点的降雨、地下水位、土壤水储量、包气带厚度及土质特征情况可推出，该点降水对地下水的补给期主要集中在汛期以及汛期前后，而其他时期降水能转化为地下水的量很少，除非雨强很大，否则可忽略不计。由图 10.11 也可看出，汛期过后，地下水位波动变弱，由于降水稀少，包气带土壤随着农田蒸发和作物耗水而缺水严重，因此对降雨的截留作用变强，当地下水位下降持续超过两周后，大气降水对于地下水位变化的影响会很小。

总体来说，流域地下水位变化主要由降雨入渗量以及人工开采量控制，且不同埋深以及不同包气带条件下呈现不同的动态规律，而地表径流由于时间短，流量小，对地下水位基本无影响。

表 10.5 至 10.8 分别列出 3 号和 8 号观测点玉米和小麦生长期内土壤剖面各层土壤含水率、剖面土壤水储量及地下水埋深的统计情况。

**表 10.5　3 号点玉米期剖面各层土壤含水率、剖面土壤水储量和地下水埋深统计情况**

| 项　目 | 体积含水量 * 100/($cm^3$ · $cm^{-3}$) | | | | | | W /mm | 埋深 /m |
|---|---|---|---|---|---|---|---|---|
| | 0～20 cm | 20～40 cm | 40～60 cm | 60～100 cm | 100～160 cm | 160～200 cm | | |
| 平均值 | 17.55 | 25.92 | 31.09 | 28.44 | 27.09 | 25.29 | 430.99 | 5.26 |
| 标准差 | 11.82 | 2.76 | 5.73 | 4.82 | 8.70 | 4.54 | 64.23 | 0.18 |
| 变差系数/% | 67.35 | 10.65 | 18.43 | 16.95 | 32.12 | 17.95 | 14.90 | 3.42 |

**表 10.6　8 号点玉米期剖面各层土壤含水率、剖面土壤水储量和地下水埋深统计情况**

| 项　目 | 体积含水量 * 100/($cm^3$ · $cm^{-3}$) | | | | | | W /mm | 埋深 /m |
|---|---|---|---|---|---|---|---|---|
| | 0～20 cm | 20～40 cm | 40～60 cm | 60～100 cm | 100～160 cm | 160～200 cm | | |
| 平均值 | 16.38 | 24.25 | 27.00 | 26.26 | 24.45 | 24.04 | 396.99 | 1.88 |
| 标准差 | 4.04 | 1.74 | 1.64 | 1.65 | 6.52 | 5.43 | 39.57 | 0.68 |
| 变差系数/% | 24.66 | 7.18 | 6.07 | 6.28 | 26.67 | 22.59 | 9.97 | 36.17 |

**表 10.7　3 号点小麦期剖面各层土壤含水率、剖面土壤水储量和地下水埋深统计情况**

| 项　目 | 体积含水量 * 100/($cm^3$ · $cm^{-3}$) | | | | | | Q /mm | 埋深 /m |
|---|---|---|---|---|---|---|---|---|
| | 0～20 cm | 20～40 cm | 40～60 cm | 60～100 cm | 100～160 cm | 160～200 cm | | |
| 平均值 | 16.32 | 23.94 | 30.94 | 27.83 | 24.09 | 23.62 | 403.49 | 5.45 |
| 标准差 | 7.89 | 4.15 | 6.23 | 3.97 | 3.30 | 3.87 | 50.76 | 0.10 |
| 变差系数/% | 48.35 | 17.34 | 20.14 | 14.27 | 13.70 | 16.38 | 12.58 | 1.84 |

**表 10.8　8 号点小麦期剖面各层土壤含水率、剖面土壤水储量和地下水埋深统计情况**

| 项　目 | 体积含水量 * 100/($cm^3$ · $cm^{-3}$) | | | | | | Q /mm | 埋深 /m |
|---|---|---|---|---|---|---|---|---|
| | 0～20 cm | 20～40 cm | 40～60 cm | 60～100 cm | 100～160 cm | 160～200 cm | | |
| 平均值 | 17.32 | 23.28 | 26.28 | 23.41 | 20.7 | 19.94 | 348.35 | 2.28 |
| 标准差 | 6.02 | 1.45 | 2.82 | 2.83 | 2.17 | 1.58 | 22.83 | 0.34 |
| 变差系数/% | 34.76 | 6.23 | 10.73 | 12.09 | 10.48 | 7.92 | 6.55 | 14.91 |

统计结果表明，两个观测点玉米生长期内表层土壤含水率均较低，40～60 cm 土层最高，整个剖面含水率呈现先升高，后降低，最后趋于平稳的状态。由变差系数可以看出，表层含水率波动强烈，因为表层土质疏松，持水力较弱，较难积累降雨和灌溉水，且表层蒸发强烈；40～100 cm 土层由于黏性较大，持水力较强，含水量最高；100～200 cm 为含砂土层，因此含水量较 40～80 cm 处略低。由变差系数可以看出，黏性大、持水能力强的土层变差系数低于其他土层，土壤含水量较为稳定。3 号点剖面各层土壤含水率变差系数总体高于 8 号点，这是因为 3 号点地下水埋深较深，地下水对土壤层的补给作用不明显，同时玉米生长期农田蒸散发剧烈，因此土壤含水量变幅较强；由剖面土壤水储量变差系数也可看出，由于 8 号点包气带厚度以及地下水埋深均小于 3 号点，因此降雨、灌溉以及地下水可以及时并充足地补给土壤层，使得土壤水储量保持均衡状态，故变差系数较低。玉米期 8 号点地下水埋深均值为 1.88 m，变差系数高达 36.17%，且接近地下含水层的土层变差系数

明显高于其他土层,这些都说明该区域地下水与土壤水交换频繁。

小麦生长期内,两个观测点各层含水量大小顺序与玉米期相同,表层土壤含水率波动依然较强,其他层土壤含水率与玉米期比较均有不同程度的降低,土壤水储量处于较低水平,这与该段时间降水稀少有密切关系。从变差系数来看,40～100 cm 土层有一定程度的升高,这是因为期间降水量较低,地下水埋深增大,变动逐渐趋于稳定,且蒸散发作用减弱,小麦所需水分主要来源于 40～100 cm 土层,因而该层含水量变幅升高,而 100～200 cm 含水量变化较玉米期平稳。这主要是因为 8 号点地下水位降低,埋深升高,地下水位变动趋于平稳,因此土壤水与地下水之间交换较之玉米期有一定程度的减弱,使得接近地下含水层的土壤含水量的变化也趋于平稳;而 3 号点则由于该段时期降雨频次减少,雨强减小,加之上层土壤黏性大,持水能力强,使得降雨入渗对该层土壤含水量的影响减弱,因此该层含水量相比玉米期时稳定。

综上所述,流域不同地下水埋深条件下土壤水与地下水相互转化关系存在较大差异。当地下水埋深较大且大于极限埋深时,地下水对土壤水补给作用不明显,且无较强降水时,土壤水对地下水的补给也比较微弱;当地下水埋藏较浅时,土壤水与地下水有着明显的相互转化关系,而且对农作物需水有较大程度的影响,因此有必要选取适当的方法对浅埋区土壤水与地下水交换量进行推求。

### 10.2.3 土壤水与地下水交换量的计算

农田土壤水分在循环过程中主要将大气降水和地下水作为补给来源,而以土壤蒸发和作物蒸腾的形式消耗。一般在经历较强程度的降雨后,土壤含水量短时间内高于田间持水量,因此会发生渗漏流入到地下含水层;当降雨稀少或者蒸散发强度较高时,土壤含水量逐渐减小,低于田间持水量,此时,地下水将通过毛管作用上升补给土壤层。下面采用水量均衡法和本报告建立的土壤水/地下水耦合模型对 8 号点农田土壤水与地下水交换量进行计算。

#### 10.2.3.1 水量平衡法

如果用土壤水储量的变化表征土壤层水分的变化情况,在一段时间内,经典土壤水量平衡方程为(考虑地下水的向上补给作用)

$$\Delta Q = P + \varepsilon + C_m - E_p - R_s - P_r - P_e - E - T \tag{10.1}$$

式中,$\Delta Q$ 为一段时间内的土壤水储量的变化量(mm);$P$ 为降水量(mm);$\varepsilon$ 为土壤水与地下水交换量(mm);$C_m$ 为水汽凝结量(mm);$E_p$ 为雨期蒸发量(mm);$R_s$ 为地表径流量(mm);$P_r$ 为降雨入渗到地下含水层的量(mm);$P_e$ 为农田作物截留量(mm);$E$ 为土壤蒸发量(mm);$T$ 为植物蒸腾量(mm)。

一般来说,平原农田地势平坦,因此降雨后不考虑地表径流;由于雨期蒸发、水汽凝结和农田作物截留量不易观测计算,且以上数值都较小,对模型影响不大,可忽略不计,因此,简化后的土壤水量平衡方程为

$$\Delta Q = P + \varepsilon - P_r - E - T \tag{10.2}$$

$$P_r = P \times \alpha \tag{10.3}$$

式中,$\alpha$ 为降雨入渗系数,大沽河流域降雨入渗系数参照《青岛市大沽河地下水库勘察报告》,如表 10.9 所示。

表 10.9　大沽河流域降雨入渗系数表

| 岩　性 | 黏　土 | 砂质黏土 | 黏质砂土 | 细砂中细砂 |
|---|---|---|---|---|
| $\alpha$ | 0.1～0.15 | 0.15～0.23 | 0.23～0.25 | 0.25～0.30 |

因此，

$$\varepsilon = \Delta Q + P_{\mathrm{r}} + E + T - P \tag{10.4}$$

利用(10.4)公式对 8 号观测点土壤水与地下水交换量进行计算，时间间隔设定为两次野外取样观测的间隔时间，结合研究区土壤质地情况，选取 $\alpha=0.21$，期间土壤蒸发和作物蒸腾量采用 Hargreaves 公式计算获得，这时即可求得该区域土壤水和地下水在取样间隔时间内的交换量。图 10.12 和图 10.13 分别为该区域玉米生长期和小麦生长期内土壤水与地下水交换量的变化情况。

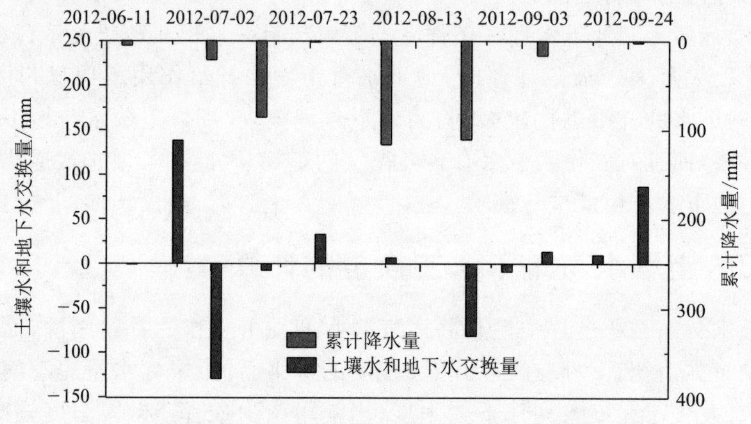


图 10.12　玉米生长期土壤水地下水交换量

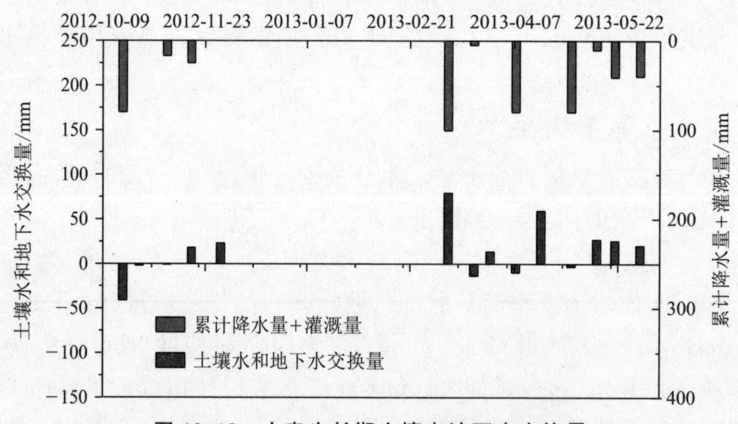


图 10.13　小麦生长期土壤水地下水交换量

由图 10.12 可知，玉米生长期内土壤水与地下水交换频繁，其中正值表示地下水对土壤水产生补给作用的量，负值表明农田土壤水分渗漏到地下含水层的量。在玉米播种拔节期间，由于降雨稀少，作物所需水分仅靠土壤水提供是不够的，土壤水分减少到一定程度，地下水通过毛细作用补给土壤水，因此初期地下水补给土壤水量达 138.2 mm。而玉米生长期初期一段时间产生较多的土壤渗漏，这主要是人工灌溉所造成的，产生了水资源浪费。当进入汛期后，由于降雨量增加，地下水对土壤水的补给作用逐渐减小，而且较强程度的降雨可以迅速入渗补给到地下水，造成农田水分的渗漏，一次采样间隔最大渗漏量为

81.38 mm。汛期过后，降水较少，而玉米的需水量仍较大，这时地下水对土壤水产生补给。由上述分析可知，当降雨稀少时，由于农田蒸发和植物蒸腾的原因，土壤水分短时间内需要获得地下水的补给来维持水量平衡；当降雨足够满足农田蒸发和植物蒸腾时，容易产生渗漏。

根据研究区当地农田灌溉规律，小麦生长期内进行了4次灌溉，图中4个高值均为农田灌溉量加上降雨量。从图10.12可以看出，在未进行灌溉的时间内，土壤水与地下水几乎为单向联系，主要由地下水补给土壤水，且补给量变化较玉米期稳定，这与该期间内降雨稀少，农田蒸散减弱有密切联系。由于12月、1月、2月为越冬期，蒸散较弱，作物需水不明显，因此暂停取样，期间地下水缓慢补给土壤水且补给量较低，图中峰值(79.31 mm)为3个月间隔时间内地下水补给土壤水的积累量。小麦在播种—拔节期内，地下水补给土壤水量缓慢升高，这与作物需水量缓慢升高的规律是一致的；而小麦进入抽穗—灌浆期后，作物需水量明显上升，土壤水分消耗较快，因而地下水补给量较其他时期升高。图中交换量负值表明，每进行一次农田灌溉，均会使农田土壤水分产生不同程度的渗漏(0.829～41.14 mm)，说明传统的漫灌方式容易造成水资源的浪费。

表10.10为作物生长期农田土壤水与地下水交换累积量，玉米生长期降水强度大，农田水分产生渗漏进而补给地下含水层(228.0 mm)，同时汛期地下水埋深较浅，当土壤蒸发量和作物需水量较高时，地下水会对土壤层进行补给(287.5 mm)；小麦生长期降水量偏低且雨强小，因而降雨入渗很难到达地下含水层，因此土壤水对地下含水层补给来源主要为农田灌溉，且补给量较低，为70.09 mm，其他时间则需要地下水通过毛细作用对土壤层进行补给。夏玉米—冬小麦轮作期地下水对土壤共产生了554.4 mm的补给量，说明在地下水浅埋区，地下水对土壤的补给占土壤水资源量的很大一部分。

**表10.10　作物生长期农田土壤水与地下水交换累积量**

| | 土壤水补给地下水/mm | 地下水补给土壤水/mm |
|---|---|---|
| 玉米生长期 | 228.0 | 287.5 |
| 小麦生长期 | 70.09 | 266.9 |
| 夏玉米—冬小麦轮作期 | 298.1 | 554.4 |

### 10.2.3.2　数值模拟法

根据8号点的土壤基本理化性质，将土壤剖面分为4层，第四层为含水砂层，同时考虑到该地区的地下水位埋深情况为0.7～3.5 m，土壤剖面底部边界取为地表往下4 m深度处，保证模拟过程中地下水位始终处于土壤剖面下边界以上。水力学参数由前面构建的土壤转化函数(PTFs)和Rosetta软件根据不同土层的颗粒组成情况反演获得，不同土壤层水力学性质参数见表10.11。

**表10.11　供试土壤水力性质参数**

| 土壤分层 | $\theta_r$ | $\theta_s$ | $\alpha$ | $n$ | $K_s/(\mathrm{cm\cdot d^{-1}})$ |
|---|---|---|---|---|---|
| 第一层 | 0.058 | 0.42 | 0.004 | 1.58 | 38.88 |
| 第二层 | 0 | 0.38 | 0.014 | 1.53 | 29.52 |
| 第三层 | 0 | 0.42 | 0.024 | 1.50 | 60.24 |
| 第四层 | 0 | 0.38 | 0.036 | 2.69 | 106.8 |

以2012年6月8日实测的土层剖面体积含水量为夏玉米生长期模拟的初始含水量，冬小麦生长期模拟的初始条件为夏玉米模拟结束时的土壤含水量。根据雨量站的泰森多边形分区选取平度市仁兆镇的降雨量数据作为该点的降雨量，田间蒸散发量利用平度市的日最高最低气温参照公式7.3.2节计算。根系吸水参数选取Hydrus-1D数据库中的玉米(Wesseling,1991)和小麦(Wesseling,1991)经验值，见表8.5。研究区地下水的渗透系数为30.63 m/d，给水度为0.168，玉米期的初始水位为2012年6月8日的实测水位28.64 m，小麦期的初始水位为玉米期模拟期结束时的水位。

运行土壤水/地下水耦合模型，得到模拟期土壤水向地下水的渗漏量和地下水向土壤水的补给量。

**表10.12 作物生长期农田土壤水与地下水交换累积量**

| | 土壤水补给地下水/mm | 地下水补给土壤水/mm |
|---|---|---|
| 玉米生长期 | 213.4 | 226.9 |
| 小麦生长期 | 93.5 | 211.4 |
| 夏玉米—冬小麦轮作期 | 306.9 | 438.3 |

从表10.12可以看出，数值模拟法得到的土壤水与地下水交换量与水量平衡法总体上相差不大，进一步验证了模型的准确性，但是数值模拟中考虑了降雨、灌溉水进入到非饱和带土壤后运移机理及物理过程，而且由于水量平衡法依赖于其他各项的测量精度(例如降雨入渗系数的选取)，尤其是在补给量相对蒸发量来说要小得多的情况下误差较大，故本书数值模拟法计算结果的准确度和可靠度要优于水量平衡法。

无论是水量平衡法还是数值模拟法的计算结果都表明了地下水浅埋区土壤水和地下水之间存在着相互转化关系，掌握土壤水地下水之间的补排关系可以指导农田灌溉，提高水资源的利用效率。

## 10.3 不同降水水平年的节水灌溉模式研究

### 10.3.1 不同降水水平年的划分

目前我国一般采取经验频率法来进行降水频率分析。设某水文要素系列共有 $n$ 次，从大到小顺序依次为 $x_1,x_2,x_3,x_m,\cdots,x_n$，则有

$$P=\frac{m}{n+1}\times 100\% \tag{10.5}$$

式中，$P$ 为出现等于和大于 $x_m$ 变量的经验频率；$m$ 为序号，即等于和大于 $x_m$ 变量的次数；$n$ 为样本序列的总次数。

此前林国庆(2003)曾应用该公式对大沽河流域1952～1990年39年降雨系列资料进行降水频率分析，得出1990年(降水量820 mm)、1987年(降水量650 mm)、1989年(降水量550 mm)分别为丰水年($P=20\%$)、平水年($P=50\%$)、枯水年($P=75\%$)。根据林国庆的研究结果，分别选取1990年、1987年、1989年作为相应的典型年进行分析。典型年的日均降雨量和气温来自中国地面国际交换站气候资料日值数据集(V3.0)。

### 10.3.2　不同作物的土壤水分调节标准

冬小麦播种时，0～50 cm 土壤体积含水量不低于田间持水量的 70%，越冬前 0～50 cm 土壤体积含水量不低于田间持水量的 80%，返青期间 0～50 cm 土壤体积含水量不低于田间持水量的 60%，拔节期间 0～50 cm 土壤体积含水量不低于田间持水量的 70%，抽穗、灌浆期间 0～100 cm 土壤体积含水量不低于田间持水量的 60%；夏玉米播种时，0～50 cm 土壤体积含水量不低于田间持水量的 70%，拔节期间 0～60 cm 土壤体积含水量不低于田间持水量的 65%，抽穗期间 0～80 cm 土壤体积含水量不低于田间持水量的 70%，灌浆期间 0～80 cm 土壤体积含水量不低于田间持水量的 65%。考虑到农业生产的实际操作，灌水定额取 10 mm 的整数倍且不低于 30 mm。

### 10.3.3　节水灌溉条件下农田土壤水分运动的数值模拟

利用土壤水/地下水耦合模型对 3 个降水水平年的 8 号点土壤水/地下水分运动进行数值模拟，模拟时段均是从冬小麦播种期(9 月 18 日)至夏玉米收获期(次年 9 月 17 日)，土壤水/地下水水分运动模型及边界条件的选取同 10.2.3 节，初始条件近似为 2012 年 9 月 18 日土壤剖面的体积含水量分布，初始水位为 29.33 m，土壤水力性质参数、作物叶面积指数、根层深度、作物系数等一律采用 10.2.3 节中的数据。此外，日降雨和地下水位数据均来自相应典型年，参照作物腾发率 $ET_0$ 亦由当年气象数据计算。

基于土壤水分调节标准，模拟过程中观察各个时期土壤含水量的变化，达到标准则不必变动，若达不到标准，可通过改变灌水量的大小进行反复调试直至输出符合要求，经过若干次这样的过程后，使模型输出的含水量值均达到作物各生育期的土壤水分调节标准，即完成了一次灌溉方案的模拟。

#### 10.3.3.1　节水灌溉模式模拟结果

3 个降水水平年地下水影响下冬小麦、夏玉米灌溉模式的模拟结果见表 10.13。丰水年冬小麦生育期需灌 4 次水，夏玉米不需要灌水，灌溉定额 140 mm；平水年冬小麦需灌 5 次水，夏玉米需灌播种水，灌溉定额 220 mm；枯水年冬小麦需灌 6 次水，而夏玉米只需灌播种水，灌溉定额 290 mm。对比当前的灌溉定额 400 mm，本研究针对地下水浅埋区提出的优化灌溉模式在丰水年可节水 260 mm，平水年为 180 mm，枯水年为 110 mm。

表 10.13　地下水影响下冬小麦和夏玉米的节水灌溉模式(单位:mm)

| | 冬小麦 | | | | | | 夏玉米 | | | |
|---|---|---|---|---|---|---|---|---|---|---|
| | 播　种 | 越　冬 | 返　青 | 拔　节 | 抽　穗 | 灌　浆 | 播　种 | 拔　节 | 抽　穗 | 灌　浆 |
| 丰水年 | 30 | 50 | — | 30 | 30 | — | — | — | — | — |
| 平水年 | 30 | 50 | 40 | 40 | — | 30 | 30 | — | — | — |
| 枯水年 | 30 | 50 | 60 | 50 | 40 | 30 | 30 | — | — | — |
| 常规灌溉 | — | 80 | 80 | 80 | — | 80 | — | 80 | — | — |

#### 10.3.3.2　土壤水/地下水交换通量动态变化特性对比分析

土壤水/地下水水量交换特征见图 10.14，冬小麦-夏玉米轮作期土壤水和地下水之间存在着频繁的交换作用。无论何种灌溉方式，在大的降雨或灌溉后，土壤水都产生了一定量的渗漏，常规灌溉模式的渗漏量大于节水灌溉，峰值一般出现在大降水或灌溉后的1～2 d；在降雨和灌溉的间歇期，地下水通过毛管作用向上补给土壤，为作物的蒸散发提供了一定量的水分，从而在一定程度上降低了农田的灌水量。

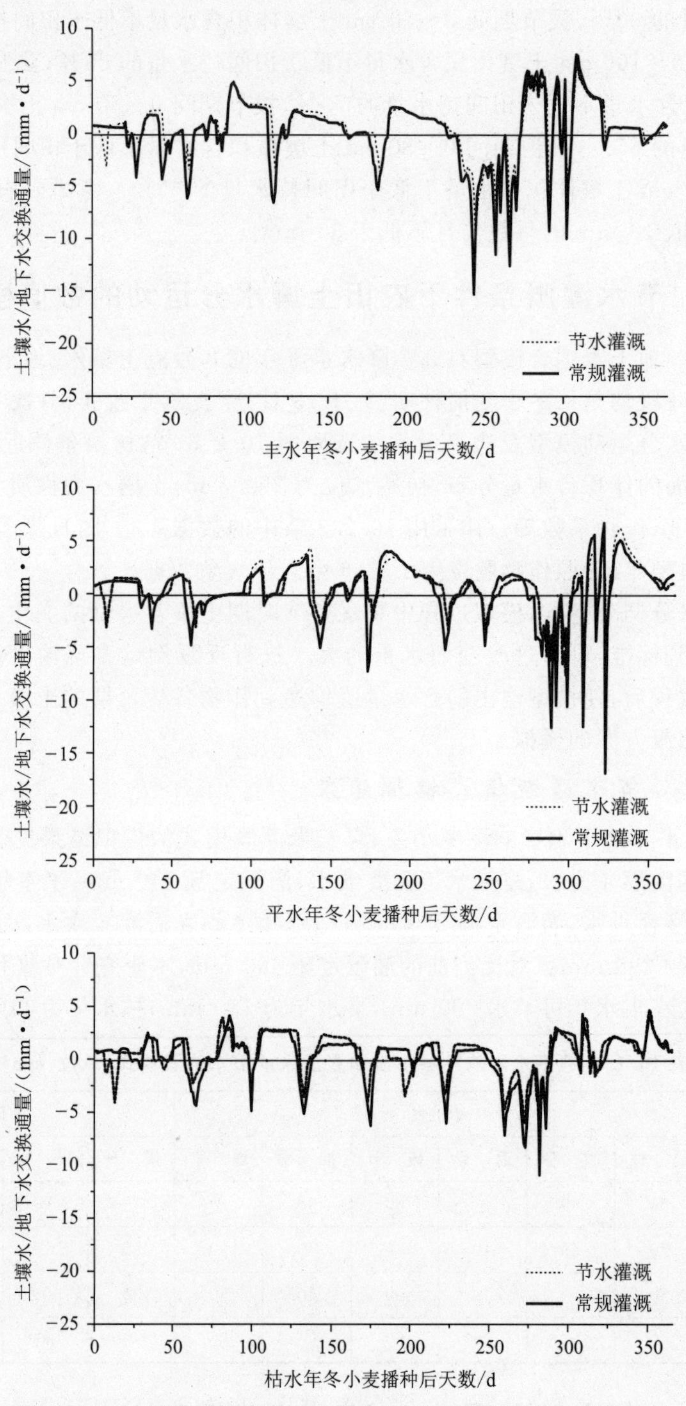


图 10.14　不同灌溉模式农田土壤水/地下水交换量的日变化曲线

节水灌溉曲线开始阶段的渗漏量高于常规灌溉模式，这与模型的初始条件设置有关，由于初始条件 2012 年 9 月 18 日的土壤含水量没有达到土壤水分调节标准的要求，因此在冬小麦播种期模拟灌了 30 mm 水，而常规灌溉在该时期是没有灌水的，所以在初始条件相同的情况下，灌了水的农田渗漏量要略高一些。丰水年和枯水年在小麦抽穗期没有有效的降雨，土壤含水量低于灌溉标准，故该期间进行了适量的灌溉，从而使渗漏量大于常规灌溉；平水年和枯水年在夏玉米播种时，进行了 30 mm 的灌溉，由于此时温度较高，土壤的蒸发能力较强，故没有产生渗漏。

从渗漏强度来看，无论何种灌溉模式，全年平均农田渗漏强度均为：丰水年＞平水年＞枯水年（图 10.15），也再次印证了农田渗漏与降水密切相关。节水灌溉模式的渗漏强度均低于常规灌溉模式，与常规灌溉模式相比，丰水年、平水年、枯水年的渗漏强度分别减少了 131、107、85 mm，以丰水年渗漏量减少的幅度最大，因而丰水年的节水效果也最为显著。

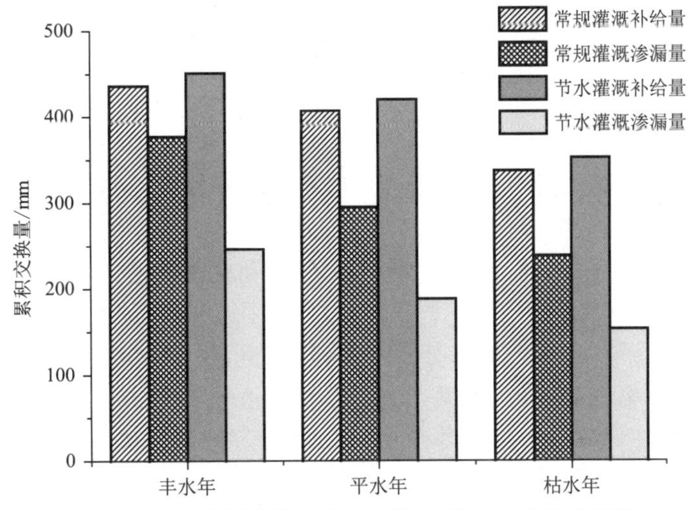


**图 10.15　不同灌溉模式农田土壤水/地下水累积交换量**

从地下水向上补给量来看，节水灌溉条件下，三个降水水平年的地下水向上补给量都大于常规灌溉模式，说明在节水灌溉模式下增大了作物对地下水的利用量。其中无论何种灌溉模式，丰水年和平水年计算的地下水向上补给量均无明显差异，说明节水灌溉模式条件下的作物实际腾发率已近似等于潜在腾发率，灌溉水得到了充分利用，同时也反映了常规灌溉浪费了一部分水资源，灌水利用率不高。枯水年由于降水较少，地下水位较低，地下水的向上补给量较少。

通过对不同降水水平年不同灌溉模式条件下冬小麦、夏玉米连作农田的土壤水分运动进行数值模拟，提出了研究区不同降水水平年的节水灌溉模式，与常规灌溉模式相比，节水灌溉模式显著降低了农田渗漏量，有效地利用了地下水的向上补给量，从而使有限的水量在作物生长期内的分配更为合理，提高了灌溉水的利用效率，初步实现了节水高产目标，研究成果可为大沽河流域不同地下水埋深灌区水分管理提供理论支持和决策参考。

# 第11章

# 结论与建议

## 11.1 主要结论

本研究依托水利部公益性行业科研专项经费项目和国家自然科学基金项目，以青岛大沽河流域为研究区，研究期间内经课题组成员的共同努力，本着科学、严谨的态度，顺利完成了项目设定的内容，基本达到了预期目标。本次研究得出的主要结论如下。

(1) 在大沽河流域范围内根据不同土壤类型，选择100个取样点，测定了土壤剖面不同深度的基本理化性质，包括土壤水分特征曲线、容重、粒径分布、电导率等物理性质、有机质含量、氧化还原电位、pH值、全氮、氧化铁、氧化锰等化学性质，获取了较为详细的大沽河流域土壤理化性质数据。在此基础上，分别基于ArcGIS软件和MS SqlServer数据库技术构建了大沽河流域土壤信息数据库，从而为大沽河流域土壤理化性质的调查、统计、存储和地下水/土壤水联合管理提供高效便捷的数据库支撑。

(2) 大沽河流域土壤理化性质均存在不同程度的空间变异性。传统统计学分析表明$K_s$、pH、$E_c$、土壤质地、Fe、Mn、有机质、$CEC$的变异系数均在0.1～1之间，属于中等程度的变异，其中土壤上下层$K_s$的变异系数较大，接近于1，空间变异性较强，而氧化还原电位$E_h$的变异性较弱。地统计学分析表明土壤上层$K_s$的空间相关性很弱，说明土壤表层$K_s$空间分布受人为因素影响很大；土壤上层和中层的有机质、全氮的空间相关性也很弱，其空间变化受人为农耕施肥、种植制度等因素影响。而其他土壤理化性质如土壤上层pH、质地、$E_h$、Fe、Mn和$CEC$等均表现出中等的空间相关性，且所有土壤理化性质数据都表现出不同程度的块金效应。土壤理化性质的空间分布特征与土壤类型、地质、地貌以及土地利用的关系密切相关。

(3) 利用4种方法构建的PTFs均能较好地预测大沽河流域土壤水分特征曲线，且在土壤低吸力段(0～1 000 cm)的预测效果普遍好于中、高吸力段(>1 000 cm)。同时，质地愈黏的土壤，PTFs的预测精度越高。4种方法中，点估计方法对砂质壤土和壤土的预测误差最小，人工神经网络方法对黏壤土的预测精度最高。

(4) 通过对大沽河流域内10个长期观测点进行土壤水分观测，获取了两个完整的夏玉米—冬小麦轮作期农田土壤含水量监测数据。结果表明，大沽河流域各层土壤含水率均值介于 0.171～0.388 $cm^3 \cdot cm^{-3}$，流域不同地区土壤水分存在一定程度的空间变异性，大沽河上游土壤含水率较中下游偏低，这与降雨量由东南沿海向西北内陆逐渐减小的趋势相符，其中土壤质地、地下水埋深情况是其主要决定因素。土壤水含量在垂向上的变化具有一定规律性，且零通量面处于 40～60 cm 土层之间。受作物种类、降水强度以及气象条件等影响，土壤水分的变化可分为四个阶段：第一阶段（6～7 月）与第二阶段（8～10 月上旬）土壤含水量值相对较高，波动剧烈；而第三阶段（10 月中旬～3 月）与第四阶段（4～5 月）土壤含水量值相对较低，土壤水分始终处于较为稳定的状态。

（5）选取大沽河上、中、下游具有代表性的三个地下水位观测点，对地下水位的年内、年际变化进行研究。大沽河地下水运动以垂向运动为主，主要接受大气降水直接渗透作为主要补给来源，以人工开采作为主要排泄方式。地下水位随着降水而升高，随着开采而降低，其动态变化在年内呈现季节性，年际间呈现周期性。上游观测点的地下水位年际变化较小，中游和下游观测点的地下水位变化幅度较大。流域内地下水位总体上呈北高南低的变化趋势，由北部大沽河入境处的 100 m 逐渐降低到南部的 10 m 左右，其中李哥庄镇的地下水位较周围地区偏低，最低处达 2～3 m。

（6）提出了大沽河流域土壤水资源评价的 4 个基本指标：土壤水实际储存量、土壤水最大储存量、土壤水无效库容和土壤水资源量，并确定了评价土层的厚度为 1.5 m。基于 ArcGIS 计算得出全流域土壤水实际储存量 10.04 亿立方米（2013 年 4 月 8 日），最大储存量 13.41 亿立方米，无效库容 7.00 亿立方米，实际可利用量 3.04 亿立方米。根据区域水量平衡方程推导出土壤水资源量的计算公式，并利用数值模拟的方法计算得出 2013 年度大沽河流域的土壤水资源量为 15.41 亿立方米。

（7）选取即墨市移风店镇的一块农田作为大沽河流域地下水浅埋区的典型代表，建立土壤水/地下水运动耦合模型。土壤水/地下水耦合模型包含两大部分：Hydrus 子模块和 MODFLOW 主模块。Hydrus 子模块用来模拟水分在土壤和植物中的运动过程，MODFLOW 模块用来模拟各种条件下水流在地下含水层中的运动。耦合模型把土壤水流简化为垂向一维流动，在 MODFLOW 的每一个时间步长内，Hydrus 模块通过多次迭代求解 Richards 方程得到土壤剖面底部流量，MODFLOW 获得该流量经计算得到一个新的水位，作为下一计算步长内土壤剖面底部边界的水头值。模型对示范区 2012～2013 年冬小麦—夏玉米轮作期内土壤含水量和地下水位的拟合效果较好，所有土层含水率实测值和模拟值的 $R^2$ 为 0.81，RMSE 为 0.019，地下水位实测值和模拟值的 $R^2$ 为 0.72，RMSE 为 0.121。根据模拟结果，可将全年分为 3 个时期，第 1 期为地下水缓慢消耗期，从冬小麦播种到返青前，这一时期水分转化作用较弱，除了灌溉和降雨引起的短时间内渗漏，在长时间的越冬期不存在界面水分转化作用；第 2 期为地下水消耗期，从冬小麦返青到收获结束，在此期间天然降水较少，冬小麦生长需要消耗大量的土壤水分，地下水在毛细管作用下，上升补充土壤所消耗的部分水分，但在灌溉后的短时间内，根层水分得到充分的补充，多余的水分渗漏补给地下水。第 3 期为地下水补给期，从夏玉米出苗开始到成熟收获，天然降水主要集中在这个时期，大量降水在补给土壤水分后继续下渗，地下水得到补给，水位上升。但是，在夏玉米成熟后期，由于降水量大大减少，而玉米根系需水量仍较高，此时会出现少量的地下水上升补给土壤水分。

(8) 利用插件式程序设计方法,把土壤水/地下水耦合模型与GIS集成扩展到大沽河流域,实现原始数据库资料与模型需要的各类文件(如BAS、DIS、LPF、WEL、UNS等)之间的转化,并对结果数据文件实现可视化表达。根据流域内降水、土壤类型、植被及地下水埋深等情况,把流域内农田划分为45个土壤柱,每个土壤柱中的水分运动简化为一维流动。利用模型对2012~2013年大沽河流域内的土壤水和地下水进行模拟,拟合效果较好,计算所得的土壤剖面含水量和地下水位与10个长期观测点的观测值相对比,除个别点外,土壤含水量的$R^2$在0.68~0.88之间,RMSE在0.029~0.051之间,地下水位的$R^2$为0.63~0.86,RMSE为0.115~0.331。

(9) 结合降水量、灌溉量、地下水埋深、土壤物理性质等信息,对流域不同地下水埋深区土壤水与地下水转化关系进行研究与分析,当地下水埋藏较深时,土壤水与地下水交换作用微弱;当地下水埋藏较浅时,土壤水与地下水有着明显的相互转化关系,而且对农作物需水有较大程度的影响。利用简化后的土壤水量平衡方程对2012~2013年度浅埋区农田土壤水与地下水交换量进行了计算,玉米生长期降水强度大,农田水分产生渗漏进而补给地下含水层(228.0 mm),同时汛期地下水埋深较浅,当土壤蒸发量和作物需水量较高时,地下水会对土壤层进行补给(287.5 mm),土壤水与地下水的交换频繁;小麦生长期降水量偏低且雨强小,因而降雨入渗很难到达地下含水层,因此土壤水对地下含水层补给来源主要为农田灌溉,且补给量较低为70.09 mm,其他时间土壤水与地下水几乎为单向联系,主要由地下水通过毛细作用对土壤层进行补给,且补给量变化较玉米期稳定。夏玉米—冬小麦轮作期地下水对土壤共产生了554.4 mm的补给量,说明在地下水浅埋区,地下水对土壤的补给占土壤水资源量的很大一部分。

(10) 模拟了3个试验点冬小麦拔节至夏玉米收割期间的土壤水分运动,与实测数据吻合较好,模拟时段内土层0~50 cm的含水量变化非常明显,受降水灌溉和作物根系吸水的影响很大,50~150 cm的土壤含水量相对比较稳定。受饱和导水率的影响,棕壤和潮土农田蓄水量分别减少了12.7 mm和32.5 mm,砂姜黑土农田增加了66.8 mm。降水和灌溉主要消耗于作物蒸腾和深层渗漏,每次灌溉或大的降水后,1.5 m土体就会出现较强的水分渗漏。3种土壤类型农田的蒸散发变化规律较为一致,绝大多数时间作物蒸腾量大于棵间蒸发,冬小麦拔节灌浆期和夏玉米拔节抽穗期作物蒸腾出现峰值,另外,降水和灌溉对农田蒸散也具有一定的影响。通过对不同降水水平年不同灌溉制度下的农田土壤水分运动进行数值模拟,构建了不同降水水平年的节水灌溉模式,与常规模式相比,节水灌溉模式显著降低了农田渗漏量,提高了灌溉水利用效率。模拟计算得出地下水浅埋区由于地下水的向上补给作用,丰水年可节省灌溉水260 mm,平水年为180 mm,枯水年为110 mm,初步实现节水高产目标。

## 11.2 建 议

(1) 农田在制订合理灌溉方案的前提下,还应因地制宜采用科学的节水灌溉技术,使传统的地面漫灌方式逐步转化为目前推广的喷灌、滴灌、地下浸润灌溉等先进方式,如滴灌技术,直接将水喷施在植物的根部,一方面增强吸收,另一方面还减少了蒸发,滴灌技术在发达国家尤其水资源缺少地区应用广泛。这有利于进一步提高农业用水的效率，从而有效缓解本市水资源紧缺问题。

(2) 工作思路要转变，以农民为主体，政府作为指导。充分尊重农民的意愿，一事一议，变原有的政府行政主导为农民自主建设工程，同时适应新时期的发展需要，从工程经济向环境经济发展，每一项农田水利工程项目的规划，都必须站在水资源优化、建设环保型社会的高度上，不单看到经济效益，更要注重其社会效益和生态效益。必须动员当地农民合理平整土地，从小规模种植向中等规模甚至大规模方向发展。平整土地作为农业生产过程的必要环节，对于节水灌溉具有非常重要的基础意义。

(3) 在地下水浅埋区，受地下水对地表过程作用的影响，土壤中发生的各种物理、化学和生物过程尤为复杂，同时由此产生的土壤盐渍化、地下水污染等环境问题，也尤为突出。在灌溉水的下渗和强烈的地下水蒸发蒸腾作用下，土壤水分和盐分的运动更加活跃，不但影响着水量平衡，对土壤中的盐分运动与积累也有促进作用，土壤可溶盐的浓度加大，如果没有合理的水分管理制度来保证，会加大土壤的盐渍化过程。因此，开展地下水作用下土壤盐分运移研究是十分必要的，不仅可以加深人们对环境质量演变规律的科学认识，而且对于盐渍化土壤的治理、土壤污染控制、地下水污染控制等应用有着重要的指导意义。

本课题虽然已取得了一批研究成果，但限于时间、经费和人力等因素，加之这次研究工作量又非常大，尽管课题组已做了充分的准备工作再行实施，也难免存在不足之处或有待深入研究的问题，敬请各位同仁批评指正。

# 参考文献

[1] 宫兆宁,宫辉力,邓伟,等. 浅埋条件下地下水—土壤—植物—大气连续体中水分运移研究综述[J]. 农业环境科学学报,2006,25(增刊):365-373.

[2] 侯宪东,汪志荣,张建丰. 非饱和土壤水分运动数值模拟研究综述[J]. 水资源与水工程学报,2006,17(4):41-45.

[3] 靳孟贵,方连育,等. 土壤水资源及其有效利用——以华北平原为例[M]. 武汉:中国地质大学出版社,2005:p130.

[4] 雷志栋,杨诗秀,谢森传. 土壤水动力学[M]. 北京:清华大学出版社,1988.

[5] 李发东. 基于环境同位素方法结合水文观测的水循环研究—以太行山区流域为例[D]. 北京:中国科学院研究生院,2005.

[6] 李洪建,王孟本,柴宝峰. 黄土高原土壤水分变化的时空特征分析[J]. 应用生态学报,2003,14(4):515-519.

[7] 李裕元,邵明安. 降雨条件下坡地水分转化特征实验研究[J]. 水利学报,2004 (4):48-53.

[8] 刘昌明,任鸿遵. 水量转换——实验与计算分析[M]. 北京:科学出版社,1988.

[9] 刘建立,徐绍辉,刘慧. 估计土壤水分特征曲线的间接方法研究进展[J]. 水利学报,2004(2):68-78.

[10] 李宗坤,郑晶星,周晶. 误差反向传播神经网络模型的改进及其应用[J]. 水利学报,2003,27(7):111-114.

[11] 廖凯华,徐绍辉,吴吉春,等. 一种基于 PCA 和 ANN 的土壤水力性质估计方法[J]. 水利学报,2012,43(3):333-338.

[12] 石晓蕾,徐绍辉,廖凯华. 求 Van Genuchten 模型参数的 AM-MCMC 方法[J]. 土壤,2012,44(2):345-350.

[13] 黄昌勇. 土壤学[M]. 北京:中国农业出版社,2000.

[14] 刘鑫. 基于环境同位素的岔巴沟流域"三水"转化关系研究[D]. 中国科学院地理科学与资源研究所硕士学位论文,2007.

[15] 宋献方,夏军,于静洁,等. 应用环境同位素技术研究华北典型流域水循环机理的展望[J]. 地理科学进展,2002,21(06):527-537.

[16] 苏浩,崔庆忠. 辽宁中部平原区土壤入渗量影响因素分析[J]. 吉林水利,2006,(S1).

[17] 田立德,SUJIMURA M T,等. 青藏高原中部土壤水中稳定同位素变化[J]. 土壤学报,2002,39(3):289-295.

[18] 王福刚,廖资生. 应用 d、18O 同位素峰值位移法求解大气降水入渗补给量[J]. 吉林大学学报:地球科学版,2007,37(2):284-287.

[19] 王仕琴,邵景力,宋献方,等. 地下水模型 MODFLOW 和 GIS 在华北平原地下水资源评价中的应用[J]. 地理研究,2007,26(5):975-983.

[20] 魏鸿. 豫东平原不同供水条件下四水转化关系研究[J]. 水文水资源, 2001,22(4):28-30.

[21] 杨建峰,李宝庆,李颖. 浅埋区地下水-土壤水资源动态过程及其调控[J]. 灌溉排水,2000,19(1):5-8.

[22] 杨建锋. 地下水-土壤水-大气水界面水分转化研究综述[J]. 水科学进展,1999,10(2):183-190.

[23] 杨正富,丁绍军. 平原区三水转化关系实验研究[J]. 水资源研究,1997,18 (2):27-31.

[24] 周春华,何锦,郭建青,等. 降雨灌溉入渗条件下土壤水分运动的数值模拟[J]. 中国农村水利水电,2007(3):40-43.

[25] 冯谦诚,王焕榜. 土壤水资源评价方法的探讨[J]. 水文,1990(4):28-32.

[26] 龚元石,李保国. 应用农田水量平衡模型估算土壤水渗漏量[J]. 水科学进展,1995,6(1):16-21.

[27] 郭占荣,荆恩春,等. 冻结期和冻融期土壤水分运移特征分析[J]. 水科学进展,2002,13(3):298-302.

[28] 木拉提・胡塞因,虎胆・吐马尔拜. 土壤水分运动数学模型的建立及应用[J]. 新疆农业大学学报,2002,25(1):60-62.

[29] 谢新民,郭洪宇,唐克旺,等. 华北平原区地表水与地下水统一评价的二元耦合模型研究[J]. 水利学报,2002(12):95-100.

[30] 谢新民,颜勇. 浅析西北地区地表水与地下水之间的相互转化关系[J]. 水利水电科技进展, 2003, 23(1):8-10.

[31] 卢德生. 四水转化关系研究[J]. 水利学报,1993,(12):49-54.

[32] 肖永丽,熊耀湘. 地下水浅埋区稻田土壤水分运动模拟[J]. 云南农业大学学报,2005,20(2):214-218.

[33] 孟春红,夏军. "土壤水库"储水量的研究[J]. 节水灌溉,2004,4:8-10.

[34] 邬春龙,穆兴民,高鹏. 黄土丘陵区土壤水资源评价指标与分析[J]. 水土保持通报,2007,27(6):189-193.

[35] 刘宏伟,余钟波. 用 Hargreaves 法与 Penman—Monteith 法计算 $ET_0$ 以太湖流域的应用为例[J]. 水资源保护,2010,26(1):6-20.

[36] 赵成义. 作物根系吸水特性研究进展[J]. 中国农业气象,2004,25(2):39-42.

[37] 山东省环境水文地质总站. 青岛市大沽河地下水库勘察报告[R]. 济南:山东省环境水文地质总站,1990.

[38] 徐学选,张北赢,田均良. 黄土丘陵区降水—土壤水—地下水转化实验研究[J]. 水科学进展,2010,21(1):16-22.

[39] 胡安焱,董新光,刘燕,周金龙. 零通量面法计算土壤水分腾发量研究[J]. 干旱地区农业研究,2006,24(2):119-121.

[40] 王政友,陈建锋. 利用零通量面方法计算土壤水均衡要素的探讨[J]. 地下水,2002,24(3):141-142.
[41] 李锦秀,肖洪浪. 流域尺度土壤水研究进展[J]. 中国沙漠,2006,26(4):536-542.
[42] 王春峰,董新光,王水献,等. 干旱区农田灌溉地下水与土壤水转化及入渗系数计算[J]. 地下水,2007,29(3):102-104.
[43] 朱安宁,张佳宝,陈德立. 土壤饱和导水率的田间测定[J]. 土壤,2000,4:215-218.
[44] 许明祥,刘国彬,卜崇峰,等. 圆盘入渗仪法测定不同利用方式土壤渗透性试验研究[J]. 农业工程学报,2002,18(4):54-58.
[45] 王志涛,缴锡云,韩红亮,等. 土壤垂直一维入渗对VG模型参数的敏感性分析[J]. 河海大学学报,2013,41(1):80-84.
[46] 高凤莲. 农田土壤水分时空变异特征及水量平衡分析[D]. 北京:中国农业大学硕士论文,2004.
[47] 董艳慧. 河北山前平原土壤水资源计算模型与方法研究[D]. 保定:河北农业大学硕士论文,2007.
[48] 廖凯华,徐绍辉,程桂福. 大沽河流域土壤饱和导水率空间变异特征[J]. 土壤,2009,41(1):147-151.
[49] 廖凯华,徐绍辉,吴吉春,等. 土壤饱和导水率空间预测的不确定性分析[J]. 水科学进展,2012,23(2):200-205.
[50] 陈宝根,王仕琴,宋献方. 一维土壤水分运动模拟在土壤水分特征研究中的应用—以华北平原衡水实验站为例[J]. 水文,2011,31(3):64-70.
[51] 杨建锋,万书勤,邓伟,章光新. 地下水浅埋条件下包气带水和溶质运移数值模拟研究述评[J]. 农业工程学报,2005,21(6):158-165.
[52] 雷志栋,胡和平,杨诗秀. 土壤水研究进展与评述[J]. 水科学进展,1999,10(3):311-318.
[53] 杨建锋,刘士平,张道宽,等. 地下水浅埋条件下土壤水动态变化规律研究[J]. 灌溉排水,2001,20(3):25-28.
[54] 刘昌明,魏忠义. 华北平原农业水文及水资源[M]. 北京:科学出版社,1981.
[55] 刘昌明. 水文水资源研究理论与实践——刘昌明文选[M]. 北京:科学出版社,2004.
[56] 张瑜芳,张蔚榛. 垂向一维均质土壤水分运动的数值模拟——数学模型和计算方法[J]. 工程勘察,1984(4):51-55.
[57] 张瑜芳,张蔚榛. 垂向一维均质土壤水分运动的数值模拟在降雨入渗和蒸发条件下的运用[J]. 工程勘察,1984(5):27-31.
[58] 高新科,康绍忠,张富仓. 入渗条件下非饱和土壤水分运动的数值分析[J]. 西北水资源与水工程,1995,6(4):11-17.
[59] 刘群昌,谢森传. 华北地区夏玉米田间水分转化规律研究[J]. 水利学报,1998(1):62-68.
[60] 李熙春,尚松浩. 华北冬小麦—夏玉米农田水分动态模拟研究[J]. 灌溉排水学报,2003,22(5):10-16.
[61] 王水献,周金龙,余芳,等. 应用Hydrus-1D模型评价土壤水资源量[J]. 水土保持研

究,2005,12(2):36-38.

[62] Jackson T J,LeVine D E. Mapping surface soil moisture using an aircraft-based passive microwave instrument: Algorithm and example[J]. Journal of Hydrology, 1996,184:85-99.

[63] Shumova N A. Approach and evaluation of soil water resources in an arid region of the European steppe zone territory[J]. Journal of Hydrology and Hydromechanics, 2000,48(6):381-398.

[64] Adu-Wusu C,Yanful E K,Lanteigne L,et al. Prediction of the water balance of two soil cover systems. 2007,25(2):215-237.

[65] Allison G B,Barnes C J,Hughes M W,Leaney F W J. Effect of climate and vegetation on oxygen-18 and deuterium profiles in soils[J]. Proc. IAEA Symp. on Isotopes in Hydrol,1983,105-122.

[66] Anon. Visual MODFLOW V. 2. 8. 2 User's Manual for Professional Applications in Three-Dimensional Groundwater Flow and Contaminant Transport Modeling[M]. Ontario:Waterloo Hydrogeologic Inc. 2000:1-3.

[67] Schume H,Jost G,Katzensteiner K. Spatio-temporal analysis of the soil water content in a mixed norway spruce(picea abies (l. ) Karst. )-European beech (fagus sylvatica l. ) Stand[J]. Geoderma,2003,112(3-4):273-287.

[68] Scanlon B R,Healy R W,Cook P G. Choosing appropriate techniques for quantifying groundwater recharge[J]. Hydrogelogy Journal 2002,10(1):18-39.

[69] Simunek J,Sejna M,Saito H,et al. The Hydrus-1D software package for simulating the one-dimensional movement of water,heat,and multiple solutes in variable-saturated media[J]. Version4. 0,2008,4:255.

[70] Stenitzer E,Diestel H,Zenker T,et al. Assessment of capillary rise from shallow groundwater by the simulation model simwaser using either estimated pedotransfer functions or measured hydraulic parameters[J]. Water Resources Management, 2007,21(9):1567-1584.

[71] Shiraki K,Shinomiya Y,Shibano H. Numerical experiments of watershed-scale soil water movement and bedrock infiltration using a physical three-dimensional simulation model[J]. Journal of Forest Research, 2006,11(6):439-447.

[72] Tindall J A,Kunkel J R. Unsaturated zone hydrology for scientists and engineers [M]. New Jersey:Prentice Hall,1999.

[73] Liu C W,Tan C H,Huang C C. Determination of the magnitudes and values for groundwater recharge from taiwan's paddy field[J]. Paddy and Water Enviroment, 2005,3(2):121-126.

[74] Lee C H,Yeh H F,Chen J F. Estimation of groundwater recharge using the soil moisture budget method and the base-flow model[J]. Environ Geol. 2007,10:1007.

[75] Zhao C Y,Feng Z D,Chen G D. Soil water balance simulateion of alfafa(Medicago sativa L. ) in the semiarid Chinese Loess Plateau[J]. Agricultrue Water Manage-

ment,2004(69):101-114.
[76] Philip J R. ,DeVries D A. Moisture movement in porous materials under temperature gradients[J]. Transactions, American Geophysical Union, 1957, 38 (2): 222-232.
[77] Youngs E G. Infiltration measurements—A review[J]. Hydrological Processes, 1991,5:309-320.
[78] Wu J Q, Zhang R D, Yang J Z. Analysis of rainfall-recharge relationships[J]. Journal of Hydrology, 1996, 177: 143-160.
[79] Chanzy A, Bruckler L. Significance of soil surface moisture with respect to daily bare soil evaporation[J]. Water Resources Research. 1993, 29(4): 1113-1125.
[80] Yamazawa H. A one-dimensional dynamical soil-atmosphere tritiated water transport model[J]. Environmenta Modeling&Software, 2001, 16: 739-751.
[81] Zhou X, Wan L, Fang B, et al. Soil moisture potential and water content in the unsaturated zone within the arid ejina oasis in northwest china[J]. Environmental Geology, 2004, 46(6): 831-839.
[82] Wellings S R. Recharge of the chalk aquifer at a site in Hampshire, England, 1. Water balance and unsaturated flow[J]. Hydrol, 1984, 69: 259-273.
[83] Hao X M, Zhang R D, Kravchenko A. A mass-conservative switching method for simulating saturated-unsaturated flow[J]. Journal of Hydrology, 2005, 311: 254-265.
[84] Sophocleous M A, Koelliker J K, Govindaraju R S, et al. Integrated numerical modeling for basin-wide water management: The case of the Rattlesnake Creek basin in south-central Kansas[J]. Journal of Hydrology. 1999, 214: 179-196.
[85] Seibert J, Rodhe A, Bishop K. Simulating interactions between saturated and unsaturated storage in a conceptual runoff model[J]. Hydrol. Process, 2003, 17, 379-390.
[86] Chen X, Hu Q. Groundwater influences on soil moisture and surface evaporation[J]. Journal of Hydrology, 2004, 297: 285-300.
[87] Deng X P, Shan L, Zhang H, et al. Improving agricultural water use efficiency in arid and semiarid areas of China[J]. Agricultural Water Management, 2006, 80(1/3): 23-40.
[88] Moon S K, Woo N C, Lee K S. Statistical analysis of hydrographs and water-table fluctuation to estimate groundwater recharge[J]. Journal of Hydrology, 2004, 292: 198-209.
[89] Zhang J, van Heyden J, Bendel D, et al. Combination of soil-water balance models and water-table fluctuation methods for evaluation and improvement of groundwater recharge calculations [J]. Hydrogeology Journal, 2011, 19: 1487-1502.
[90] Jaber F H, Shukla S, Srivastava S. Recharge, upflux and water table response for shallow water table conditions in southwest Florida[J]. Hydrological Processes, 2006, 20: 1895-1907.
[91] Carrera-Hernández J J, Smerdon B D, Mendoza C A. Estimating groundwater re-

charge through unsaturated flow modelling: Sensitivity to boundary conditions and vertical discretization[J]. Journal of Hydrology, 2012, 425-453: 90-101.

[92] Healy R W, Cook P G. Using groundwater levels to estimate recharge[J]. Hydrogeology Journal, 2002(10): 91-109.

[93] Seyfried M. Spatial variability constraints to modeling soil water at different scales[J]. Geoderma, 1998, 85: 231-254.

[94] Ersahin S, Brohi A R. Spatial variation of soil water content in topsoil and subsoil of a Typic Ustifluvent [J]. Agricultural Water Management, 2006, 83: 79-86.

[95] Simunek J, Sejna M, van Genuchten M T. The Hydrus-1D software package for simulation the one-dimensional movement of water, heat and multiple solutes in variably-saturated media[R]. U. S. salinity laboratory. 1998.

[96] Tafteh A, Sepaskhah A R. Application of HYDRUS-1D model for simulating water and nitrate leaching from continuous and alternate furrow irrigated rapeseed and maize fields[J]. Agricultural Water Management, 2012, 113: 19-29.

[97] Simunek J, Jacques D, Twarakavi N K C, et al. Selected HYDRUS modules for modeling subsurface flow and contaminant transport as influenced by biological processes at various scales[J]. Biologia, 2009, 64(3): 465-469.

[98] Twarakavi N K C, Simunek J, Seo S. Evaluating Interactions between Groundwater and Vadose Zone Using the HYDRUS-Based Flow Package for MODFLOW[J]. Vadose Zone Journal, 2008, 7(2): 757-768.

[99] Sciuto G, Diekkruger B. Influence of soil heterogeneity and spatial discretization on catchment water balance modeling[J]. Vadose Zone Journal, 2010, 9: 955-969.

[100] Yakirevich A, Borisov V, Sorek S. A quasi three-dimensional model for flow and transport in unsaturated and saturated zones: 1. Implementation of the quasi two-dimensional case[J]. Advances in Water Resources, 1998, 21(8): 679-689.

[101] Hillel D, Talpaz H. Simulation of soil water dynamics in layered soils. Soil Science, 1977(123): 54-62.

[102] Budagovskii A I. Soil water resources and available water supply of vegetation cover[J]. Water Resources, 1985, 12(4): 317-325.

[103] Jackson T J, Le Vine D E. Mapping surface soil moisture using an aircraft-based passive microwave instrument: Algorithm and example[J]. Journal of Hydrology, 1996(184): 85-99.

[104] Shumova N A. Approach and evaluation of soil water resources in an arid region of the European steppe zone territory[J]. Journal of Hydrology and Hydromechanics, 2000, 48(6): 381-398.

[105] Western A W, Grayson R B. Soil moisture and runoff processes at Tarrawarra. Grayson R. Spatial Patterns in Catchment Hydrology: Observations and Modelling[M]. New York: Cambridge University Press, 2000: 209-246.

[106] Wilson D J, Western A W, Grayson R B. A terrain and data-based method for gen-

erating the spatial distribution of soil moisture[J]. Advances in Water Resources, 2005(28):43-54.

[107] Zhang Jie, Jan van Heyden, David Bendel, et al. Combination of soil-water balance models and water-table fluctuation methods for evaluation and improvement of groundwater recharge calculations [J]. Hydrogeology Journal, 2011, 19:1487-1502.

[108] Fouad H. Jaber, Sanjay Shukla, Saurabh Srivastava. Recharge, upflux and water table response for shallow water table conditions in southwest Florida[J]. Hydrological Processes, 2006, 20:1895-1907.

[109] Carrera-Hernández JJ, Smerdon B D, Mendoza C A. Estimating groundwater recharge through unsaturated flow modelling: Sensitivity to boundary conditions and vertical discretization[J]. Journal of Hydrology, 2012, 425-453:90-101.

[110] Richard W H, Peter G C. Using groundwater levels to estimate recharge[J]. Hydrogeology Journal, 2002(10):91-109.

[111] Sabit Ersahin, A. Resit Brohi. Spatial variation of soil water content in topsoil and subsoil of a Typic Ustifluvent [J]. Agricultural Water Management, 2006, 83:79-86.

[112] Smettem K R J, Clothier B E. Measuring unsaturated sorptivity and hydraulic conductivity using multiple disc permeameters[J]. Soil Science, 1989, 40(3):563-568.